U0227190

浙江省“十三五”重点出版物出版规划项目

杰出青年学者研究文丛

无线传感网中低能耗近似计算方法

Energy-Efficient Approximate Computation Algorithms in Wireless Sensor Networks

◎ 程思瑶 李建中 著

ZHEJIANG UNIVERSITY PRESS
浙江大学出版社

图书在版编目(CIP)数据

无线传感网中低能耗近似计算方法 / 程思瑶，李建中著. —杭州：浙江大学出版社，2016.7
(杰出青年学者研究文丛)
ISBN 978-7-308-15207-5

Ⅰ.①无…　Ⅱ.①程…　②李…　Ⅲ.①无线电通信—传感器—节能—近似计算—计算方法 Ⅳ.①TP212

中国版本图书馆 CIP 数据核字(2015)第 233994 号

无线传感网中低能耗近似计算方法
Wuxian Chuanganwang Zhong Dinenghao Jinsi Jisuan Fangfa
程思瑶　李建中　著

丛书策划　张凌静　许佳颖
责任编辑　张凌静　徐　瑾
责任校对　陈慧慧
封面设计　刘依群
出版发行　浙江大学出版社
(杭州市天目山路 148 号　邮政编码 310007)
(网址：http://www.zjupress.com)
排　　版　杭州星云光电图文制作有限公司
印　　刷　杭州日报报业集团盛元印务有限公司
开　　本　710mm×1000mm　1/16
印　　张　15
字　　数　278 千
版 印 次　2016 年 7 月第 1 版　2016 年 7 月第 1 次印刷
书　　号　ISBN 978-7-308-15207-5
定　　价　65.00 元

版权所有 翻印必究　印装差错 负责调换
浙江大学出版社发行中心联系方式(0571)88925591；http://zjdxcbs.tmall.com

前　　言

随着微电子技术、嵌入式技术、集成电路及无线通信技术的日益成熟，无线传感器网络进入了人们的生活，并为人类低成本地观察、认知复杂物理世界提供了一条有效途径。目前，传感器网络已被广泛应用于环境监测、医疗卫生、国防军事等各大领域。在构成传感网的诸多要素之中，传感器节点采集的感知数据是其核心部分之一，几乎传感网的所有应用都是建立在感知数据的计算（包含查询、分析、挖掘等）的基础之上的。由于传感网中的感知数据规模庞大，将其传送至 Sink 节点再进行计算势必消耗大量能量，故分布式的网内计算方法对传感网来说十分重要。并且，由于传感器节点在感知、计算、通信、存储及能源等方面的能力均十分有限，故在许多情况下，传感网无法给出精确的查询分析结果。此时，正如智者亚里士多德所述，我们不必纠结于无法获得精确结果，具有一定误差保证的近似结果亦是可接受的。综上，在传感网的研究中，设计低能耗、分布式、具有一定误差保证的感知数据近似计算方法具有极其重要的意义。因而，本书开展了这方面的研究。

一方面，本书针对无线传感网中最为常用的几类查询计算问题，提出了几种近似查询处理算法，使得传感网在面向特定查询计算任务时所需的数据传输量和计算复杂度尽可能小，以达到节能、延长网络生命周期的目的。在该方面，本书的研究成果如下：

(1)静态传感器网络中的(ϵ,δ)-近似聚集算法。聚集操作是传感网中的一种十分重要的操作。由于精确聚集算法的能量消耗很大，所以近年来人们开展了对近似聚集算法的研究。然而，现有的网内近似聚集算法均具有固定的误差界，并且很难调节，所以一旦用户所需要的误差小于已有聚集算法所能保证的误差界时，这些算法将失效。为了解决该问题，使得近似聚集结果能够满足用户任意的精度需求，本书开展了传感器网络中的(ϵ,δ)-近似聚集算法的研究，并基于均衡抽样技术，提出了静态传感器网络中的(ϵ,δ)-近似聚集算法。在该研究中，我们首先针对聚集和、平均值、无重复计数值等3种聚集操作，给出了根据ϵ、δ来确定优化的样本容量的数学方法。其次，我们提出了一种分布式的均衡抽样算法，用以完成样本数据的抽取，并且对该算法的计算与通信复杂性进行了分析。第三，我们给出了估计聚集和、平均值、无重复计数值的数学方法，根据这些数学方法，提出了一种静态传感器网络中的(ϵ,δ)-近似聚集算法，并证明了该算法能够满足用户的任意精确度需求。第四，鉴于ϵ、δ和感知数据的变化会影响最终的聚集结果，我们提出了两种样本数据信息的维护更新算法，分别用于处理ϵ、δ和网络中感知数据发生变化的情况。最后，通过模拟实验验证了本部分提出的算法的有效性。

(2)动态传感器网络中的(ϵ,δ)-近似聚集算法。虽然第一部分所给出的算法能够满足用户任意的精确需求，并在静态网络中具有较高性能，但是该算法需要Sink节点频繁地统计各个簇及全网内处于活动状态的节点的数量，考虑到动态传感网中活动节点数目是不断变化的，故该算法不适合应用于动态传感网之中。进而，本书开展了动态传感网中的(ϵ,δ)-近似聚集算法的研究，并基于Bernoulli抽样技术，提出了4种(ϵ,δ)-近似聚集算法。在该研究中，我们首先针对活动节点计数值、感知数据聚集和、平均值等3种聚集操作，给出了根据ϵ、δ来确定优化的抽样概率的数学方法。其次，我们给出了适应动态网络环境的、分布式的Bernoulli抽样方法，用以获取样本数据，并对该算法计算与通信复杂度进行了分析。第三，我们给出了估计活动节点计数值、感知数据聚集和与平均值的数学方法。第四，在上述数学方法基础上，我们给出了4种基于Bernoulli抽样的k-近似聚集算法，分别用以处理Snapshot查询与连续查询。我们证明了上述4种算法能够满足用户任意的精度需求，并且能够适应动态的网络环境。最后，通过详尽的模拟实验验证了本部分提出的算法的性能。

(3)传感器网络中的地理位置敏感的极值点查询算法。在传感网收集的大量数据中，感知数据的极值点(例如，感知数据的最大值)及其所出现的地理位置有助于用户识别与定位异常区域，对于用户来说十分重要。虽然传统的 top-k 查询亦能够返回最大的 k 个感知值及其发生位置，但是由于在传统 top-k 查询处理过程中未考虑感知数据的空间相关性，所以其返回的结果（包括感知值及其位置）往往集中于一个小区域，为用户提供的异常信息也极其有限。并且，由于传统 top-k 查询结果包含大量的冗余数据，使得传输上述结果的能量消耗过大。鉴于上述原因，本书提出了一种新的查询，称之为地理位置敏感的极值点查询（location aware peak value query），简记为 LAP-(D,k) 查询，并对 LAP-(D,k) 查询处理算法进行了研究。在该研究中，我们首先对 LAP-(D,k) 查询处理问题进行了严格定义，并证明了该问题是 NP-难的。其次，我们分别给出了两种分布式近似算法用以解决 LAP-(D,k) 查询处理问题。第三，我们证明了这两种算法均具有常数近似比，同时，我们亦对上述两种算法的计算和通信复杂度进行了详细的分析。最后，通过真实和模拟实验验证了本部分提出的算法在精确性及能量消耗方面均具有较高的性能。

另一方面，当查询计算任务不明确时，本书亦研究了面向物理过程可重现的感知数据采集算法，以获取最有价值的感知数据信息，从源头上提高感知数据质量、控制感知数据规模。目前，几乎所有的感知数据计算技术均是建立在等频数据采集之上的，并且假设通过等频数据采集而获得的感知数据能够精准地反映物理过程的变化情况。但是，现实中物理过程往往是连续变化的，而等频数据采集仅是对连续变化物理过程的离散化，故等频数据采集存在着关键点丢失和曲线失真等问题。鉴于上述原因，为了尽量捕捉最有价值的感知数据信息，更精确地描述物理过程的变化情况，本书开展了传感网中面向物理过程可重现的数据采集方法的研究。在该研究中，我们首次提出了面向物理可高精度逼近的数据采集问题，并分别基于 Hermit 插值和三次样条插值技术提出了两种面向物理可高精度重现的数据采集算法。上述算法可根据真实物理过程的变化情况及用户的误差需求，自适应地调整传感器节点的数据采集频率。其次，我们对上述算法的性能进行了分析与比较，包括算法输出的曲线光滑程度，在计算一阶、二阶导数时的误差，算法的数据采集次数及复杂性等。第三，我们改进了传统意义上的感知数据的概念，在本部分研究中，感知数据不再是离散的数据点，而是多条连续的分段曲线，称之为感知曲线。该曲线可以更好地表达物理过程连续变化等诸多特性。第四,我们提出了感知曲线的分布式聚集算法,并对算法精度及其优化策略进行了分析。最后,通过真实与模拟实验验证了本部分提出的算法的性能。

由于作者水平有限,书中错误与疏漏之处在所难免,恳请读者批评指正。

目　　录

1 绪 论

1.1 研究的目的和意义

随着微电子技术、嵌入式技术、集成电路及无线通信技术的日益成熟与不断进步，集成了信息采集、数据处理、无线通信等多种功能的微型传感器开始在世界范围内广泛出现并进入人们的生活之中。这些微型传感器节点的出现使得人们低成本地观测复杂物理世界成为可能。而也正是造价低这一特点，使得微型传感器节点的感知能力、数据处理能力及通信能力均有限，因而单一的传感器节点往往无法独立地完成复杂对象的监测工作，需要大量的微型传感器节点通过无线通信的方式组织成一个网络系统，协作地完成感知、采集和信息处理等工作。该网络系统即是赫赫有名的无线传感器网络[1-3]。无线传感器网络(无线传感网)综合了分布式信息处理技术、嵌入式计算技术、传感器技术及无线通信技术，能够实时地感知、处理、分析监测区域内的各种信息，为人们观测复杂物理世界提供了一条有效途径。如果说 Internet 改变了人们之间的交互模式，搭建了逻辑上的信息世界，那么无线传感器网络则是将信息世界和物理世界有机地融合在一起，极大地扩展了人们认知、控制物理世界的能力，推动了新一代网络技术的发展。所以说，无线传感器网络技术是目前计算机领域具有重大影响的热点技术，它亦被美国《商业周刊》票选为未来四大高技术产业之一。

目前，无线传感器网络被广泛应用于国防军事[4-5]、环境监测[6-8]、交通管制[9-11]、医疗卫生[12-13]、深海和矿井探测[14-15]、建筑物健康监测[16-20]等诸多领域。例如，在环境监测领域，清华大学刘云浩教授的团队在大规模森林生态环境监测传感器网络的研究中已取得了很大的成就，他们搭建了拥有成千个节点、覆盖范围很广的“绿野千传(GreenOrbs)”网络[6]，该网络已在森林生态环境的监测中起到了重大作用。目前，该团队正研究如何利用传感器网络进行碳汇、碳排放等指标的监测与分析，其主要理念是利用传感器网络建立虚拟碳通量塔，在此基础上对森林碳汇、城市碳排放等各项指标进行计算、分析。该项研究使得环保部门无须再斥巨资建立多个真实的碳通量塔，必将为国民经济的发展作出巨大贡献。因而，该项研究受到了国家科研部门的重视，并获得了国家自然科学基金重大项目的支持。在建筑物健康监测领域，美国 Berkeley 大学搭建了监测金门大桥的振动程度的传感器网络[16]。该网络使得人们可以实时地观测桥梁随着车流量的变化而振动的情况，建立及时的桥梁健康预警机制，从而有效地避免了重大人员、财产损失的事故的发生。在交通管制方面，无线传感器网络使得"无线城市"、"智慧的地球"[21]等理念成为可能。同样地，在医疗卫生、国防军事、深海和矿井探测等诸多领域，无线传感器网络也发挥着巨大的作用。正是无线传感器网络的巨大作用，使其成为工业界和学术界的研究热点之一。

对于无线传感器网络来说，传感器节点所采集的感知数据是其核心部分之一，几乎所有无线传感器网络的应用都是建立在对感知数据进行查询、分析基础之上的。因而，如果无法有效地获取感知数据并对之进行计算(包括查询、分析、挖掘等)，势必会影响建立在其上的各种应用的性能。所以，设计和实现高效的感知数据获取和计算方法，是传感器网络能否取得广泛应用所需解决的核心问题之一。

与传统数据库相比，传感器网络的自身特点为数据获取和计算方法的设计提出了一些新的挑战。首先，传感器网络将产生大量的感知数据，如果将这些数据全部传送至 Sink 节点再进行集中式处理，则势必消耗大量能量。同时，由于无线通信的不稳定性，也会产生数据包丢失、网络拥塞等问题，因而，在传感器网络中的数据获取与计算方法必须是分布式的。其次，组成传感器网络的传感器节点在感知、计算、通信、存储、能量等诸多方面的能力均非常有限，该特点决定了数据获取与计算方法必须是轻量级的且不能太复杂，所需的通信和能量消耗亦不能过大。第三，由于传感器节点自身硬件条件所限，所以在很多情况下传感器网络无法精确地完成感知数据的查询、分析工作，所以在此条件下，感知数据的获取与计算方法需能给出具有一定误差保证的近似结果。同时，在算法设计过程中也要考虑如何平衡算法的精度与通信、能量消耗的关系。综上所述，研究感知数据的获取与计算方法不仅在理论和实际应用中均具有十分重大的意义，而且颇具挑战性。

1.2 无线传感器网络简介

1.2.1 什么是无线传感器网络

所谓无线传感器网络,是指由大量部署在监测区域内的,具有一定计算能力、通信能力和存储能力的,低成本的微型传感器节点通过自组织的方式来协作地完成特定任务的分布式智能化网络系统。通常情况下,无线传感器网络主要由以下 2 部分构成:大量的、随机布置在监测区域内的传感器节点和接收发送器(Sink 节点)。

传感器节点是构成无线传感器网络的重要单元。在一般情况下,传感器节点由感知部件、处理器部件、通信部件和电源等几部分构成。传感器节点的感知部件是沟通物理世界与信息世界的桥梁,它可以获取物理世界的信息,并通过模数转换等功能将物理世界所采集的信息数字化。处理器部件包含 CPU、嵌入式操作系统和存储器等,它使得传感器节点能够进行简单的数据处理操作。通信部件是完成传感器节点与 Sink 节点、传感器节点之间的相互交互的功能模块。通信部件的存在,使得传感器节点可将感知数据通过多跳的方式传送至 Sink 节点,Sink 节点也能够将各项任务下发至传感器节点。同时,该部件也使得不同传感器节点相互协作地完成各项任务成为可能。最后,电源是为数据感知、数据处理和通信提供能源支持的部件。

接收发送器(Sink 节点)的计算、通信和存储能力要比普通的传感器节点强得多,它可以完成更为复杂的计算工作。同时,Sink 节点也是连接网内传感器节点和外部信息世界的重要接口。我们可以用 Sink 节点将无线传感网与互联网相连,从而使得传感器网络所采集的感知信息能够更容易地发布到互联网之中。我们也可以用 Sink 节点将无线传感器网络与用户界面相连。通过 Sink 节点,用户可将查询请求与命令传送至各个传感器节点,并获取相应的查询结果。所以说,Sink 节点是传感器网络与外界世界联系的桥梁,亦是无线传感器网络不可或缺的一部分。

1.2.2 无线传感器网络的特点与挑战

与传统网络相比,无线传感器网络具有如下特点:

1.无线传感器网络是以数据为中心的网络

与传统互联网不同,无线传感器网络是任务型网络。传感器节点采用编号标识,而非固定的IP地址;而且节点编号是否唯一,取决于传感器网络所执行的任务。同时,由于传感器网络往往采用随机播撒的方式部置,所以传感器节点编号与其所在地理位置无特定关系。用户使用传感器网络时,通常不会指定某一节点来完成查询、分析任务,而是将查询任务提交给整个网络,由网络中的节点协作完成查询、分析处理。由于传感器网络中节点地址不绑定,其搭建的主要目的是对感知数据进行计算,故称之为以数据为中心的网络。

2.无线传感器网络是动态、自组织网络

传感器节点的随机部署方式使得网络中的节点无法预先建立固定的路由,它们需要通过自组织的方式维护网络的联通性,并且保证感知数据信息能够通过多跳传送至Sink节点。而且,环境变化、节点失效、无线通信的不稳定性以及移动节点的加入等诸多因素,使得无线传感器网络的动态性十分强,网络拓扑也不断发生变化。此时,需要网络中的节点具有一定的自组织能力,以适应网络的动态性,维持网络正常运作。

3.无线传感器网络中的传感器节点的资源极度受限

传感器节点体积微小、价格低廉,这使得它们在计算能力、通信能力、存储能力和能量上极度受限。以Telosb[22]为例,其能源供给为两节AA干电池,它的处理器是244MHz,内存空间为10kB,外存空间为1MB,通信带宽是38.4kbps,无线通信的传输范围是几十米,且在有干扰或障碍物的情况下,该传输范围会急剧减小。同时,由于目前传感器网络使用的是正交信道进行通信,所以在一个传感器网络中可用信道也极少。

4.无线传感器网络的监测范围广、规模大、持续时间长

无线传感器网络通常被布置在十分广阔的区域内,例如,森林生态监测通常需要传感器网络的覆盖范围为几十或者上百平方公里。由于传感器网络监测范围广,所以造成了传感器网络规模巨大。同时,由于传感器节点受环境等因素影响而容易发生故障,故为了使得传感器网络在部分节点故障时依然能正常运转,传感器网络一般采用高密度的方式布置,这也无形中增加了网络规模。最后,由于传感器网络规模巨大、所部署的环境恶劣,所以为其更换电池是十分困难的事,这就要求传感器网络中运行的算法需是能量消耗小的轻量级算法,才能使得整个网络能够长时间地工作。

5.无线传感器网络的监测对象复杂,感知数据流巨大

在现实中,无线传感网所监测的对象往往是随时间连续变化的,并且需要从多角度进行监测,这为传感器网络精确捕捉其监测对象的变化规律增加了难度。

同时,上述情况也使得网络中充斥着各种模态的感知数据,如标量数据、矢量数据、图像、声音等。这加大了感知数据融合的难度。此外,由于传感器网络规模巨大,而且每个传感器节点随时都产生较大的流式数据,所以整个网络的感知数据流十分庞大。

6.无线传感器网络的应用相关性强

无线传感器网络一般是为了特定应用或执行特定任务而搭建的。所以,传感器网络中的数据获取与计算技术、网络维护和路由模式等都取决于应用。因此,传感器网络各项技术的设计和开发要充分考虑其实际的应用背景。

无线传感器网络的上述特点为传感器网络中的算法设计提出了许多新的需求与挑战。

首先,根据特点1与特点2,运行在传感器网络中的算法需要能充分适应网络自组织模式,并且这些算法需要建立在非绑定式网络地址架构之上。同时,传感器网络中的算法要具有更高的鲁棒性,这样才能适应网络的动态性,使之在部分节点失效的情况下依然能正常地运行。

其次,根据特点3与特点4,运行在各个节点处的算法必须是轻量级的,太复杂的算法不适合应用于传感器网络。同时,在算法设计过程中需要充分考虑节能问题,以保证整个网络能够长时间地运行。由于在很多应用中,近似结果是可以被用户接受的[23-25],所以牺牲一部分算法精度,以换取更小的能量消耗是有意义的。

第三,根据特点5,网内感知数据的处理算法必须是分布式的,因为如果集中式地处理庞大的感知数据流的话,势必将消耗大量的能量。而且,监测对象的复杂性可能会导致传感器网络无法精确地捕捉其变化规律,此时需要设计一些具有误差保证的近似算法以解决上述问题。并且,在算法设计过程中需要充分考虑如何平衡算法精度与能量消耗之间的关系。最后,由于网络中感知数据模态较多,在设计感知数据计算方法的过程中,也需考虑多模态感知数据的融合问题。

第四,根据特点6,在设计传感器网络中的算法时需要充分考虑其实际的应用背景,通用的算法由于过于复杂,故不适合应用于传感器网络中。

综上所述,如何能兼顾上述4点需求,在无线传感器网络中设计出行之有效的算法颇具挑战。

1.2.3 无线传感器网络领域的研究现状与热点问题

无线传感器网络领域的研究问题可概括为4个方面:"感"、"联"、"知"和网络安全。

1.2.3.1 “感”

所谓“感”是指监测物理对象各项状态的获取。此方面的研究问题包括感知数据的采集、数据收集与整合、对象的定位技术等。

在感知数据采集方面，已有的大多数研究均是建立在传感器节点等频采集感知数据的基础之上的。目前，关于传感器节点的变频数据获取方法比较少，大致可包含如下几类：基于时间序列分析的变频数据采集方法[26]、基于 Box-Jenkins 技术的变频数据采集方法[27]、基于历史数据加权的变频数据采集方法[28]、基于傅立叶变换的变频数据采集方法[29]等。上述方法仅从节能角度出发，讨论了如何降低等频数据采集的次数，并未考虑如何利用采集的数据逼近、再现真实的物理过程。因而，面向物理过程可高精度重现的、节能的变频数据采集方法将成为为未来传感器网络领域研究的热点问题之一。

在感知数据的收集与整合方面，现有的研究包括：事件或任务驱动的数据收集方法[30-31]、基于时空相关性的数据收集方法[32-37]、基于概率模型的数据收集方法[38-40]、基于抽样技术的数据收集方法[41]、基于语义信息的异质数据整合方法[42-43]等。

上述方法在节能和精确度等方面就能达到较高的性能。然而，目前关于感知数据获取与整合的研究还集中于处理单一类型的数据，鉴于传感器网络的应用越来越广泛、所监测的对象也越来越复杂，所以在未来的研究中，多模态感知数据的高效获取与有效整合会成为传感器网络领域的一个热点问题。

在定位技术的研究方面，基于测距的定位方法有利用信号到达时间、时间差定位的方法[44-45]、利用信号到达角度定位的方法[46]、利用信号强度定位的方法[47]。基于测距的定位方法对节点的硬件条件要求高，并且易受干扰，适用的环境有限。鉴于上述原因，人们开展了非测距定位的研究，包含基于质心的定位算法[48]、基于距离向量的定位方法[49]。这些算法可以不利用测距信息进行定位，但是定位的精度较低，为此近年来又发展出了一些新的非测距定位方法，如基于近似三角形内点测试的定位方法[50]、Fingerprinting 算法[51]等。综上所述，目前设计高精度、高鲁棒性、可扩展性强的非测距定位方法仍是无线传感器网络研究的热点问题。

1.2.3.2 “联”

所谓“联”是指如何使用各种通信手段以保证整个传感器网络的联通性。该方面的研究包括网络通信协议的设计、网络优化策略及网络支撑技术的研究等。

网络通信协议的研究涉及物理层、数据链路层、网络层。物理层的研究主要集中于无线收发器的设计[52-53]、调制解调方法的研究[54-56]、传输介质及频段的选择[52-53,57-59]、PRR-SINR 干扰模型的研究[60]等。数据链路层的研究主要集中于MAC 协议的设计,包括基于竞争的 MAC 协议 T-MAC[61]、S-MAC[62]、X-MAC[63]、B-MAC[64],基于 TDMA 的 MAC 协议[65-70]、基于模型的 MAC 协议[71]、基于睡眠调度的 MAC 协议[72]、实时 MAC 协议[73-75]、多信道 MAC 协议[76-78]等。在网络层的研究主要集中于路由协议的设计,包括基于地理位置信息的路由协议[79-87]、能量敏感的路由协议[88-89]、基于睡眠调度的路由协议[90-92]、基于簇结构的路由协议[93-96]、实时路由协议[97-102]等。

在网络通信协议的研究中,目前存在如下一些热点问题:首先,由于传感器网络中的节点越来越多,通信冲突也将越来越大,而目前传感器节点可用的正交信道个数极其有限,所以在物理层中研究信道复用技术势在必行。其次,随着传感器网络的广泛应用,其对通信时延也越来越敏感,故在数据链路层,关于实时MAC 协议的研究还会是未来一段时间内的热点问题。第三,根据前文所述,传感器网络是以数据为中心的自组织网络,网络中的节点可能不具有唯一的地址,所以在网络层中,设计灵活的非绑定式网络地址架构与寻址模式十分有意义。同时,由于传感器网络是任务型网络,在网络层,设计面向任务的路由模式也会成为传感网研究的热点问题之一。

网络的优化策略包括拥塞控制技术、节点通信调度策略、多传感器网络组网和网关设置等。网络拥塞控制技术包括 ESRT 协议[103]、CODA 协议[104]、CCTF 协议[105]、FCCTF 协议[106]、TRCCIT 协议[107]、基于多路径的拥塞控制协议[108]、保证可靠性的拥塞控制协议[109]等。节点通信调度策略包括支持数据聚集的调度策略[110-114],基于物理干扰模型的调度策略[115],多数据流、多信道、多 Radio 的调度策略[116]等。由于传感器网络监测对象越来越复杂,可能需要多个执行不同任务的传感器网络协作才能完成监测工作,所以近年来出现了一些关于多传感器网络组网技术与网管设置的研究,包括水下传感器网络网关设置方法[117-118]、混合网络连接与组网技术[119-121]等。

目前,在网络优化策略的研究中,无论是拥塞控制技术,还是节点通信调度策略,均只考虑了网络吞吐量和时延的关系。然而,对于实时性较强的传感器网络来说,很可能在给定时延的条件下无法给出精确的结果(例如精确聚集结果),所以精确度与时延、精确度与吞吐量亦是考察的重要指标。最后,随着物联网和物理信息融合系统(cyber physical systems,CPS)的不断发展,多网络协同工作是必然的趋势。因此,优化的组网方法和网关设置方法亦将会成为未来研究的热点问题之一。

网络的支撑技术包括拓扑控制技术、QoS 保障技术、节点时间同步机制和网络诊断技术等。拓扑控制包括节点聚簇方法[93,122-124]、网络联通性维护方法[125-126]、骨干路径选择方法[127-129]。QoS保障技术包括网络覆盖的QoS保障技术[130-131]、网络延迟的QoS保障技术[132-133]、数据传输率的QoS保障技术[134-135]，可靠路由的QoS保障技术[136-137]、查询处理的QoS保障技术[138]等。节点时间同步机制包括基于广播机制的RBS同步机制[139]、基于层次结构TPSN同步机制[140]、基于泛洪的FTSP同步机制、mini-syn同步机制[141]、TurboSync同步机制[142]等。网络诊断技术是近年发展起来的新兴技术，随着网络规模越来越大、监测环境越来越复杂，人工判断、发现并解决网络故障也变得越来越困难，所以设计高效的网络自诊断、故障自动恢复方法十分重要。目前，已有的研究包括基于自动机的自诊断方法[143]、基于概率模型的自诊断方法[144]、局部失效的监测和诊断方法[145]、诊断协议的设计[146]等。

网络的自诊断、自恢复技术充分利用了传感器节点之间的相互协作关系来修复网络中的问题，从而大大地节省了人员开销。同时，该项技术也推动了传感器网络向物联网、物理信息融合系统（CPS）不断发展。因而，对于高效节能的自诊断、自恢复技术的研究将成为一个热点问题。

1.2.3.3 “知”

所谓“知”是指如何通过传感器网络收集的感知信息来正确地认识和理解物理世界。而对物理世界的理解和认知需要通过对传感器节点所采集的感知数据进行查询、分析、挖掘来实现。因而，本部分研究包括感知数据的查询处理技术、分析和挖掘技术，以及支持查询、分析、挖掘的存储与索引技术，质量管理策略等几个方面。

依据返回查询结果的精确度，可将感知数据的查询处理技术分为精确的查询处理算法与近似的查询处理算法；依据算法的功能，亦可将感知数据的查询处理技术分为聚集查询处理技术、top-*k* 查询处理技术、Skyline查询处理技术、*k*-NN查询处理技术等几类。我们按照第二种分类方法进行介绍。聚集查询处理技术可分为基于生成树的精确聚集查询处理技术[23-25]、基于Sketch的近似聚集查询处理技术[23,147-149]、基于时间相关性的近似聚集查询处理技术[24,150-152]、基于空间相关性的近似聚集查询处理技术[25,153-154]等。top-*k* 查询处理技术包括基于生成树的top-*k* 查询处理技术[155]；基于阈值的top-*k* 查询处理技术，例如TPUT算法[156]、TPAT算法[157]、TJA算法[158]、BPA算法[159]；基于过滤区间的top-*k* 查询处理技术，例如FILA算法[160]、UB算法[161]、BABOLS算法[162]；基于bloom filter的top-*k* 查询处理技术[163]，以及基于抽样技术的top-*k* 查询处理技术[164]等。Skyline查询处理技术包括基于簇结构的Skyline查询处理技术SkySensor[165]、基于优化路径的 Skyline 查询处理技术[166]、多 Skyline 计算技术[167]、基于滑动窗口的 Skyline 查询处理技术[168]、Probing 查询处理技术[169]等。k-NN 查询处理技术包括基于空间索引的 k-NN 查询处理技术[170-173]、基于优化路径的 k-NN 查询处理技术[174-175]，基于并行路径的 k-NN 查询处理技术[176-177]等。

由于传感器网络是以数据为中心的网络，所以感知数据的查询处理是传感器网络研究中的一个核心问题，几乎传感器网络的一切应用都建立在感知数据的查询处理之上。考虑到传感器节点的计算能力、通信能力和能源均有限，所以如何设计具有一定精度保证的、节能的近似查询算法成为目前传感器网络研究中的热点问题之一。同时，随着传感器网络监测对象越来越复杂，感知数据的模态也越来越多，如何在多模态的感知数据上进行查询、数据融合亦会成为未来研究工作的热点问题。

感知数据的存储技术的研究包含基于地址散列的感知数据存储方法[178-179]、基于 gossip 技术的感知数据存储方法[180]、基于环的数据存储方法[181]、支持复杂类型感知数据的存储方法[182]等。感知数据的索引结构包括支持联机分析处理(OLAP)的索引结构[183-184]、支持区间查询的索引结构[178]、支持多维区域查询的索引结构[185-186]等。此外，还有一系列感知数据的压缩方法[23,187-197]用以支持感知数据的存储与查询处理。

由于传感器网络中的感知数据规模越来越庞大，存储和传输海量感知数据势必会给网络造成巨大的压力，所以研究支持无须解压缩查询、分析、挖掘的感知数据压缩方法会成为未来传感器网络的热点问题。同时，在一些应用中，感知数据变化的频率很快，感知数据的模态繁多，研究如何高效地存储和索引高频变化的感知数据、如何存储和索引不同模态的数据具有十分重要的意义。

感知数据的分析与挖掘方法包括事件检测技术、离群点检测技术和信息挖掘技术等。其中，事件检测技术包括基于阈值的事件检测技术[198-200]、基于模式的事件检测技术[201-203]、基于模型的事件检测技术[204-205]等。离群点检测技术包括基于统计模型的离群点检测技术[206-209]、基于邻居节点信息的离群点检测技术[210-212]、基于聚簇的离群点检测技术[213-214]、基于重要成分分析(principal component analysis，PCA)的离群点检测技术[215]等。信息挖掘技术包括在 BSN (body sensor networks)中对于人类行为模式的挖掘机制[216-217]、网络拓扑挖掘机制[218]、服务模式的挖掘机制[219]、网络故障的挖掘机制[220]等。

随着传感器网络向物联网、信息物理融合系统不断扩展，感知数据上的分析、挖掘的研究越来越重要。在未来的研究工作中，如何在不同节点、不同模态的感知数据上进行事件识别、知识挖掘会成为一个热点问题。同时，在异构感知数据上设计轻量级的、节能的联机分析处理算法也很重要。

目前，关于感知数据的质量管理的研究包括感知数据的清洗及感知数据一致性管理。在感知数据清洗的研究中，现有的方法可分为基于统计信息的数据清洗技术[221]、基于贝叶斯方法的数据清洗技术[222]、基于卡尔曼滤波的数据清洗技术[223]、基于 Kernel 方法的数据清洗技术[224]、基于模糊推理和神经网路的数据清洗技术[225-226]等。关于感知数据的一致性管理，现有的研究比较少，仅文献[227]对此进行了初步讨论。

随着传感器网络的规模越来越大，监测的对象越来越复杂，布置的环境越来越恶劣，感知数据的质量问题也越来越突出。在大规模传感器网络中，感知数据除了面临不一致问题之外，还存在不精确、不及时、不完整等问题。上述问题会对感知数据查询与分析产生干扰，进而会影响用户的决策。因而，对于感知数据的质量管理的研究十分重要。鉴于目前对于感知数据的质量管理的研究还处于起步阶段，故在未来的传感器网络研究中，感知数据的质量管理必将成为一个热点问题。

1.2.3.4　网络安全

无线传感器网络安全的研究包括密钥的生成与分发技术[228-233]、虚假数据的过滤机制[234-236]、隐私保护机制[237-239]、安全路由机制[240-242]、入侵监测机制[243-244]、安全数据收集与聚集机制[245-248]等。

随着无线传感器网络在战场监测、医疗卫生等领域的广泛应用，感知数据的安全与隐私保护等问题愈发突出。考虑到传感器节点在计算、存储、通信等方面的能力有限，设计低能耗的、轻量级的安全机制对传感器网络来说十分重要。

综上所述，虽然无线传感器网络的相关研究已进行了十几年的时间，但是随着无线传感器网络的应用越来越广泛，所监测的对象越来越复杂，在各个研究层面上仍有许多热点问题亟待解决。所以，在未来的一段时间内，对于无线传感器网络的研究，无论在理论上还是在实际生活中，都具有重要的意义。

1.3　无线传感网中感知数据的获取与计算技术简介

根据前文所述，无线传感器网络是以数据为中心的网络，故感知数据是无线传感器网络的核心，任何应用都需要建立在对感知数据的计算与分析基础之上。因而，设计并实现高效节能的感知数据的获取与计算方法对传感器网络来说十分重要。感知数据的获取对应着 1.2.3 节中介绍的“感”，该方面的研究包含感知数据采集、收集、有效整合，以及支持感知数据获取的数据模型；感知数据的计算对应着 1.2.3 中介绍的“知”，该方面的研究包括感知数据上的查询、分析、挖掘技术，以及支持查询、分析、挖掘的存储索引技术、数据质量管理策略等。本节将对感知数据获取与计算技术的研究现状进行详细分析，并对其所具有的问题、面临的挑战进行阐述。

1.3.1 无线传感网中感知数据获取与计算技术的研究现状

1.3.1.1 感知数据的模型

感知数据模型的建立是为了更方便地对感知数据进行获取与计算。由于在现有研究中所考虑的感知数据大都是单一模态的，例如标量数据，所以目前关于感知数据模型的研究比较少，而且比较简单。现有的感知数据模型大体上可以分为如下 4 类：感知数据的时间关联模型、感知数据的空间关联模型、感知数据的函数依赖模型和感知数据的语义模型。

1.感知数据的时间关联模型

文献[33]提出了一种感知数据的时间关联模型。该模型是建立在对历史感知数据的分析基础之上的。利用 Sink 节点所存储的历史感知数据，可计算出感知数据在时间及空间上分布的统计模型。利用该模型可方便地支持用户的各类查询，也可对未来发生的情况进行预测。然而，该模型是集中式计算的，不适用于分布式环境。并且，该模型只能处理简单的标量数据，不适合处理多模态、类型复杂的感知数据。最后，基于历史信息的感知数据模型，不利于异常事件的发现。

2.感知数据的空间关联模型

文献[249]和[153]分别基于统计方法和贝叶斯分析技术提出了感知数据的空间关联模型。该模型包括运行在各个节点处的局部空间关联模型及运行在 Sink 节点处的全局空间关联模型。该模型可有效地减少感知数据收集过程的能量消耗。然而，该模型也存在着一些不足：首先，为了保证算法的精度，需要局部空间关联模型与全局空间关联模型保持一致。然而，由于感知数据不断变化，上述一致性很难保证。其次，为了建立局部空间关联模型，需要传感器节点收集大量的、其他节点的感知数据，这无形中增加了网内通信代价。最后，为了提高空间关联模型的精度，传感器节点往往需要进行复杂的运算，这对于计算能力有限的传感器节点来说比较困难。

3.感知数据的函数依赖模型

鉴于传感器节点所监测的不同属性(例如温度、湿度)可能存在着函数依赖关系,文献[250]提出了一种感知数据的函数依赖模型,该模型有效降低了感知数据收集过程中的能量消耗。然而,该模型所考虑的函数关系比较简单,不适合描述不同节点、不同模态的感知数据的复杂关系。

4.感知数据的语义模型

文献[251]利用nesC语言在TinyOs上建立了语义描述语言。文献[252]基于UML图标提出了一种感知数据的语义表达模型。文献[42]基于XMLSchema提出了一种感知数据的语义表达机制,并利用该模型提出了异构感知数据的整合方法。上述模型为用户分析感知数据的语义信息提供了有效的途径。但是,上述模型所能描述的感知数据类型有限,不能有效地描述复杂类型的感知数据,例如矢量感知数据、多媒体感知数据等。因此,上述模型在语言的表达能力方面还有待提高。

1.3.1.2 感知数据的获取与整合

该研究领域包含3个方面:感知数据的采集、感知数据的收集和感知数据的整合。

1.感知数据的采集

感知数据的采集是指传感器节点从监测对象处获取信息的过程。目前,关于传感器网络的研究几乎都是建立在传感器节点等频采集感知数据的基础之上的。然而,现实中的大多数物理过程随着时间连续变化,且其变化规律也比较复杂。因而,简单的等频数据采集存在着感知曲线失真、关键点丢失等问题,故利用该方法所采集的感知数据很难高精度地逼近真实的物理过程。

目前,关于传感器节点变频数据采集方法的研究还很少,并且现有研究的侧重点为如何节能,而非如何逼近和再现物理过程。

文献[26]基于时间序列分析技术提出了一种自适应地调整传感器节点数据采集频率的方法。该方法的主要思想如下:首先,根据历史数据与时间序列分析技术建立预测模型;其次,在每一个等频数据采集时刻,如果预测模型所产生的误差较小,则传感器节点不进行数据采集,仅利用预测模型来生成数据;否则,则进行正常的数据采集。该方法可降低传感器节点数据采集的次数,进而达到节能的目的。但是,该方法存在着如下一些问题:首先,该方法假设网络中的感知数据在时间维度上的分布是围绕着一条直线波动的,该假设对于变化规律复杂的感知数据来说太强了。其次,该方法是建立在等频数据采集的基础之上的,认为等频数据采集能够精准地反重构真实的物理过程。因而,该方法所给出的误差是其于等频数据采集之间的误差。而现实中等频数据采集本身是具有误差的，所以该方法所给出的误差并不能反映它与真实物理过程之间的差距。第三，该方法所返回的数据依然是离散的，利用上述数据无法有效地描述真实物理过程的连续性。

文献[27-28]分别基于 Box-Jenkins 技术与历史数据加权的思想，提出了两种对文献[26]的预测模型进行改进的方法。由于上述两种方法的主体思想与文献[26]相同，所以它们也同样面临着与文献[26]相似的问题。

文献[29]以监测异常事件为目的，提出了一种传感器节点数据采集频率的调节方法。该方法的主要思想如下：首先，利用傅立叶变换与所收集的数据来预测监测对象随时间变化的频率；其次，如果上述频率超出某一阈值，则认为异常事件发生并向 Sink 节点汇报；最后，根据预测频率来自适应地调整传感器节点的数据采集频率。该方法对监测异常事件较为有效，但是该方法未考虑如何高精度地重现与还原物理过程的问题。

鉴于目前现有的感知数据采集方法不支持物理过程的高精度重现与还原，而高精度重现和还原真实的物理过程对传感器网络的用户来说极其重要。因此，研究面向物理过程可高精度重现的变频数据采集算法势在必行。

2.感知数据的收集

感知数据的收集是指通过网内传输算法，将每个传感器节点所采集的感知数据汇总至 Sink 节点的过程。该方面的研究工作大体上可以分为基于事件和任务驱动的数据收集方法、基于时空相关的数据收集方法、基于概率模型的数据收集方法等几类。

文献[30-31]提出了事件或任务驱动的数据收集方法。该类方法的主要思想是为每个传感器节点设置一个事件预警区间，当节点的感知数据值超出该区间时，节点认为事件发生，并传送相关感知数据。该方法有效地降低了感知数据收集过程中的网络通信量。但该类方法仅适用于简单事件的发现。同时，该类方法会导致大量的原始感知数据的丢失，不利于对连续物理过程的精确逼近和还原。

文献[32-37]给出了基于时空相关性的数据收集方法。该类方法的主要思想如下：首先，根据感知数据在时间和空间维度上的相关性，建立时空关联预测模型。其次，当节点在某时刻需要传送感知数据时，它将考察该感知数据能否被预测模型所预测，如果可以，则不要传输此感知数据。该类方法可有效地降低在感知数据的收集过程中的数据传输量，但是需要维护时空关联预测模型的精确性，并且需要保持 Sink 节点的全局预测模型与传感器节点内部的局部预测模型的一致性，这将引入额外的通信开销并消耗大量的能量。

文献[38-40]提出了基于概率模型的感知数据收集方法。该类方法的主要思想是根据感知数据的时空分布计算其概率密度函数，并建立概率预测模型，如果某个节点在某时刻的感知数据能被上述模型以较高的置信概率预测，则该数据无须传送至 Sink 节点。与基于时空相关性的数据收集方法相同，此类方法亦面临着预测模型维护的问题。

文献[41]提出了基于抽样的数据收集方法，用以分位数计算操作。该类方法在处理标量感知数据时具有较高的性能，但是该类方法无法有效地支持类型复杂、模态多样的感知数据的获取。

3. 感知数据的整合

感知数据整合方面的研究工作相对较少。文献[42-43]提出了基于语义的异质数据整合方法。上述文献提出了利用语义丰富的语言，例如 XML Schema，用来表示网络中的感知数据的思想，并给出了整合同一语言、不同表示方式的感知数据的方法。此类方法有效地表达了感知数据的语义特性，但是此类方法所针对感知数据的类型单一且较为简单，无法有效地支持多模态、复杂类型的感知数据的整合。

1.3.1.3 感知数据的查询处理技术

感知数据的查询处理技术可分为集中式查询处理技术和分布式查询处理技术。所谓集中式查询处理技术是指将网络中的感知数据全部传送至 Sink 节点，再由 Sink 节点进行集中式处理，并把查询结果返回给用户。由于传感器网络具有十分庞大的感知数据流，将所有感知数据传送至 Sink 节点来进行集中式的处理势必将消耗大量的能量，所以集中式的查询处理方法不适合应用于传感器网络之中。所谓分布式的查询处理技术是指网内节点相互协作地完成查询处理运算。由于该方法所需传送的数据量小，所以受到了普遍的关注。目前，关于网内分布式查询处理技术的研究较多，根据查询处理算法的功能可分为如下几类：

1. 聚集查询处理算法

文献[155]提出了一种基于生成树的精确聚集算法，该算法的主要思想是构建一棵以 Sink 节点为根的生成树，生成树中的每个节点均将其自身的感知值发送至其父节点，并由父节点对所收到数据进行聚集，直至 Sink 节点为止。上述算法需要网络中所有感知数据均参与到聚集运算之中，所以其能量消耗依然很大。

文献[23,147-149]提出了基于 Sketch 的近似聚集算法，该算法的主要思想是利用 Sketch 技术对传感器节点的感知数据进行压缩，然后在网络中传输压缩后的感知数据，并对之进行网内聚集。与精确的聚集算法相比，该类算法的主要改进是传输压缩数据而非原始感知数据。但是，由于该类算法仍然需要网络中的所有感知数据都参与到聚集运算之中，所以其通信开销也比较大。

文献[24,150-152]提出了基于时间相关性的近似聚集算法。该类算法的主要思想如下：首先为每个传感器节点分配一个过滤区间。对于每个传感器节点来说，只有当某时刻的感知数据超出了该过滤区间，才需要将此感知数据传送至Sink节点，否则Sink节点可利用历史感知数据计算近似聚集结果。该类方法能够较好地处理连续聚集查询。但是，该类算法仍存在着两个较重要的问题：其一是该类算法在处理Snapshot查询时效率较低；其二是该类算法具有固定误差界，并且很难更改，故一旦用户所需的精度高于算法所能保证的精度，该类算法将失效。

文献[25,153-154]提出了基于空间相关性的近似聚集算法。该类算法的主要思想如下：首先，在各个节点处与Sink节点处分别建立局部预测模型和全局预测模型。只有当某一节点的感知数据不能被其他节点的预测模型预测，才需将此感知数据传送至Sink节点。该类算法在处理Snapshot查询时效率较高。但是，该类算法仍然存在一些弱点：首先，该类算法在连续聚集查询时的效率较低；其次，该类算法需要保持传感器节点运行的局部预测模型和Sink节点运行的全局预测模型是一致的，而为了保持上述一致性，传感器节点需要进行多次网内通信，这在无形中加大了网内传输代价。最后，与基于时间相关性的近似聚集算法相同，该类算法也具有固定的误差界，并且很难调整，所以一旦用户所需的精度高于算法所能保证的精度，该类算法亦将失效。

此外，文献[110-114]提出了支持聚集运算的调度算法，该类算法能保证在无传输冲突下最小化聚集运算的时延。

2. top-*k* 查询处理算法

文献[155]给出了基于生成树的top-*k*计算算法，其工作过程与基于生成树的聚集算法类似。该算法的问题是同样需要网络中的所有感知数据均参与到top-*k*计算之中，其能量消耗较大。

鉴于上述原因，研究人员提出了基于阈值的top-*k*查询处理技术，包括TPUT算法[156]、TPAT算法[157]、TJA算法[158]、BPA算法[159]等。此类算法的主要思想如下：估计第*k*大感知值的下限，网络中传感器节点的感知数据如果小于该下限值，则无须传送。

文献[163]提出了一种基于bloom filter的top-*k*查询处理算法，该算法利用直方图和bloom filter技术有效地降低了基于阈值的算法的执行代价。

此外，研究人员还提出了基于过滤区间的top-*k*查询处理算法，包括FILA算法[160]、UB算法[161]、BABOLS算法[162]等。该类算法的主要思想如下：首先根据历史信息，为每个节点分配一个过滤区间，如果传感器节点当前的感知值落入该过滤区间内，则无须传送感知数据；然后，Sink 节点根据过滤区间的分配与所收到的感知数据可确定 top-k 感知值所在的位置。该类算法能够方便地确定 top-k 感知值发生的位置，但是不易获得 top-k 感知值。

文献[164]提出了一种基于抽样的 top-k 查询处理算法，该算法的主要思想是利用历史数据信息确定哪些节点拥有 top-k 感知值的概率比较大，故如果网络中的感知数据变化不大时，仅从概率大的节点处抽取感知数据。该算法不利于异常事件的发现。

上述几类算法除了自身固有的不足之外，还存在着一个共同的问题，即上述算法未考虑 top-k 查询结果的空间相关性。由于感知数据是空间相关的，所以 top-k 感知值往往分布在一个小区域内，利用上述算法进行查询处理，所返回的结果仅能指示一个小区域发生异常，无法定位更多的异常区域。

为了克服上述算法所面临的问题，文献[253]提出了一种基于分组的 top-k 查询处理算法，其主要思想是将整个监测区域划分成若干组，在每个组中计算感知数据的平均值，最后算法将返回具有最大平均值的 k 个组。该算法的性能取决于分组算法，然而在文献[253]中并未对如何分组进行讨论。

3. Skyline 查询处理技术

针对 Snapshot Skyline 查询需求，文献[165]提出了一种基于簇结构的 Skyline 查询处理算法。该算法首先将网络划分成若干簇；其次，利用簇结构来收集网络中的感知数据信息；而后分布式地将不属于查询结果的感知数据逐步过滤掉；最终将查询结果传送至 Sink 节点。与集中式 Skyline 查询处理算法相比，该算法有效地降低了 Snapshot Skyline 查询处理过程中的通信与能量的消耗。

针对连续 Skyline 查询需求，文献[166]提出了一种基于优化路径的 Skyline 查询处理算法。该算法基于优化路由结构为每个节点分配一个过滤区间，并利用该过滤区间有效地过滤传感器节点感知数据流中不属于查询结果的数据。

文献[168]提出了一种基于滑动窗口的 Skyline 查询处理算法，称之为 SWSMA 算法。该算法包含两种过滤机制：其一为元组过滤机制，即根据感知数据的概率分布，估计出每个感知数据元组的支配集大小，选择支配集最大的元组进行下发，用以过滤其他感知数据元组；其二为网格过滤机制，即将感知数据的分布范围划分成若干网格，根据网格间互相支配关系，判断落入网格内的感知数据的相互支配关系，从而将不属于 Skyline 结果的数据过滤掉。SWSMA 算法自适应地在两种过滤机制中进行选择，以达到最小化数据传输量的目的。最后，文献[168]还给出一些优化策略，如剪枝等，以进一步地降低网络通信量。

针对多 Skyline 查询需求，文献[167]提出了 EMSE 算法。EMSE 算法首先利用全局优化机制对多个 Skyline 查询进行优化,提取其公共部分,避免重复查询;其次,EMSE 算法利用局部优化机制对属于多个 Skyline 查询的结果实施共享,统一传送,避免重复数据的多次发送,同时 EMSE 算法利用一些过滤策略来对不属于结果的数据进行分布式排查,以进一步地减少在查询处理过程中通信和能源的消耗。

此外,文献[169]基于 Skline 思想提出了一种新的查询,称之为 Probing 查询。该查询根据用户给定的查询条件,来进行 Skyline 查询计算,故当网络中没有数据能够满足用户查询条件时,利用 Skyline 查询可返回一些与用户查询相近的结果,供用户选择。

4. *k*-NN 查询处理技术

所谓 *k*-NN 查询,即 *k* 最近邻查询。文献[170-173]提出了基于空间索引的 *k*-NN 查询处理算法。该类算法在索引的建立和维护过程中都需要消耗较多能量,并且,该类算法亦不适合应用于动态性较强的网络(例如移动传感器网络)之中。

文献[174-175]提出了一种基于路径的 *k*-NN 查询处理算法,即 DIKNN 算法。该算法的思想如下:首先围绕着查询点(query point)的位置将整个监测区域划分成子区域,然后在每个子区域中根据预先定义的路径并行地分发查询,同时沿路径收集查询结果。对该算法能够很好地适应网络的动态性。

针对如何派生路径,文献[176-177]介绍了一种新算法,称之为 PCIKNN 算法,对该算法在响应延迟和能量消耗两个方面进行了优化。

1.3.1.4 感知数据的存储和索引技术

由于传感器网络中感知数据的规模庞大,所以需要进行网内存储与索引,以便更好地支持感知数据的查询处理与分析挖掘。下面将对感知数据的存储和索引技术的研究现状进行总结。

1. 感知数据的存储技术

文献[178-179]提出了基于地理位置散列技术的感知存储方法。该方法使用地理散列函数,建立感知数据 D 与空间坐标(x,y)的映射关系,使用地理路由协议 GPSR 把数据 D 存储在距离(x,y)最近的传感器节点上。当进行数据查询时,可根据上述映射关系方便地获得已存储的感知数据。然而,该类方法是建立在传感器节点能够准确获知自身地理坐标基础之上的,但是,对于大规模传感器网络来说,节点定位本身就是很困难的,所以该类方法不适合应用于大规模传感器网络之中。

文献[180]提出了一种基于 gossip 技术的感知数据存储方法,该方法使得感知数据可以快速地发布到整个网络中，形成多粒度网内存储结构。然而，鉴于网内感知数据的频繁变化，多次将其发布到整个网络之中，也将造成大量的能量消耗。

文献[181]提出了一种基于环结构的网内数据存储方法，该方法解决了感知数据分布式存储的访问热点问题。但是该方法假设网络布置在一个圆形的区域内，并且有多个Sink节点分布在圆形区域的边缘，这个假设比较强，对于随机播撒的传感器网络来说很难达到。

文献[182]提出了一个新的存储系统Capsule，该系统可以支持数据流、文件、数组、队列、列表等复杂类型感知数据的存储。然而，该存储系统是建立在一种新硬件(NAND闪存)的基础之上的，目前还无法大规模地应用于传感器网络之中。

2.感知数据的索引技术

文献[183-184]提出了层次索引结构Dimensions，该索引结构可有效地支持大规模感知数据集上的联机分析处理(online analytical processing, OLAP)。但是该索引结构是基于树形结构构建的，容易产生访问热点，存在通信瓶颈。其次，该索引结构无法有效地支持多模态感知数据的存取。

文献[178]提出了一种支持区间查询的索引结构DIFS。DIFS采用地理散列函数和空间分解技术构造出具有多个根的层次索引森林。但是，该索引结构仍然存在着一些问题：首先，该索引结构无法支持多维区域查询；其次，该索引结构是在传感器节点能够准确定位的基础上建立的，而在随机播撒的大规模传感器网络中，节点的定位本身就是一个较为难解的问题，故该索引结构不适合应用于大规模网络之中；最后，该索引结构对于动态网络的适应能力较弱。

文献[185-186]提出了支持多维区域查询的索引结构。该索引结构首先使用kd树将多维数据空间映射到二维地理空间，同时二维地理空间中的每个传感器节点为自己分配一个多维数据子空间，属于该子空间的感知数据都存储在该节点上。该索引结构同样建立在节点能够准确定位的基础之上，所以不适合应用于大规模、随机播撒的传感器网络之中。并且，该索引结构虽然能够有效地支持静态感知数据的存储，但是当网络中的感知数据频繁变化时，该索引的更新代价非常大。

3.感知数据的压缩技术

文献[23,147-149]提出了基于Sketch的感知数据压缩方法，用以降低聚集操作过程中数据的传输量。该方法可将n bit位的感知数据压缩成$\log(n)$bit位的感知数据。然而，该方法对于整型数的压缩比较有效，对于浮点数的压缩效果略差些。同时，该方法所能支持的聚集操作比较有限。

文献[187]提出了一种基于Haffman编码技术的感知数据压缩方法。该方法利用 Sink 节点或者网络中的超节点产生 Haffman 编码，并将此编码广播到网络中，每个传感器节点将根据所收到的 Haffman 编码对自身的感知数据进行压缩。该方法需要 Sink 节点或网络中的超节点了解所监测区域内的感知数据分布，同时在广播 Haffman 编码的过程中亦需要消耗较多的能量。

文献[188-191]提出了基于小波变换的感知数据压缩方法。该类方法能够有效地在时间维度对感知数据进行压缩。然而，在空间维度上利用该类方法压缩感知数据，需要引入较大的通信量。同时，当用户所需精度较高时，该类方法的计算过程略显复杂。

文献[192-194]基于感知数据的时空相关性提出了一些数据压缩方法。该类方法可在空间、时间两个维度上压缩感知数据，进而减少数据收集过程中的能量消耗。

此外，文献[254]提出了基于信息的感知数据无损压缩方法。文献[195-196]提出了传感器网络中的多媒体数据压缩方法。文献[197]讨论了感知数据的抽样、压缩策略，并给出了在压缩数据上做简单查询的方法。

1.3.1.5 感知数据的分析和挖掘技术

感知数据的分析和挖掘技术是建立在查询处理技术之上的、更深层次的感知数据计算技术。自文献[255-256]首次提出了感知数据的挖掘框架起，目前关于该项技术的研究主要集中于如下几个方面：

1. 事件检测技术

文献[198-200]提出了基于阈值的事件检测算法。该类方法的主要思想是将安全阈值广播到网络中，传感器节点一旦发现其感知数据超出了给定阈值，则将汇报异常事件发生。文献[257]提出了一种基于兴趣分发技术的事件检测算法，该算法将所感兴趣的事件触发条件分发到网络中的各个节点，一旦有节点发现事件发生则向 Sink 节点进行报告。上述两种方法比较简单，所具有的事件识别能力也较为有限，同时，由于忽略了感知数据在空间和时间上的相关性，使得上述算法运行过程中会产生大量的冗余报告，从而加大了网络的通信量和能量消耗。

文献[201-203]提出了基于模式的事件检测算法，与基于阈值的事件检测算法不同，该算法将各种事件抽样为模式，然后在网络中通过分布式的模式匹配来识别事件。该方法兼顾了感知数据在时间上、空间上的相关性，在事件识别能力和节能方面都有较大的进步。

文献[204-205]提出了基于模型的事件检测算法。该算法的主要思想是利用感知数据在时间和空间上的相关性，建立统计模型，如果网络中某节点在某时刻发现自身感知值偏离该模型，则视为事件发生。

此外，文献[258]对传感器网络中事件驱动的实时操作系统进行了讨论，文献[259]对传感器网络事件检测的时延进行了分析，文献[260]讨论了如何优化事件检测的准确率与能量消耗，文献[261-263]分别对事件检测应用中的节点睡眠调度、节点选择、路径选择问题进行了讨论。

2. 离群点检测技术

文献[206-209]提出了基于统计模型的离群点检测算法。该类算法首先利用已收集的感知数据建立统计模型，例如 Gaussian 分布模型、直方图模型等。如果某节点在某时刻发现其感知数据偏离该模型，则将其视为离群点。如果能够预先知道感知数据在时间、空间上的分布，那么基于统计模型的离群点检测方法十分有效，但是在现实中，感知数据的时空分布很难获得。因而，在有些情况下基于统计模型的离群点检测方法将失效。

文献[210-212]提出了基于邻居节点信息的离群点检测算法。该类算法是基于感知数据的空间相关性而构建的，即当某个节点发现其感知值与邻居节点的感知值差异很大时，则将该节点视为离群点。基于邻居信息的离群点检测算法不需要预知感知数据的时空分布情况，所以在实际应用中比较有效。但是，该类算法存在的问题是邻居节点间要频繁地进行数据交互，这无形中加大了网内通信的压力。

文献[213-214]提出了基于聚簇的离群点检测算法。该类算法首先对网络中的感知数据进行聚簇，当某个感知数据不属于任何簇，或者所在的簇的规模过小时，则将其视为离群点。该类算法的主要问题是很难定义包含离群点的簇的规模。

文献[264-267]分别基于支持向量机(support vector machine，SVM)与贝叶斯分类方法提出了离群点检测算法。该类算法可较为精确地指示离群点，但是该类算法的复杂度比较高。

文献[215]提出了一种基于重要成分分析(principal component analysis，PCA)的离群点检测算法，该算法有效地降低了感知数据比较的维度，然而如何确定仍是较为难解的问题。

此外，文献[268-269]在离群点存在的情况下讨论了如何处理聚集查询，文献[270]构建了支持离群点发现的通信框架，文献[271]给出了一种基于卡尔曼滤波的离群点检测方法。

3. 信息挖掘技术

利用已有的数据挖掘方法，可对传感器网络监测对象的行为特征、网络拓扑结构等多项信息进行挖掘。

针对传感器网络在医疗卫生领域的应用，文献[216]在 BSN(body sensor

networks)中提出了一种基于 N-gram 的人类行为模式挖掘方法，从而为医疗人员发现患者的异常信息提供了一条有效的途径。文献[217]在轮椅上配置传感器系统，并将该系统与移动电话相连，通过挖掘轮椅的异常使用信息，使得医疗人员可以远程地发现轮椅使用者是否发生了危险状况并给予援助。

针对大规模网络，文献[218]对网络拓扑挖掘问题进行了讨论，并给出了称之为 relative contour 的拓扑挖掘机制，利用该机制用户能够较容易地发现网络边界与骨干路径。

针对能够提供多种服务的传感器网络，文献[219]给出了一种基于语义的服务挖掘机制，可以为用户推荐与用户兴趣相关的服务模式。

针对传感器网络的不稳定性，文献[220]提出了一种对于网络瞬时故障的挖掘方法，利用该方法用户可较为容易地发现传感器网络软件故障等问题。

此外，文献[272-274]基于挖掘技术提出了缺失数据的补充方法，文献[275]基于挖掘与预测技术提出了移动目标的实时跟踪方法。

1.3.1.6 感知数据的质量管理

关于感知数据的质量管理，目前的研究还非常少，现有的工作主要集中于感知数据的清洗方面。

1. 感知数据的清洗

文献[221]提出了基于统计信息的感知数据清洗方法。该方法的主要思想如下：首先，网络中的节点计算一段时间内的感知数据加权平均值。然后，根据上述平均值对感知数据进行清洗，即将偏离平均值较大的感知数据看作异常数据，并将其去除。该方法比较简单，故所能处理的数据类型也很有限。

文献[222]提出了基于贝叶斯方法的感知数据清洗技术，该技术需要预知感知数据的分布，故该技术的应用具有一定的局限性。

文献[223]提出了基于卡尔曼滤波的感知数据清洗方法。在清洗已感知的数据方面，该方法表现的性能较高，但是该方法无法有效地预测未来感知数据的变化。因而，该方法在数据清洗方面的能力仍比较有限。

文献[224]提出了基于 Kernel 方法的感知数据清洗技术。该技术在感知数据的清洗方面具有较高性能，但是该技术的计算复杂性比较高。

文献[225-226]基于模糊推理和神经网路，提出了新的感知数据清洗方法。该方法是轻量级的，并且具有较好的性能。

此外，文献[276]在移动传感器网络中，提出了一种基于最小二乘法的缺失值补充算法；文献[277-278]提出了一种感知数据流上的在线清洗算法；文献[279]提出了在传感器节点和在 Sink 节点处进行数据清洗的方法，并基于该方法构建了人类行为识别模式，用以监测老年人的突发疾病。

2.感知数据的质量管理

在感知数据的质量管理方面，文献[227]仅对数据的一致性进行了初步讨论。然而，感知数据除了面临着不一致的问题外，还面临着不完整、不精确、不及时等诸多问题，并且上述问题会相互影响，而文献[227]并未对此进行讨论。

1.3.2 无线传感网中感知数据的获取与计算技术所面临的新挑战

根据对已有工作的分析，无线传感器网络中感知数据获取与计算技术面临着如下一些新挑战：

首先，随着传感器网络被广泛应用，其所监测的物理过程也越来越复杂，简单的等频数据采集已不能精准地描述真实的物理过程。因而，设计面向物理过程可高精度重现的、低能耗的、分布式感知数据的获取方法，将成为目前感知数据的获取与计算技术所面临的挑战之一。

其次，随着传感器网络的用户数量的不断增加，用户对于查询结果精度的需求也多种多样。因而，设计能够满足用户任意精确度需求的、低能耗的、分布式的查询处理算法，将成为目前感知数据的获取与计算技术所面临的挑战之二。

第三，随着传感器网络所执行的任务种类越来越多，所需的感知数据查询与分析操作也不断增加，传统数据库中的经典查询，例如 top-k 查询等，已不能满足某些任务的需求。因而，在传感器网络中开发新的查询，并设计低能耗的、分布式的查询处理算法，将成为目前感知数据的获取与计算技术所面临的挑战之三。

第四，随着感知数据的规模越来越大，网络中数据传输的压力也越来越大，因而需要对感知数据进行压缩。同时，为了不引入额外的计算与通信开销，需要在压缩数据上直接做查询、分析、挖掘等操作。因而，设计低能耗的、分布式的感知数据压缩算法，以及压缩数据上的查询、分析、挖掘算法，将成为目前感知数据的获取与计算技术所面临的挑战之四。

第五，随着传感器网络所监测的对象越来越复杂，需要用多模态型的感知数据（例如标量数据、图像数据、视频数据等）来共同描述一个对象。因而，设计低能耗的、分布式的、多模态感知数据的融合算法以及查询、分析、挖掘算法，将成为目前感知数据的获取与计算技术所面临的挑战之五。

第六，随着传感器网络的规模越来越大、布置的环境越来越恶劣、监测对象越来越复杂，感知数据的质量问题变得愈发突出。因而，设计低能耗的、分布式的数据质量管理算法以及低质量数据上的查询、分析、挖掘算法，将成为目前感知数据的获取与计算技术所面临的挑战之六。

本书对前三个挑战中涉及的四个问题进行研究，后三个挑战及其所涉及的若干问题将在今后的研究中陆续展开。

1.4 本书研究的问题与成果

针对感知数据计算与获取技术所面临的挑战性问题以及传感网的最为常用的几类计算需求，本书开展了如下研究：

第一，本书研究了静态传感器网络中的(ϵ,δ)-近似聚集算法。在大多数传感器网络的应用中，感知数据的聚集值对传感器网络的用户来说极其重要，因为它们可以有效地描述传感器网络所监测对象的概况，进而帮助用户做出分析与决策。精确的聚集算法需要网内所有感知数据均参与到聚集运算之中，故在查询处理过程中将消耗大量的能量。由于在实际应用中，近似的聚集结果同样能帮助用户完成分析、决策工作[23-25]，因而人们开展了有关近似聚集算法的研究。但是，目前已有的近似聚集算法均具有固定的误差界，并且该误差界很难调节。所以，一旦用户所需要的聚集结果的误差小于已有聚集算法所能保证的误差界，这些聚集算法将会失效。为了使近似聚集结果能够满足用户任意的精度需求，本书开展了传感器网络中的(ϵ,δ)-近似聚集算法的研究，并提出了基于均衡抽样的(ϵ,δ)-近似聚集算法。

第二，本书研究了动态传感器网络中的(ϵ,δ)-近似聚集算法。虽然在第一部分研究中提出的基于均衡抽样的(ϵ,δ)-近似聚集算法能够满足用户任意的精度需求，并且在静态传感器网络中具有较高的性能，但该算法需要 Sink 节点随时掌握每个簇中处于活动状态的传感器节点的数量，所以该算法不适用于动态的传感器网络。在动态传感器网络中，由于传感器节点睡眠、移动、能量耗尽等原因，使得每个簇中活动节点的数量不断变化。如果应用基于均衡抽样的(ϵ,δ)-近似聚集算法进行查询处理，那么对于每个簇来说，一旦本簇内活动节点的数量发生变化，簇头节点则需要向 Sink 节点进行报告，这在无形中增加了网络中消息的传输量，进而加大了网络的能量消耗。为了在动态网络中更有效地处理聚集查询，本书开展了动态传感器网络中的(ϵ,δ)-近似聚集算法的研究，并提出了 4 种基于 Bernoulli 抽样的(ϵ,δ)-近似聚集算法。

第三，本书研究了无线传感器网络中的地理位置敏感的近似极值点查询算法。在传感器网络收集的大量数据中，感知数据的极值点（例如，感知数据的最大值）及其所出现的地理位置，对用户来说有着十分重要的意义，因为这些数据可以帮助用户检测异常事件并定位异常事件发生的位置。虽然传统的 top-k 查询亦能够返回最大的 k 个感知值及其发生位置，但是由于感知数据是空间相关的，所以 top-k 查询所返回的结果（包括感知值及其位置）往往集中于一个小区域，为用户所提供的监测区域内异常信息极其有限。并且，传统 top-k 查询结果中存在着大量的冗余数据，在网内传输这些冗余数据亦将消耗大量能量。鉴于上述原因，本书在传感网络之中提出了一种新的查询，称之为地理位置敏感的极值点查询（location aware peak value query），简记为 LAP-(D,k)查询。同时，本书对 LAP-(D,k)查询处理问题的难度进行了分析，并提出了两种近似算法用于处理该查询。

第四，当未给定明确的查询需求时，本书亦研究了面向物理过程可重现的数据采集方法，以从源头提高感知数据的获取质量、控制感知数据的规模。大多数研究均假设传感器节点通过等频数据采集而获得的感知数据能够精准地反映物理世界的变化情况。但是，现实中物理世界往往是连续变化的，而传感器节点的等频数据采集仅是对连续变化的物理世界的一个离散过程，故等频数据采集还存在关键点丢失和曲线失真等问题。当然，加大传感器节点的数据采集频率，确实能缩小等频数据采集与真实物理过程之间的差距，但是加大数据采集频率也同样意味着消耗更多的能量，并且会使整个网络中产生大量的感知数据，导致传感器网络陷入感知数据存不下、传不出的困境。鉴于上述原因，本书开展了面向物理过程可高精度重现的数据采集算法的研究，并提出了 2 种变频数据采集算法，用以获取感知曲线。同时，我们对感知曲线上的查询处理算法进行了讨论，并以聚集操作为例，给出了感知曲线的聚集算法。

本书的主要贡献如下：

(1)在静态传感器网络(ϵ,δ)-近似聚集算法的研究中，我们首先针对感知数据聚集和、平均值、无重复计数值等 3 种聚集操作，给出了根据 ϵ、δ 来确定优化的样本容量的数学方法。其次，我们提出了一种分布式的感知数据均衡抽样算法，并对该算法的计算与通信复杂性进行了分析。第三，我们给出了估计聚集和、平均值、无重复计数值的数学方法，并基于上述数学方法，提出了一种(ϵ,δ)-近似聚集算法，而且证明了该算法能够满足用户的任意精确度需求，同时对该算法的计算和通信复杂度进行了分析。第四，鉴于 ϵ、δ 和感知数据的变化会影响最终的聚集结果，我们提出了两种样本数据信息的维护更新算法，分别适用于 ϵ、δ 和网络中的感知数据发生变化的情况。最后，我们通过模拟实验验证了本部分所提出的算法的有效性。

(2)在动态传感器网络中的(ϵ,δ)-近似聚集算法的研究中,我们首先针对活动节点计数值、感知数据聚集和、平均值等3种聚集操作,给出了根据ϵ、δ来确定优化的抽样概率的数学方法。其次,我们给出了适应动态网络环境的、分布式的Bernoulli抽样方法,并对其计算与通信复杂度进行了分析。第三,我们给出了估计活动节点计数值、感知数据聚集和与平均值的数学方法。第四,在上述数学方法基础上,我们给出了4种基于Bernoulli抽样的(ϵ,δ)-近似聚集算法,分别用以处理传感器网络中的Snapshot查询与连续查询。同时,我们证明了上述4种算法能够满足用户的任意的精度需求,并且适合应用于动态网络环境。最后,通过详尽的模拟实验验证了本部分所提出的算法的有效性。

(3)在地理位置敏感的近似极值点查询算法的研究中,我们首次提出了LAP-(D,k)查询处理问题,并证明了该问题是NP-难的。其次,我们分别给出了两种近似算法用以解决LAP-(D,k)查询处理问题,它们分别是分布式贪心算法和基于区域划分的分布式算法。第三,我们对上述两种算法的近似比进行了详细分析,证明了这两种算法均具有常数近似比,同时,我们亦对上述两种算法的时间和通信复杂度进行了详细的分析。最后,通过真实和模拟实验验证了本部分所提出的算法在精确性及能量消耗方面均具有较高的性能。

(4)面向物理过程可高精度重现算法的感知数据采集方法的研究中,我们首次提出了面向物理过程可高精度重现的变频数据获取问题,并分别基于Hermit插值和三次样条插值技术提出了两种面向物理过程可高精度重现的变频数据采集算法。上述两种算法可根据真实物理过程的变化情况及用户给定的误差界,自适应地调整传感器节点的数据采集频率。其次,我们对上述两种算法的性能进行了详细分析,包括算法输出的曲线光滑程度,在计算一阶、二阶导数时的误差,算法的数据采集次数及复杂性等。第三,我们改进了传统意义上的感知数据的概念,在本书中,感知数据不再是离散的数据点,而是多条连续的分段曲线,称之为感知曲线。感知曲线可以更好地表达物理过程的连续变化等诸多特性。第四,我们提出了感知曲线的分布式聚集算法,并对算法的精度及其优化策略进行了分析。最后,通过真实与模拟实验验证了本部分所提出的算法的性能。

2 静态传感器网络中基于均衡抽样的(ϵ,δ)-近似聚集算法

2.1 引　言

随着通信技术、嵌入式计算技术和传感技术的飞速发展和日益成熟，易部署、价格低廉、环境适应能力强的无线传感器网络在许多领域得以广泛应用。在大多数传感器网络的应用中，感知数据的聚集值，例如最大感知值、最小感知值、平均感知值等，对传感器网络的用户来说极其重要，因为它们可以有效地描述传感器网络所监测对象的概况，并且能够帮助用户做出相应的分析与决策。因而，设计一种高效、节能的聚集算法十分重要。目前，有许多学者开展了这方面的研究，也提出了大量的网内聚集查询处理算法。早期的网内聚集查询处理算法[155,280,281]主要集中在如何获取精确的聚集值，故它们需要网络中所有节点的所有感知数据均参与到聚集运算之中，从而导致上述算法在聚集查询处理过程中均需要消耗很大的能量。同时，由于传感器节点的感知数据常伴有噪声，故在现实世界中，上述算法即便是在高耗能的条件下，也很难得到100%的精确聚集结果。

实际上，在很多传感器网络的应用中，人们并不需要使用精确的聚集结果，近似聚集结果已经足够可以帮助用户完成决策分析工作[23-25]。于是，为了进一步节省能量消耗，人们开展了近似聚集算法的研究。基于Sketch的近似聚集算法[23,147-149]首先被提出。该类算法通过传输压缩后的感知数据来达到节能的目的。与精确算法相比，该类算法的唯一改进之处是在感知数据传输之前进行压缩。由于该类算法还是需要网络中的所有感知数据均参与到聚集运算过程中，所以这类算法的能量消耗依然很大。随后，人们又提出了另外两类近似聚集算法，即基于时间相关性的近似聚集算法[24,150-152]与基于空间相关性的近似聚集算

法[25,153-154]。上述两类算法只需要网内的一部分感知数据参与到聚集运算过程中，因而，它们在节能等方面取得了很大的进步。然而，这两类算法同样面临着一个无法回避的问题，即这两类算法均具有固定的误差界，并且该误差界很难调节。首先，对于基于时间相关性算法来说，若要调整算法的误差界，需要由 Sink 根据各个节点感知数据变化程度，为每个节点重新分配过滤区间。为了完成上述工作，Sink 节点需要了解整个网络感知数据的变化趋势，这对于大规模传感器网络来说将很难实现。其次，对于基于空间相关性的算法来说，若要调整算法的误差界，需要调整每个节点的局部预测模型以及 Sink 节点的全局预测模型，这些操作势必将引入大量的计算和数据通信工作、消耗大量的计算资源和能量，这对于能量有限的大规模传感器网络来说亦很难实现。

在实际应用中，一个传感器网络往往拥有大量用户，而不同用户或不同聚集操作对近似聚集结果的精确度的要求亦不同。以水质监测的传感器网络为例，用户 A 需要根据感知数据来判断当前水质是否满足饮用标准，而用户 B 则需要确定当前水质具体属于哪一类。用户 A 和用户 B 都可以通过计算监测区域的平均水质来进行决策分析。根据中国地表水环境的质量标准，可饮用水亦分为3 个等级。显然，用户 B 对于聚集结果的精度需求高于用户 A 的精确需求。然而，由于已有的近似聚集方法具有固定的误差界，故它们可能只适于处理用户 A 的查询请求而不适于处理用户 B 的查询请求。综上所述，我们正面临一个挑战：如何设计一个能量有效的近似聚集算法，使之能够直接有效地完成具有任意精确度要求的聚集计算。当然，这种算法的时间复杂性、通信复杂性和能量消耗随精度的提高而增加。

针对上述问题，本章根据均衡抽样技术提出了一种近似聚集算法，称之为基于均衡抽样的(ϵ,δ)-近似聚集算法，其中 $\epsilon(\epsilon\geqslant 0)$表示相对误差上限、$\delta(0\leqslant\delta\leqslant 1)$表示失误概率上限。对于用户任意给定的 ϵ 与 δ，我们证明了：基于均衡抽样的(ϵ,δ)-近似聚集算法输出的近似聚集结果满足其与精确结果的相对误差大于 ϵ 的概率小于 δ。由于 ϵ 和 δ 可以任意小，所以本章提出的近似聚集算法可以满足用户的任意精度需求。

对于给定的 ϵ 和 δ，基于均衡抽样的(ϵ,δ)-近似聚集算法主要通过如下 3 步来完成聚集查询处理：首先，该算法需要根据 ϵ、δ 及给定的聚集操作符来确定优化的样本容量；其次，根据第一步确定的样本容量，对于网络中的感知数据进行分布式的均衡抽样；最后，利用第二步所获得的样本数据、依据数学原理计算不同类型的近似聚集结果，本章主要讨论近似聚集和、近似平均值与近似无重复计数值的计算。

本章的主要贡献如下：

（1）本章提出了根据ϵ、δ及聚集操作符来确定优化的样本容量的数学方法。

（2）本章给出了一种适用于传感器网络的、分布式的感知数据均衡抽样算法，并对该算法的计算与通信复杂度进行了分析。

（3）本章提出了估计聚集和、平均值、无重复计数值的数学方法。基于上述数学方法，我们提出了一种(ϵ,δ)-近似聚集算法。通过理论分析和实验验证了该算法的有效性。

（4）本章给出了两种样本数据信息的维护、更新算法，分别适用于ϵ、δ和网络中的感知数据发生变化的情况。

本章的其余内容组织如下：2.2 节给出问题的定义；2.3 节介绍本章算法的数学基础；2.4 节介绍分布式的感知数据均衡抽样算法；2.5 节给出基于均衡抽样的(ϵ,δ)-近似聚集算法；2.6 节提出两种样本数据信息的维护、更新算法；2.7 节通过实验对本章所提出算法的性能进行验证；2.8 节给出本章的相关工作；2.9 节对本章工作进行总结。

2.2 问题定义

不失一般性，假设给定传感器网络中有 N 个节点，每个节点均有唯一的编号，且编号的取值范围为$[1,N]$。由于本章主要讨论静态网络中聚集计算问题，所以，假设网络中的所有传感器节点均是活动节点，并且该网络中不包含移动节点。

同时，设整个监测区域被划分成 k 个互不相交的网格，对于每个网格来说，落入该网格中的节点形成一个簇。从而整个网络可被分成 k 个簇，记为 $C_1,C_2,\cdots,C_k$，利用 n_l 表示簇 C_l 中的节点的个数，其中 $1\leqslant l\leqslant k$。显然，$\sum_{l=1}^{k}n_l=N$，并且由于网络是静态的，Sink 节点可以很容易地获取 $n_1,n_2,\cdots,n_k$。

设 s_{ti} 表示传感器节点 i 在时刻 t 的感知数据，故 $S_t=\{s_{t1},s_{t2},\cdots,s_{tN}\}$ 表示 t 时刻网络中所有感知数据的集合。令 $\mathrm{Dis}(S_t)$ 表示 S_t 中所有不同值构成的集合，$s_{tv}^{(d)}$ 表示集合 $\mathrm{Dis}(S_t)$ 中的一个元素，其中 $1\leqslant v\leqslant|\mathrm{Dis}(S_t)|$。对于 $\forall s_{tv}^{(d)}\in\mathrm{Dis}(S_t)$，设 n_v 表示 $s_{tv}^{(d)}$ 在 S_t 中出现的次数。显然 $\sum_{1\leqslant v\leqslant|\mathrm{Dis}(S_t)|}n_v=N$。

由于感知数据是有界的，所以我们利用 $\mathrm{Sup}(S_t)$ 和 $\mathrm{Inf}(S_t)$ 分别表示感知数据的上、下界。我们假设网络中的所有感知数据均大于 0。当然，本章所介绍的

算法亦能应用到感知数据小于 0 的网络中，只需将每个感知数据加上$|\mathrm{Inf}(S_t)|+\theta$即可，其中$\theta$是一个正数。

在本章中，主要针对 3 种聚集运算，包括聚集和、平均值及无重复计数值，进行近似算法的设计。

对于任意时刻t，精确聚集和为$\mathrm{Sum}(S_t)=\sum_{i=1}^{N}s_{ti}$，精确平均值为$\mathrm{Avg}(S_t)=\frac{1}{N}\sum_{i=1}^{N}s_{ti}$，大量研究已表明上述两种聚集值对用户了解监测区域的概况十分重要，在此不再加以赘述。

同样地，对于任意时刻t，精确误差无重复计数值为$\mathrm{DC}(S_t)=|\mathrm{Dis}(S_t)|$。无重复计数运算对统计感知数据的类别来说很有意义。例如，以水质监测网络为例，如果每个传感器节点的感知数据表示一个水质等级，那么整个网络的无重复计数值就表示监测区域内所包含的水质等级的个数，因而，该聚集操作对传感器网络来说亦是十分重要的。

基于上述分析，下面将给出(ϵ,δ)-估计与(ϵ,δ)-近似聚集的定义。

定义 2.1 （(ϵ,δ)-估计） 对于给定的$\epsilon(\epsilon\geqslant 0)$与$\delta(0\leqslant\delta\leqslant 1)$，$\hat{I}_t$称之为$I_t$的$(\epsilon,\delta)$-估计，当且仅当$\Pr\left(\left|\frac{\hat{I}_t-I_t}{I_t}\right|\geqslant\epsilon\right)\leqslant\delta$，其中$\Pr(X)$表示随机事件$X$发生的概率。

定义 2.2（(ϵ,δ)-近似聚集） 令I_t表示传感器网络在时刻t的一个精确聚集结果，即I_t等于$\mathrm{Sum}(S_t)$、$\mathrm{Avg}(S_t)$或$\mathrm{DC}(d(S_t))$。那么对于给定的$\epsilon(\epsilon\geqslant 0)$与$\delta(0\leqslant\delta\leqslant 1)$，$\hat{I}_t$称为$(\epsilon,\delta)$-近似聚集结果，当且仅当$\hat{I}_t$是$I_t$的一个$(\epsilon,\delta)$-估计。

进而，(ϵ,δ)-近似查询处理问题可定义如下：

输入：

(1)$N,k,\{n_1,n_2,\cdots,n_k\}$；

(2)t时刻感知数据集合，$S_t=\{s_{t1},s_{t2},\cdots,s_{tN}\}$；

(3)$\epsilon(\epsilon\geqslant 0)$及$\delta(0\leqslant\delta\leqslant 1)$；

(4)聚集操作符 Agg(Agg∈{Sum，Average，Dis-Count}

输出：针对聚集操作符 Agg，输出满足定义 2.2 的(ϵ,δ)-近似聚集结果。

在本章中，我们将基于均衡抽样技术来设计(ϵ,δ)-近似查询处理算法。总体上讲，我们的算法可分为如下 3 个主要步骤：

第一，Sink 节点将根据输入的ϵ、δ及聚集操作符 Agg，来确定优化的样本容量。此部分内容将在 2.4.1 节中进行介绍。

第二，Sink 节点将在网内触发分布式的均衡抽样，以获取样本数据信息，同时，样本数据信息在抽样过程中也被分布式地存储于网内。此部分内容将在 2.

4.2 节中进行介绍。

第三，Sink 节点利用所收集的样本数据来完成近似聚集计算，此部分内容将在 2.5 节中进行介绍。

此外，由于传感器网络是服务于多用户的，所以查询中的 ϵ、δ 是不断变化的，并且网络中的感知数据也是随时间而不断改变的。上述变化可能引起存储在 Sink 节点及网内的样本数据信息失效，因而，在 2.6 节中，我们将给出两种样本信息维护、更新算法，这两种算法分别适用于 ϵ、δ 和网络中的感知数据发生变化的情况。

最后，为了便于阅读，本章所使用的符号见表 2-1。

表 2-1　符号说明

符号	描述
N	传感器网络中节点的数量
k	传感器网络中簇的数量
$C_l(1 \leqslant l \leqslant k)$	第 $l(1 \leqslant l \leqslant k)$ 个簇
$n_l(1 \leqslant l \leqslant k)$	簇 C_l 中节点的数量
s_{ti}	t 时刻、节点 i 的感知数据
S_t	t 时刻网络中所有感知数据的集合
$\mathrm{Sup}(S_t)$	感知数据的上界
$\mathrm{Inf}(S_t)$	感知数据的下界
$\mathrm{Dis}(S_t)$	S_t 中所有不同值构成的集合
$s_{tv}^{(d)}$	集合 $\mathrm{Dis}(S_t)$ 中的一个元素
n_v	$s_{tv}^{(d)}$ 在 S_t 中出现的次数
$\mathrm{Sum}(S_t)$	t 时刻精确聚集和
$\mathrm{Avg}(S_t)$	t 时刻精确平均值
$\mathrm{DC}(S_t)$	t 时刻精确无重复计数值
ϵ	相对误差的上界
δ	失败概率的上界
m	样本容量
$U^{(m)}$	S_t 的大小为 m 的均衡抽样样本
$\widehat{\mathrm{Sum}(S_t)}_m$	$\mathrm{Sum}(S_t)$ 的估计器
$\widehat{\mathrm{Avg}(S_t)}_m$	$\mathrm{Avg}(S_t)$ 的估计器
$\widehat{\mathrm{DC}(S_t)}_m$	$\mathrm{DC}(S_t)$ 的估计器

2.3　数学基础

所谓均衡抽样是指在感知数据集合 S_t 进行有放回的随机数据抽取，并且保证每个感知数据被抽中的概率为$\frac{1}{N}$。具体而言，如果 $U^{(m)}=\{s_{tk_1},s_{tk_2},\cdots,s_{tk_m}\}$表示 S_t 的一个大小为 m 的均衡抽样样本，那么 $s_{tk_1},s_{tk_2},\cdots,s_{tk_m}$ 可以看作 m 个随机变量，并且对于任意 $i(1\leqslant i\leqslant m)$，$s_{tk_i}$ 满足 $\Pr(s_{tk_i}=s_{tj})=\frac{1}{N}$，其中 $s_{tj}(1\leqslant j\leqslant N)$是网络中第 j 个节点在时刻 t 的感知值。

2.3.1　聚集和的估计器

设 S_t 表示 t 时刻感知数据的集合，$U^{(m)}=\{s_{tk_1},s_{tk_2},\cdots,s_{tk_m}\}$为 S_t 的一个大小为 m 的均衡抽样样本，那么感知数据聚集和的估计器可按下式进行计算：

$$\widehat{\mathrm{Sum}(S_t)}_m=\frac{N}{m}\sum_{j=1}^{m}s_{tk_j}\tag{2-1}$$

其中，估计器的下角标 m 表示样本容量。

定义 2.3(无偏估计)　$\hat{I}_t$称为 I_t 的无偏估计，当且仅当$\hat{I}_t$的数学期望等于 I_t，即 $E(\hat{I}_t)=I_t$。

下面的定理证明了 $\widehat{\mathrm{Sum}(S_t)}_m$ 是精确聚集和 $\mathrm{Sum}(S_t)$的无偏估计。

定理 2.1　设 $E(\widehat{\mathrm{Sum}(S_t)}_m)$与 $\mathrm{Var}(\widehat{\mathrm{Sum}(S_t)}_m)$，分别表示 $\widehat{\mathrm{Sum}(S_t)}_m)$的数学期望与方差，那么 $E(\mathrm{Sum}(S_t)_m)$与 $\mathrm{Var}(\widehat{\mathrm{Sum}(S_t)}_m)$满足：

$$E(\widehat{\mathrm{Sum}(S_t)}_m)=\mathrm{Sum}(S_t)\tag{2-2}$$

及

$$\mathrm{Var}(\widehat{\mathrm{Sum}(S_t)}_m)\leqslant\frac{\mathrm{Sum}(S_t)}{m}(N\mathrm{Sup}(S_t)-\mathrm{Sum}(S_t))\tag{2-3}$$

其中，$\mathrm{Sup}(S_t)$表示感知数据的上界。

证明：由于 $U^{(m)}=\{s_{tk_1},s_{tk_2},\cdots,s_{tk_m}\}$构成了 S_t 的大小为 m 的均衡抽样样本，所以根据前文分析可知，每个 $s_{tk_i}(1\leqslant i\leqslant m)$均可以看作是一个随机变量，并且满足 $\Pr(s_{tk_i}=s_{tj})=\frac{1}{N}$。从而可知，随机变量 $s_{tk_i}(1\leqslant i\leqslant m)$的数学期望和方差分别满足

$$E(s_{tk_i}) = \sum_{j=1}^{N} s_{tj} \Pr(s_{tk_i} = s_{tj}) = \sum_{j=1}^{N} \frac{s_{tj}}{N} = \frac{\mathrm{Sum}(S_t)}{N} \tag{2-4}$$

$$\begin{aligned} \mathrm{Var}(s_{tk_i}) &= E(s_{tk_i}^2) - [E(s_{tk_i})]^2 = \sum_{j=1}^{N} s_{tj}^2 \frac{1}{N} - \frac{1}{N^2}\mathrm{Sum}(S_t)^2 \\ &\leqslant \frac{1}{N^2}\mathrm{Sum}(S_t)[N\mathrm{Sup}(S_t) - \mathrm{Sum}(S_t)] \end{aligned} \tag{2-5}$$

根据均衡抽样的性质，随机变量 $s_{tk_1}, s_{tk_2}, \cdots, s_{tk_m}$ 是相互独立的，根据公式(2-2)可知

$$E(\widehat{\mathrm{Sum}(S_t)}_m) = \frac{N}{m}\sum_{i=1}^{m} E(s_{tk_i}) = \mathrm{Sum}(S_t) \tag{2-6}$$

同理，根据公式(2-3)可知

$$\mathrm{Var}[\widehat{\mathrm{Sum}(S_t)}_m] = \frac{N^2}{m^2}\sum_{i=1}^{m}\mathrm{Var}(s_{tk_i}) \leqslant \frac{\mathrm{Sum}(S_t)}{m}[N\mathrm{Sup}(S_t) - \mathrm{Sum}(S_t)] \tag{2-7}$$

定理 2.1 表明 $\widehat{\mathrm{Sum}(S_t)}_m$ 是精确聚集和 $\mathrm{Sum}(S_t)$ 的无偏估计，并且 $\widehat{\mathrm{Sum}(S_t)}_m$ 的方差随着 m 的增大而趋近于 0。因而，根据文献[282]，随着样本容量 m 的增大，$\widehat{\mathrm{Sum}(S_t)}_m$ 与精确值 $\mathrm{Sum}(S_t)$ 之间的相对误差可以达到任意小。

2.3.2 平均值的估计器

设 $U^{(m)} = \{s_{tk_1}, s_{tk_2}, \cdots, s_{tk_m}\}$ 为 S_t 的一个大小为 m 的均衡抽样样本，那么感知数据平均值的估计器可按下式进行计算：

$$\widehat{\mathrm{Avg}(S_t)}_m = \frac{1}{m}\sum_{j=1}^{m} s_{tk_j} \tag{2-8}$$

可以证明 $\widehat{\mathrm{Avg}(S_t)}_m$ 也是精确平均值 $\mathrm{Avg}(S_t)$ 的无偏估计。

定理 2.2 设 $E[\widehat{\mathrm{Avg}(S_t)}_m]$ 与 $\mathrm{Var}[\widehat{\mathrm{Avg}(S_t)}_m]$ 表示 $\widehat{\mathrm{Avg}(S_t)}_m$ 的数学期望与方差，则 $E[\widehat{\mathrm{Avg}(S_t)}_m]$ 与 $\mathrm{Var}[\widehat{\mathrm{Avg}(S_t)}_m]$ 满足

$$E[\widehat{\mathrm{Avg}(S_t)}_m] = \mathrm{Avg}(S_t) \tag{2-9}$$

及

$$\mathrm{Var}[\widehat{\mathrm{Avg}(S_t)}_m] \leqslant \frac{\mathrm{Avg}(S_t)}{m}[\mathrm{Sup}(S_t) - \mathrm{Avg}(S_t)] \tag{2-10}$$

证明：根据定理 2.1 可知，$E[\widehat{\mathrm{Sum}(S_t)}_m] = \mathrm{Sum}(S_t)$，所以有

$$E[\widehat{\mathrm{Avg}(S_t)}m] = E\left(\frac{1}{m}\sum_{j=1}^{m} s_{tk_i}\right) = \frac{1}{N}E[\widehat{\mathrm{Sum}(S_t)}_m] = \frac{1}{N}\mathrm{Sum}(S_t) = \mathrm{Avg}(S_t) \tag{2-11}$$

同时,定理2.1还表明 $\mathrm{Var}[\widehat{\mathrm{Sum}(S_t)}_m] \leqslant \frac{\mathrm{Sum}(S_t)}{m}[N\mathrm{Sup}(S_t) - \mathrm{Sum}(S_t)]$ $= \frac{\mathrm{Sum}(S_t)^2}{m}\left[\frac{\mathrm{Sup}(S_t)}{\mathrm{Avg}(S_t)} - 1\right]$,所以

$$\mathrm{Var}[\widehat{\mathrm{Avg}(S_t)}_m] = \mathrm{Var}\left(\frac{1}{m}\sum_{j=1}^{m} s_{tk_i}\right) = \frac{\mathrm{Var}(\widehat{\mathrm{Sum}(S_t)}_m)}{N^2}$$
$$\leqslant \frac{\mathrm{Avg}(S_t)}{m}[\mathrm{Sup}(S_t) - \mathrm{Avg}(S_t)]$$

由于 $\widehat{\mathrm{Avg}(S_t)}_m$ 是精确平均值 $\mathrm{Avg}(S_t)$ 的无偏估计,且随着样本容量 m 的增加,$\widehat{\mathrm{Avg}(S_t)}_m$ 的方差趋近于0,因而,$\widehat{\mathrm{Avg}(S_t)}_m$ 与 $\mathrm{Avg}(S_t)$ 的相对误差随着 m 的增大可以达到任意小[282]。

2.3.3 无重复计数值的估计器

设 $U^{(m)}$ 表示 S_t 的一个大小为 m 的均衡抽样样本,$\mathrm{Dis}(U^{(m)})$ 是由 $U^{(m)}$ 中的不同值构成的集合,对于 $\forall s_{tv}^{(d)} \in \mathrm{Dis}[U^{(m)}]$,$m_v$ 表示 $s_{tv}^{(d)}$ 在集合 $U^{(m)}$ 中出现的次数。感知数据的无重复计数估计器可按下式计算:

$$\widehat{\mathrm{DC}(S_t)}_m = \sum_{s_{tv}^{(d)} \in U^{(m)}} \frac{1}{\Pr[s_{tv}^{(d)} \in U^{(m)}]} \tag{2-12}$$

下面的定理证明了 $\widehat{\mathrm{DC}(S_t)}_m$ 是精确无重复计数值 $\mathrm{DC}(S_t)$ 的无偏估计。

定理 2.3 设 $E[\widehat{\mathrm{DC}(S_t)}_m]$ 和 $\mathrm{Var}[\widehat{\mathrm{DC}(S_t)}_m]$ 分别表示 $\widehat{\mathrm{DC}(S_t)}_m$ 的数学期望和方差,那么 $E[\widehat{\mathrm{DC}(S_t)}_m] = \mathrm{DC}(S_t)$,$\lim_{m\to+\infty} \mathrm{Var}[\widehat{\mathrm{DC}(S_t)}_m] = 0$。

证明:对于任意 $s_{tv}^{(d)} \in \mathrm{Dis}(S_t)$,如果 $s_{tv}^{(d)} \in U^{(m)}$,则意味着 $m_v > 0$,结合公式(2-4)有

$$\widehat{\mathrm{DC}(S_t)}_m = \sum_{s_{tv}^{(d)} \in U^{(m)}} \frac{1}{\Pr[s_{tv}^{(d)} \in U^{(m)}]} = \sum_{s_{tv}^{(d)} \in U^{(m)}} \frac{1}{\Pr(m_v > 0)} \tag{2-13}$$

设 $X_v[1 \leqslant v \leqslant \mathrm{DC}(S_t)]$ 表示满足如下分布的随机变量

$$X_v = \begin{cases} 1, & m_v > 0 \\ 0, & m_v = 0 \end{cases}$$

从而,根据公式(2-13)可知

$$E[\widehat{\mathrm{DC}(S_t)}_m] = E\left(\sum_{s_{tv}^{(d)} \in U^{(m)}} \frac{1}{\Pr(m_v > 0)}\right) = E\left(\sum_{s_{tv}^{(d)} \in \mathrm{Dis}(S_t)} \frac{X_v}{\Pr(m_v > 0)}\right)$$
$$= \sum_{v=1}^{\mathrm{DC}(S_t)} \frac{E(X_v)}{\Pr(m_v > 0)} = \sum_{v=1}^{\mathrm{DC}(S_t)} 1 = \mathrm{DC}(S_t) \tag{2-14}$$

由均衡抽样的性质可知,对于任意 $1 \leqslant v \neq u \leqslant \mathrm{DC}(S_t)$,均有 X_v 与 X_u 是相互独立的,所以

$$\mathrm{Var}[\widehat{\mathrm{DC}(S_t)}_m] = \mathrm{Var}\Big[\sum_{s_{tv}^{(d)} \in \mathrm{Dis}(S_t)} \frac{X_v}{\Pr(m_v > 0)}\Big]$$

$$= \sum_{s_{tv}^{(d)} \in \mathrm{Dis}(S_t)} \frac{\mathrm{Var}(X_v)}{[\Pr(m_v > 0)]^2} = \sum_{s_{tv}^{(d)} \in \mathrm{Dis}(S_t)} \frac{1 - \Pr(m_v > 0)}{\Pr(m_v > 0)} \quad (2\text{-}15)$$

对于任意 $s_{tv}^{(d)} \in \mathrm{Dis}(S_t)$，在每次均衡抽样中，$s_{tv}^{(d)}$ 被抽中的概率为$\frac{n_v}{N}$，所以 $\Pr[s_{tv}^{(d)} \in U^{(m)}] = \Pr(m_v > 0) = 1 - \left(1-\frac{n_v}{N}\right)^m$，故 $\lim\limits_{m\to+\infty} \Pr\{m_v > 0\} = \lim\limits_{m\to+\infty} 1 - \left(1-\frac{n_v}{N}\right)^m = 1$，结合公式(2-7)可知 $\lim\limits_{m\to+\infty} \mathrm{Var}[\mathrm{DC}(S_t)_m] = 0$。

由于$\widehat{\mathrm{DC}(S_t)}_m$ 是精确无重复值 $\mathrm{DC}(S_t)$的无偏估计，并且随着样本容量 m 的增加，$\widehat{\mathrm{DC}(S_t)}_m$ 的方差趋近于 0，故随着 m 的增大，$\widehat{\mathrm{DC}(S_t)}_m$ 的相对误差也可以达到任意小[282]。

同时，根据公式(2-4)可知，计算$\widehat{\mathrm{DC}(S_t)}_m$ 的关键是计算 $\Pr[s_{tv}^{(d)} \in U^{(m)}]$，其中，$s_{tv}^{(d)} \in \mathrm{Dis}(S_t)$。根据定理 2.3 的证明可知，对于任意 $s_{tv}^{(d)} \in \mathrm{Dis}(S_t)$，$\Pr[s_{tv}^{(d)} \in U^{(m)}] = \Pr(m_v > 0) = 1 - \left(1-\frac{n_v}{N}\right)^m$。虽然在现实中$\frac{n_v}{N}$很难获得，但是我们可以用$\frac{m_v}{m}$来估计$\frac{n_v}{N}$。可以很容易地证明，随着样本容量的增加，$1-\left(1-\frac{m_v}{m}\right)^m$ 与 $1-\left(1-\frac{n_v}{N}\right)^m$ 之间的误差可以达到任意小，所以用$\frac{m_v}{m}$代替$\frac{n_v}{N}$来计算近似无重复计数亦可满足用户任意的精度需求。

同时，有一种特殊的情况值得我们注意，即 $n_1 \approx n_2 \approx \cdots \approx n_{\mathrm{DC}(S_t)}$，此时方程 $x - x\left(1-\frac{1}{x}\right)^m = \mathrm{DC}(U^{(m)})$的根便可作为精确无重复计数值 $\mathrm{DC}(S_t)$的一个估计器，并且该估计器误差同样可以达到任意小。其中，$\mathrm{DC}(U^{(m)})$表示样本集合 $U^{(m)}$ 中不同值的个数。本书作者在文献[283]中已对该方法的正确性进行了论述，在此不再加以详细介绍。

2.4 分布式均衡抽样算法

2.4.1 样本容量的确定

由于本章所介绍的近似聚集算法是建立在 2.3 节所给的各种估计器基础之

上的。所以，要保证本章所介绍的算法为(ϵ,δ)-近似聚集算法，就要保证2.3节所给出的估计器是精确聚集结果的(ϵ,δ)-估计。而根据前文分析，所有估计器的误差直接取决于样本容量的大小，所以在本节中我们将针对优化的样本容量的确定方法进行讨论。

首先对求解(ϵ,δ)-近似聚集和所需的样本容量进行讨论。

设$U^{(m)}=\{s_{tk_1},s_{tk_2},\cdots,s_{tk_m}\}$为$S_t$的一个大小为$m$的均衡抽样样本。根据2.3.1节的分析，$\widehat{\mathrm{Sum}(S_t)}_m=\frac{N}{m}\sum_{j=1}^{m}s_{tk_j}$，其中对于$\forall s_{tk_i}\in U^{(m)}$，$s_{tk_i}$可被看成一个随机变量，并且根据定理2.1的证明可知，$E(s_{tk_i})=\frac{\mathrm{Sum}(S_t)}{N}$、$\mathrm{Var}(s_{tk_i})=\sum_{j=1}^{N}s_{tj}^2\frac{1}{N}-\frac{1}{N^2}\mathrm{Sum}(S_t)^2$，即$s_{tk_1},s_{tk_2},\cdots,s_{tk_m}$构成了一个独立同分布随机变量序列。因而，$\widehat{\mathrm{Sum}(S_t)}_m=\frac{N}{m}\sum_{j=1}^{m}s_{tk_j}$符合中心极限定理的应用条件[284]。根据中心极限定理及统计学知识，当样本容量超过30时，可认为$\widehat{\mathrm{Sum}(S_t)}_m$服从正态分布[282]。由于传感器网络包含着大量的感知数据，即使按很低的精度要求对其进行抽样，所需的样本容量也将远大于30，即$\widehat{\mathrm{Sum}(S_t)}_m$服从正态分布的条件成立，我们可以利用该结论对计算$(\epsilon,\delta)$-近似聚集和所需的样本容量进行讨论。

定理2.4　如果样本容量m满足如下公式：

$$m\geqslant\frac{\phi_{\delta/2}^2}{\epsilon^2}\left[\frac{\mathrm{Sup}(S_t)}{\mathrm{Inf}(S_t)}-1\right]\tag{2-16}$$

那么，$\widehat{\mathrm{Sum}(S_t)}_m$是精确聚集和$\mathrm{Sum}(S_t)$的$(\epsilon,\delta)$-估计，其中$\phi_{\delta/2}$是标准正态分布的$\delta/2$分位数。

证明：由于$\mathrm{Inf}(S_t)$表示感知数据的下界，所以$\mathrm{Sum}(S_t)=N\mathrm{Avg}(S_t)\geqslant N\mathrm{Inf}(S_t)$，因而，根据公式(2-8)可知，$m\geqslant\frac{\phi_{\delta/2}^2}{\epsilon^2}\left[\frac{N\mathrm{Sup}(S_t)}{\mathrm{Sum}(S_t)}-1\right]$，即

$$\frac{\mathrm{Sum}(S_t)}{m}[N\mathrm{Sup}(S_t)-\mathrm{Sum}(S_t)]\leqslant\mathrm{Sum}(S_t)^2\frac{\epsilon^2}{\phi_{\delta/2}^2}\tag{2-17}$$

根据定理2.1可知，$\mathrm{Var}[\widehat{\mathrm{Sum}(S_t)}_m]$满足

$$\mathrm{Var}[\widehat{\mathrm{Sum}(S_t)}_m]\leqslant\frac{\mathrm{Sum}(S_t)}{m}[N\mathrm{Sup}(S_t)-\mathrm{Sum}(S_t)]\tag{2-18}$$

根据公式(2-9)与(2-10)可知

$$\phi_{\delta/2}\times\sqrt{\mathrm{Var}[\widehat{\mathrm{Sum}(S_t)}_m]}\leqslant\epsilon\times\mathrm{Sum}(S_t)\tag{2-19}$$

由于$\widehat{\mathrm{Sum}(S_t)}_m$服从正态分布，且$E[\widehat{\mathrm{Sum}(S_t)}_m]=\mathrm{Sum}(S_t)$，故

$$\Pr\left\{\frac{|\widehat{\mathrm{Sum}(S_t)}_m-\mathrm{Sum}(S_t)|}{\phi_{\delta/2}\sqrt{\mathrm{Var}[\widehat{\mathrm{Sum}(S_t)}_m]}}\geqslant 1\right\}\leqslant\delta \tag{2-20}$$

结合公式(2-11)与(2-12)可知

$$\Pr\{|\widehat{\mathrm{Sum}(S_t)}_m-\mathrm{Sum}(S_t)|\geqslant\epsilon\mathrm{Sum}(S_t)\}\leqslant\delta \tag{2-21}$$

即 $\Pr\left\{\left|\frac{\widehat{\mathrm{Sum}(S_t)}_m-\mathrm{Sum}(S_t)}{\mathrm{Sum}(S_t)}\right|\geqslant\epsilon\right\}\leqslant\delta$，所以 $\widehat{\mathrm{Sum}(S_t)}_m$ 是 $\mathrm{Sum}(S_t)$ 的 (ϵ,δ)-估计。

同理可证，当样本容量 m 满足 $m\geqslant\frac{\phi_{\delta/2}^2}{\epsilon^2}\left[\frac{\mathrm{Sup}(S_t)}{\mathrm{Inf}(S_t)}-1\right]$时，$\widehat{\mathrm{Avg}(S_t)}_m$ 亦是 $\mathrm{Avg}(S_t)$ 的 (ϵ,δ)-估计。

下面对计算 (ϵ,δ)-无重复计数值时所需的样本容量进行讨论。

定理 2.5 当样本容量 m 满足 $m\geqslant\frac{\ln\left[\frac{N\epsilon^2}{N\epsilon^2+4n_{\max}\ln(2/\delta)}\right]}{\ln(1-n_{\min}/N)}$时，$\widehat{\mathrm{DC}(S_t)}_m$ 是 $\mathrm{DC}(S_t)$ 的 (ϵ,δ)-估计，其中 $n_{\min}=\min_{1\leqslant v\leqslant \mathrm{DC}(S_t)}n_v$，$n_{\max}=\max_{1\leqslant v\leqslant \mathrm{DC}(S_t)}n_v$。

证明：

令 $X_v,Y_v(1\leqslant v\leqslant \mathrm{DC}(S_t))$ 是满足如下公式的随机变量

$$X_v=\begin{cases}1, & \text{如果 } s_{tv}^{(d)}\in U^{(m)}\\ 0, & \text{其他情况}\end{cases},Y_v=\frac{X_v-\Pr(X_v=1)}{N\Pr(X_v=1)}$$

那么

$$\begin{aligned}\widehat{\mathrm{DC}(S_t)}_m &= \sum_{s_{tv}^{(d)}\in U^{(m)}}\frac{1}{\Pr[s_{tv}^{(d)}\in U^{(m)}]}=\sum_{v=1}^{\mathrm{DC}(S_t)}\frac{X_v}{\Pr(X_v=1)}\\ &=\sum_{v=1}^{\mathrm{DC}(S_t)}(NY_v+1)=\mathrm{DC}(S_t)+N\sum_{v=1}^{\mathrm{DC}(S_t)}Y_v\end{aligned} \tag{2-22}$$

由公式(2-14)可知，

$$\begin{aligned}\Pr\left\{\left|\frac{\widehat{\mathrm{DC}(S_t)}_m-\mathrm{DC}(S_t)}{\mathrm{DC}(S_t)}\right|\geqslant\epsilon\right\}&=\Pr\left\{\frac{N}{\mathrm{DC}(S_t)}\left|\sum_{v=1}^{\mathrm{DC}(S_t)}Y_v\right|\geqslant\epsilon\right\}\\ &=\Pr\left\{\left|\sum_{v=1}^{\mathrm{DC}(S_t)}Y_v\right|\geqslant\frac{\mathrm{DC}(S_t)}{N}\epsilon\right\}\end{aligned} \tag{2-23}$$

根据 $Y_v(1\leqslant v\leqslant \mathrm{DC}(S_t))$ 的定义可知，$E(Y_v)=\frac{1}{N\Pr(X_v=1)}[E(X_v)-\Pr(X_v=1)]=0$，并且$\frac{-1}{N}\leqslant Y_v\leqslant\frac{1-\Pr(X_v=1)}{N\Pr(X_v=1)}$。根据定理 2.3 的证明可知，$\Pr(X_v=1)=1-\left(1-\frac{1}{n_v}\right)^m\geqslant\frac{1}{n_v}\geqslant\frac{1}{N}$，即 $N\Pr(X_j=1)\geqslant 1$。故 $|Y_j|\leqslant 1$，可以应用

Chernoff界对样本容量进行估计，根据文献[285]可知

$$\Pr\left[\left|\sum_{v=1}^{DC(S_t)} Y_v\right| \geqslant \frac{DC(S_t)}{N}\epsilon\right] \leqslant 2e^{-\frac{DC(S_t)^2\epsilon^2}{4N^2\operatorname{Var}\left[\sum_{v=1}^{DC(S_t)} Y_v\right]}} \tag{2-24}$$

其中，$\operatorname{Var}\left(\sum_{v=1}^{DC(S_t)} Y_v\right) = \frac{1}{N^2}\operatorname{Var}[\widehat{DC(S_t)}_m]$。结合公式(2-23)，有

$$\Pr\left\{\left|\frac{\widehat{DC(S_t)}_m - DC(S_t)}{DC[d(S_t)]}\right| \geqslant \epsilon\right\} = \Pr\left\{\left|\sum_{v=1}^{DC(S_t)} Y_v\right| \geqslant \frac{DC(S_t)}{N}\epsilon\right\} \leqslant 2e^{-\frac{\epsilon^2 DC(S_t)^2}{4\operatorname{Var}[\widehat{DC(S_t)}_m]}} \tag{2-25}$$

同时，由 $m \geqslant \frac{\ln\left[\frac{N\epsilon^2}{N\epsilon^2 + 4n_{\max}\ln(2/\delta)}\right]}{\ln(1-n_{\min}/N)}$可知，

$$\frac{\left(1-\frac{n_{\min}}{N}\right)^m}{1-\left(1-\frac{n_{\min}}{N}\right)^m} \leqslant \frac{N\epsilon^2}{4n_{\max}\ln(2/\delta)} \tag{2-26}$$

由于对于任意 $1 \leqslant v \leqslant DC(S_t)$均有 $n_{\min} = \min_{1\leqslant v\leqslant DC(S_t)} n_v \leqslant n_v$，故

$$\frac{\left(1-\frac{n_v}{N}\right)^m}{1-\left(1-\frac{n_v}{N}\right)^m} \leqslant \frac{\left(1-\frac{n_{\min}}{N}\right)^m}{1-\left(1-\frac{n_{\min}}{N}\right)^m} \leqslant \frac{N\epsilon^2}{4n_{\max}\ln(2/\delta)} \tag{2-27}$$

并且，对于任意 $1 \leqslant v \leqslant DC(S_t)$均有 $n_{\max} = \max_{1\leqslant v\leqslant DC(S_t)} n_v \geqslant n_v$，故

$$n_{\max} DC(S_t) \geqslant \sum_{v=1}^{DC(S_t)} n_v = N \tag{2-28}$$

根据定理 3.3 的证明，有 $\operatorname{Var}[\widehat{DC(S_t)}_m] = \sum_{v=1}^{DC(S_t)} \frac{\left(1-\frac{n_v}{N}\right)^m}{1-\left(1-\frac{n_v}{N}\right)^m}$，结合公式(2-27)与(2-28)可知，

$$\operatorname{Var}[\widehat{DC(S_t)}_m] \leqslant DC(S_t)\frac{N\epsilon^2}{4n_{\max}\ln(2/\delta)} \leqslant DC(S_t)^2\ \frac{\epsilon^2}{4\ln(2/\delta)} \tag{2-29}$$

因而，我们有

$$-\frac{\epsilon^2 DC(S_t)^2}{4\operatorname{Var}[\widehat{DC(S_t)}_m]} \leqslant \ln\left(\frac{\delta}{2}\right) \tag{2-30}$$

根据公式(2-25)与(2-30)可知

$$\Pr\left\{\left|\frac{\widehat{DC(S_t)}_m - DC(S_t)}{DC(S_t)}\right| \geqslant \epsilon\right\} \leqslant \delta \tag{2-31}$$

即$\widehat{DC(S_t)}_m$是$DC(S_t)$的一个(ϵ,δ)-估计。□

定理2.5中涉及的n_{max}与n_{min}可通过监测区域信息和节点密度等一些背景知识进行估计。例如，在水质监测网络中，一个级别的水质覆盖面积的上限为A_{max}、下限为A_{min}，监测区域内节点密度的上限为ρ_{max}、下限为ρ_{min}，则可利用$\frac{A_{max}}{\rho_{min}}$来估计$n_{max}$，利用$\frac{A_{min}}{\rho_{max}}$来估计$n_{min}$。在无任何背景知识的情况下，可取$n_{max}=N$，$n_{min}=1$。

上述两个定理给出了确定(ϵ,δ)-近似聚集计算所需的样本容量的方法。

以计算(ϵ,δ)-近似聚集和为例，其所需的样本容量为$\min\left(\left\lceil \frac{\phi_{\delta/2}^2}{\epsilon^2}\left[\frac{Sup(S_t)}{Inf(S_t)}-1\right]\right\rceil, N\right)$。该样本容量与$\epsilon$、$\delta$的关系如图2-1所示。设一个监测温度的传感器网络拥有5000个节点，且这些节点均为活动节点。在该网络中，感知数据的上、下界分别为10℃和50℃，那么，当$\epsilon=0.15$、$\delta=0.1$时，计算(ϵ,δ)-近似聚集和所需的样本容量为480，即我们只需在该网络中采集9.6%的感知数据就能使得$\widehat{Sum(S_t)}_m$与精确聚集和之间的相对误差大于0.15的概率小于0.1。由于基于均衡抽样的近似聚集处理算法仅适用了很少一部分感知数据就能给出满足用户给定精度的聚集结果，所以该算法在网内查询处理过程中将节省大量能量。

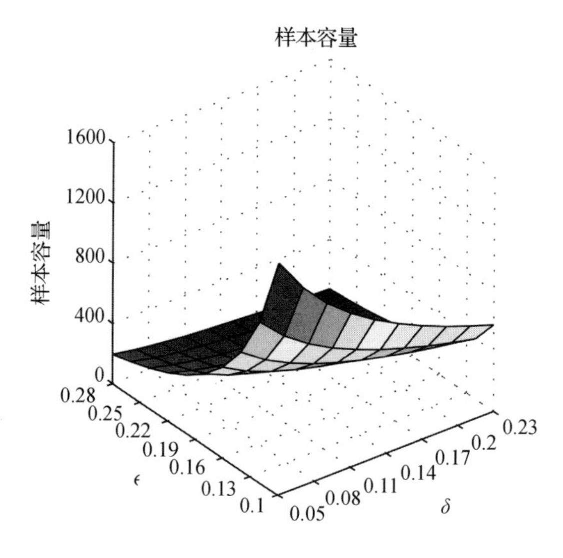

图2-1　样本容量与ϵ、δ的关系

2.4.2 均衡抽样算法

利用 2.4.1 节所确定的优化样本容量 m，最简单的均衡抽样算法可描述如下：

(1)Sink 节点首先在$[1,N]$范围内产生 m 个随机数，并把这 m 个随机数在网内广播。

(2)对于网络中的任意节点来说，当其接收到广播消息时，它将查看自身的节点编号是否在 m 个随机数里。如果在，则将自身感知数据发送至 Sink 节点；否则，不进行任何操作。

上述算法虽然比较简单，但是在随机数广播及原始感知数据传送的过程中都将消耗大量能量。因而，在本节中我们将介绍另一种均衡抽样算法，称作基于簇结构的均衡抽样算法(uniform sampling algorithm based on clusters)，简记为 USC 算法，以节省在数据抽样过程中的能量消耗。

设整个传感器网络被划分成 k 个簇，具体划分方法如 2.2 节所述，那么基于簇结构的均衡抽样算法(USC 算法，见算法 2-1)主要包含两个部分：其一，Sink 节点将按照一定的概率分布对簇头节点进行抽样；其二，在每个簇中，簇头节点将对本簇内的感知数据进行均匀抽样。详细的步骤如下所示：

```
Input: m, n_1, n_2, ..., n_k, S_t = {s_t1, s_t2, ..., s_tN}, Agg
Output: Sum(U^(m)) or Dis(U^(m))
1  for 1 ≤ i ≤ m do
2  |  The Sink generates a random number Y_i following Pr(Y_i = l) = n_l/N;
3  end
4  for 1 ≤ l ≤ k do
5  |  m_l = |{Y_i|Y_i = l}|, and sink sends m_l to each Cluster C_c by GPSR;
6  |  SIC(m_l, Agg); // in Algorithm 2-2
7  end
8  if (Agg = Sum or Agg = Average) then
9  |  Sum(U^(m))=Transmit-Sample(Sum); // in Algorithm 2-3
10 end
11 if (Agg=Dis-Count) then
12 |  Dis(U^(m))=Transmit-Sample(Dis-Count); // in Algorithm 2-3
13 end
14 Return Sum(U^(m)) or Dis(U^(m)) according to Agg;
```

算法 2-1　基于簇结构的均衡抽样算法(USC 算法)

第一,Sink 节点生成 m 个$[1,k]$的随机数 $Y_1,Y_2,\cdots,Y_m$,其中对于任意 $Y_i(1\leqslant i\leqslant m)$,$Y_i$ 满足如下的概率分布 $\Pr(Y_i=l)=\frac{n_l}{N}$,其中 $1\leqslant l\leqslant k$,n_l 为簇 C_l 中节点的个数。对于每个 $l(1\leqslant l\leqslant k)$,Sink 节点计算在随机数序列 $Y_1,Y_2,\cdots,Y_m$ 中 l 出现的次数,记为 m_l,即 $m_l=|\{Y_i|Y_i=l,1\leqslant i\leqslant m\}|$。而后,Sink 节点利用已有的路由协议,例如 GPSR[286] 等,将 m_l 发送至簇 C_l 的簇头节点。

第二,对于任意簇 $C_l(1\leqslant l\leqslant k)$,当该簇的簇头节点接收到 m_l 时,它将采用前文介绍的"最简单的均衡抽样算法"在本簇内进行样本容量为 m_l 的均衡抽样。首先,簇头节点根据本簇内节点的编号取值范围生成 m_l 个均匀随机数;其次,簇头节点将上述随机数序列进行广播,当簇内其他成员节点接收到随机数序列时,它们将查看自身编号是否在随机数序列之内,如果在,则将自身感知数据作为样本数据发送至簇头节点。详细的簇结构的均衡抽样算法由算法 2-2 给出。由于每个簇的规模是很小的,所以在簇内广播随机序列所消耗的能量较小。

第三,当簇头节点在本簇内收集到样本数据之后,它将对部分聚集结果进行计算。如果用户给出的聚集操作符为"Sum"或"Average",则簇头节点将计算"部分聚集和",它等于所有样本数据之和;如果用户给出的聚集操作符为"DisCount",则簇头节点将计算样本数据中的每个不同值出现的次数。

第四,上述部分聚集结果利用基于生成树的路由协议[287] 进行传送,直至 Sink 节点。为了节省能量消耗,所有部分聚集结果在传送过程中进行了网内聚集。详细的样本数据传送算法见算法 2-3。

下面的定理 2.6 证明了该算法所返回的结果是 S_t 的一个均衡抽样样本。

定理 2.6 设 S_t 表示 t 时刻网络中所有感知数据的集合,则 S_t 中的任意一个感知数据被 USC 算法抽中的概率为$\frac{1}{N}$,其中$|S_t|=N$。

证明:对于任意时刻 t,设 $X_1,X_2,\cdots,X_m$ 表示被 USC 算法所抽中的 m 个感知数据,故只需证明:对于 $\forall\, i(1\leqslant i\leqslant m)$,均有 $\Pr\{X_i=s_{tj}\}=\frac{1}{N}$即可,其中,$s_{tj}\in S_t$。

设 $Y_1,Y_2,\cdots,Y_m$ 表示 Sink 节点在第一步中生成的 m 个随机数,而 $p_{lj}(1\leqslant l\leqslant k,1\leqslant j\leqslant N)$表示在第二步中感知数据 s_{tj} 被簇 C_l 的簇头节点抽中的概率,故根据全概率公式有

$$\Pr\{X_i=s_{tj}\}=\sum_{l=1}^{k}\Pr\{Y_i=l\}p_{lj} \tag{2-32}$$

根据 2.2 节所介绍的簇的划分方法可知,网络中的每个节点只能属于一个簇,所以当 $j\notin C_l$ 时,$p_{lj}=0$。同时,根据 USC 算法的第二步可知,当 $j\in C_l$ 时,$p_{lj}=\frac{1}{n_l}$。结合公式(2-32)有

$$\Pr\{X_i = s_{tj}\} = \sum_{l=1}^{k} \Pr\{Y_i = l\} p_{lj} = \frac{n_l}{N} \times \frac{1}{n_l} = \frac{1}{N} \qquad \square$$

```
Input: m_l, Agg
Output: Sum(U^(m_l)) or Dis(U^(m_l))
1  The cluster-head generates random numbers, k_1, k_2, ..., k_{m_l}, uniformly;
2  Broadcasts k_1, k_2, ..., k_{m_l} inside the cluster;
3  The member node whose Id in k_1, k_2, ..., k_{m_l} sends its sensed data to the cluster-head;
4  The cluster-head collects the sample data s_{tk_1}, s_{tk_2}, ..., s_{tk_{m_l}};
5  U^(m_l) = {s_{tk_1}, s_{tk_2}, ..., s_{tk_{m_l}}};
6  if Agg = Sum or Agg = Average then
7      Sum(U^(m_l)) = s_{tk_1} + s_{tk_2} + ... + s_{tk_{m_l}};
8      The cluster-head stores m_l, Sum(U^(m_l))
9      Return Sum(U^(m_l));
10 end
11 if Agg=Dis-Count then
12     d = 0;
13     Dis(U^(m_l)).Value = φ;
14     Dis(U^(m_l)).Times = φ;
15     for 1 ≤ i ≤ m_l do
16         if s_{tk_i} ∉ Dis(U^(m_l)).Value then
17             Dis(U^(m_l)).Value[d] = s_{tk_i};
18             Times(U^(m_l)).Times[d] = 1;
19             d = d + 1;
20         end
21         else
22             Find j satisfying Dis(U^(m_l)).Value[j] = s_{tk_i};
23             Dis(U^(m_l)).Times[j] ++;
24         end
25     end
26     The cluster-head stores m_l, Dis(U^(m_l));
27     Return Dis(U^(m_l));
28 end
```

算法 2-2 簇内抽样算法[SIC(m_l,Agg)]

```
   Input: Agg
   Output: Sum[U^(m)] or Dis[U^(m)]
1  for each node j belongs to the spanning tree do
2      if j is not a cluster-head then
3          Sum_j = 0, Dis_j = φ;
4      else
5          if Agg = Sum or Agg = Average then
6              Sum_j = Sum[U^(m_j)];
7              if j is a leaf node then
8                  Send Sum_j to its parent node;
9              else
10                 Receive {Sum_{j_v} | 1 ≤ v ≤ r} from its sons;
11                 Sum_j = Sum_j + Sum_{j_1} + ··· + Sum_{j_r}, Store Sum_j;
12                 if j is the Sink then
13                     Sum(U^(m)) = Sum_j, Return Sum(U^(m));
14                 else
15                     Send Sum_j to its parent node;
16         if Agg=Dis-Count then
17             Receive {Dis_{j_v} | 1 ≤ v ≤ r} from its sons;
18             Dis_j.Value = Dis_j.Value ∪ Dis_{j_1}.Value ∪ ··· ∪ Dis_{j_r}.Value;
19             Compute the frequencies of each values in Dis_j.Value and update Dis_j.Times;
20             if j is the Sink then
21                 Dis(U^(m)) = Dis_j, Return Dis(U^(m));
22             else
23                 Store and Send Dis_j to its parent node;
```

算法 2-3　样本数据传输算法(Transmit-Sample 算法)

下面对均衡抽样算法的计算与通信复杂度进行分析。在第一步中,Sink 节点需要产生 m 个随机数,并把这些随机数发送至各个簇头节点,其计算复杂度为 $O(m)$,通信复杂度为 $O(k)$。在第二步和第三步中,簇 $C_l(1\leqslant l\leqslant k)$ 头节点需要利用簇内抽样算法(即 SIC 算法)进行样本数据的采集,并计算部分聚集结果,其计算和通信复杂度为 $O(m_l)$,其中 m_l 表示簇 C_l 的样本容量。在第四步中,k 个簇的部分聚集结果利用生成树路由协议进行网内传输与聚集;当用户给定的聚集操作符为"Sum"或"Average"时,此步的计算与通信复杂度为 $O(k)$;当用户给定的聚集操作符为“Dis-Count”时，此步的计算与通信复杂度为$O(km)$。同时，根据3.4.1节的分析可知，$m=O\left(\frac{\phi_{\delta/2}^2}{\epsilon^2}\right)=O\left[\frac{1}{\epsilon^2}\ln\left(\frac{1}{\delta}\right)\right]$，并且在实际应用中，$k$与$m$相比很小，故均衡抽样算法的计算与通信复杂度为$O\left[\frac{1}{\epsilon^2}\ln\left(\frac{1}{\delta}\right)\right]$。

值得注意的是，在聚集操作符为“Dis-Count”时，如果$n_1\approx n_2\approx\cdots\approx n_{\mathrm{DC}(S_t)}$，则仅需对样本数据中不同值的个数进行统计即可。所以，对于任意簇$C_l(1\leqslant l\leqslant k)$的簇头节点来说，其在均衡抽样算法的第四步仅需传送$|\mathrm{Dis}(U^{(m_l)})|$，而非集合$\mathrm{Dis}(U^{(m_l)})$，故可以使得均衡抽样算法的通信消耗有所降低，其中，$\mathrm{Dis}(U^{(m_l)})$是由样本数据集合$U^{(m_l)}$中所有不同值构成的集合[283]。

2.5　近似聚集算法

根据2.4节所介绍的USC算法以及2.3节所介绍的各个聚集结果的估计器，基于均衡抽样的(ϵ,δ)-近似聚集算法由算法2-4给出，其具体步骤可描述如下：

首先，利用2.4.1节所介绍的方法，Sink节点可根据用户给定的ϵ,δ及查询操作符Agg来确定优化的样本容量m，其中Agg∈{Sum，Average，Dis-Count}。

其次，Sink节点利用2.4.2节所介绍的USC算法在网络中进行样本数据的采集，并获取$\mathrm{Sum}(U^{(m)})$或$\mathrm{Dis}(U^{(m)})$。

第三，如果Agg=Sum或Agg=Average，那么$\widehat{\mathrm{Sum}(S_t)}_m=\frac{N}{m}\mathrm{Sum}(U^{(m)})$，$\widehat{\mathrm{Avg}(S_t)}_m=\frac{1}{m}\mathrm{Sum}(U^{(m)})$。如果Agg=Dis-Count，那么Sink节点进行如下操作：首先，对于集合$\mathrm{Dis}(U^{(m)})$出现的每个无重复值$s_{tv}^{(d)}$，Sink节点首先计算其出现在$U^{(m)}$中的次数m_v。其次，Sink节点利用$1-\left(1-\frac{m_v}{m}\right)^m$来估计$s_{tv}^{(d)}$包含于$U^{(m)}$的概率$p_v$，其中，$m$为样本容量。最后，Sink节点对上述概率进行累加，并利用累加和计算近似无重复计数值。具体步骤如算法2-4第12、13步所示。由于传感器网络规模很大，即使按照很低的精度要求，样本容量m的大小亦超过几十，有时甚至达到数百，此时$1-\left(1-\frac{m_v}{m}\right)^m$与$p_v$十分接近，故可被用于完成近似无重复值的计算。

Input: $n_1, n_2, \ldots, n_k, S_t = \{s_{t1}, s_{t2}, \ldots, s_{tN}\}$, Agg

Output: (ϵ,δ)- ***agg***

```
1  if Agg ==' Sum' OR 'Average' then
2      m = min(⌈φ²_{δ/2}/ε² (Sup(S_t)/Inf(S_t) − 1)⌉, N), Sum(U^(m))=USC(m, n_1, n_2, ..., n_k, S_t, Agg);
3      if Agg==Sum then
4          (ε,δ)-agg = N Sum(U^(m)) / m;
5      if Agg==Average then
6          (ε,δ)-agg = Sum(U^(m)) / m;
7  if Agg=='Dis-Count' then
8      m = min(⌈ ln(Nε²/(Nε²+4n_max ln(2/δ))) / ln(1−n_min/N) ⌉, N), Dis(U^(m))=USC(m, n_1, n_2, ..., n_k, S_t, Agg);
9      dis_pr = 0;
10     for each s_{tv}^(d) ∈ Dis(U^(m)).Value do
11         m_v = Dis(U^(m)).Times[v];
12         dis_pr = dis_pr + 1 − (1 − m_v/m)^m;
13     (ε,δ)-agg=1/dis_pr,
14 Store m and (ε,δ)-agg, Return (ε,δ)-agg;
```

算法 2-4　基于均衡抽样的(ϵ,δ)-近似聚集算法

第四，Sink 节点将样本容量 m、近似聚集结果作为“样本信息”进行存储，并根据 Agg 返回用户所需的近似聚集结果。

基于均衡抽样的(ϵ,δ)-近似聚集算法的计算与通信复杂度主要取决于 USC 算法，故其计算与通信复杂度为 $O\left[\frac{1}{\epsilon^2}\ln\left(\frac{1}{\delta}\right)\right]$。同样地，根据前文分析，当 $n_1 \approx n_2 \approx \cdots \approx n_{\mathrm{DC}(S_t)}$，我们只需计算方程 $x - x\left(1-\frac{1}{x}\right)^m = \mathrm{DC}[U^{(m)}]$的根就能获得$(\epsilon,\delta)$-近似无重复计数值，此时上述算法的计算和通信消耗将会有所降低。

2.6　样本信息维护算法

根据 2.4 与 2.5 节的分析可知，所谓“样本信息”对 Sink 节点而言，是指(ϵ,δ)-近似结果与样本容量；对于网内的簇头节点而言，是指部分聚集结果。所

谓“样本信息是有效的”，是指无须访问网络，仅利用 Sink 节点存储的(ϵ,δ)-近似结果就能返回满足用户精度需求的近似聚集结果。如果ϵ和δ不发生变化，并且感知数据亦不发生变化时，则 Sink 节点存储的“样本信息”始终有效，那么在查询处理过程中将不需访问网络，故可节省大量能量。

然而，上述情况几乎是不可能发生的。首先，由于一个传感器网络常常服务于多个用户，而不同用户对聚集结果的精度需求也不尽相同，所以ϵ和δ是不断变化的。其次，由于传感器网络所监测的物理环境是随着时间而改变的，所以传感器网络中的感知数据亦是随着时间而不断变化的。这两种状况都会使得 Sink 节点和网内存储的“样本信息”失效，即只利用“样本信息”无法计算出满足用户精度需求的近似聚集结果。因而，为了保证“样本信息”的有效性，使之在各种查询处理过程中尽可能地降低网络的访问量，本节将介绍两种“样本信息”的维护、更新算法：第一种是针对ϵ和δ变化的情况设计的，该算法能有效地处理多个用户的、不同精度的查询请求；第二种是针对感知数据发生变化的情况设计的，该算法可应用于连续查询处理。如果ϵ、δ和感知数据都发生变化时，则需要两种算法配合使用，以维护网内及 Sink 节点所存储的“样本信息”的有效性。

2.6.1　ϵ和δ变化时样本数据信息维护算法

根据前文所述，Sink 节点所存储的“样本信息”包括：样本容量和(ϵ,δ)-近似聚集结果。当网络中的感知数据不变，而仅ϵ和δ发生变化时，Sink 节点可按如下方式利用该“样本信息”进行查询处理：

首先，当一个新的(ϵ,δ)-近似聚集查询到来时，Sink 节点首先判断之前是否处理过相同类型的查询。

如果 Sink 节点没有处理过相同类型的查询，即 Sink 节点当前没有可以利用的“样本信息”，那么 Sink 节点将调用 2.5 节所介绍的基于均衡抽样的(ϵ,δ)-近似聚集算法来进行查询处理，并将样本容量、部分聚集结果、(ϵ,δ)-近似结果作为“样本信息”分别存储于网内与 Sink 节点。最后将近似聚集结果返回给用户。

如果 Sink 节点处理过相同类型的查询，那么它将会利用历史“样本信息”来处理新的查询。设m_{old}表示 Sink 节点之前存储的样本容量。Sink 节点执行如下操作：首先，它根据新查询中的ϵ、δ及聚集操作符 Agg 来计算新的样本容量m_{new}。其次，比较m_{new}与m_{old}。如果$m_{old} \geq m_{new}$，那么 Sink 节点无须触发新的感知数据抽样过程，仅使用所存储的“样本信息”就可计算出满足用户精度需求的近似聚集结果。如果$m_{old} < m_{new}$，则 Sink 节点将利用 USC 算法在网络中进行样本容量为$m_{new} - m_{old}$的均衡抽样，并利用新获取的样本数据更新已有的“样本信

息”，同时将近似聚集结果返回给用户。

详细的算法伪代码如算法 2-5 所示。由于该算法在多查询处理过程中，充分使用了 Sink 节点存储的历史“样本信息”，故该算法有效地减少了网内数据抽样次数与数据抽取量，因而，它能用极小的能量消耗处理多个不同精度需求的查询请求。

```
Input: m_old, n_1, n_2, ..., n_k, S_t = {s_t1, s_t2, ..., s_tN}, Agg
Output: (ε, δ)-agg
1  if The Sink hasn't processed any aggregation query of Agg before then
2  |  Call Uniform Sampling based (ε, δ)-Approximate Aggregation Algorithm;
3  end
4  else
5  |  Compute m_new according to ε, δ and Agg;
6  |  if m_new ≤ m_old then
7  |  |  Sum(U^{m_old}) or Dis(U^{(m_old)}) are used to compute (ε, δ)-agg;
8  |  end
9  |  else
10 |  |  m' = m_new − m_old ;
11 |  |  if Agg == Sum or Agg == Average then
12 |  |  |  Sum(U^{(m')})=USC(m', n_1, n_2, ..., n_k, S_t);
13 |  |  |  Sum(U^{(m_new)}) = Sum(U^{m_old}) + Sum(U^{m'});
14 |  |  |  (ε, δ)-Sum=NSum(U^{(m)})/m, (ε, δ)-Average=Sum(U^{(m)})/m;
15 |  |  |  Store m_new, Sum(U^{m_new});
16 |  |  end
17 |  |  if Agg==Dis-Count then
18 |  |  |  Dis(U^{(m_new)}).Value = Dis(U^{(m_old)}).Value ∪ Dis(U^{(m')}).Value, dis_pr = 0;
19 |  |  |  for each 1 ≤ j ≤ |Dis(U^{(m_new)}).Value| do
20 |  |  |  |  Update Dis(U^{(m_new)}).Times[j];
21 |  |  |  |  dis_pr = dis_pr + Dis(U^{(m)}).Times[j]/m;
22 |  |  |  end
23 |  |  |  (ε, δ)-Dis-count=1/dis_pr, Store m_new and Dis(U^{m_new});
24 |  |  end
25 |  |  Return (ε, δ)-Sum, (ε, δ)-Average or (ε, δ)-Dis-count according to Agg;
26 |  end
27 end
```

算法 2-5　ϵ 和 δ 变化时样本数据信息维护算法

2.6.2 感知数据变化时样本信息维护算法

本节将讨论当感知数据发生变化，而ϵ和δ不变时，如何维护和更新 Sink 节点与网内所存储的“样本信息”。

最简单的“样本信息”更新、维护算法可描述如下：各个簇头节点一旦发现本簇内存在着某个节点感知数据发生改变，便在本簇内触发重新抽样过程，更新自身存储的“样本信息”，同时利用生成树路由协议将新的“样本信息”传送至 Sink 节点。该算法虽然能够保证 Sink 节点和网内存储的“样本信息”在任意时刻都是有效的，但是由于触发重新抽样的次数太多，所以该算法将耗费大量的能量。

因而，本节介绍一种新的“样本信息”维护算法。由于感知数据的变化直接影响着聚集和与平均值的准确性，故下面我们以计算近似聚集和为例，介绍“样本信息”维护算法。该算法是基于下面的引理 2.1 与定理 2.7 构建的。

引理 2.1 令 $f_1(x)=x\times\left\{\frac{1}{1-\epsilon}\left[1-\epsilon\sqrt{\frac{\mathrm{Inf}(S_t)}{x}}\right]-1\right\}$，$f_2(x)=x\times\left\{1-\frac{1}{1+\epsilon}\left(1+\epsilon\sqrt{\frac{\mathrm{Inf}(S_t)}{x}}\right)\right\}$，且 $f(x)=\min\{f_1(x),f_2(x)\}$。则对于任意 $I(0\leqslant I\leqslant \mathrm{Avg}(S_t))$，均有 $f(I)\leqslant f(\mathrm{Avg}(S_t))$。

证明：对 $f_1(x)$ 求解一阶导数，得 $f'_1(x)=\frac{\epsilon}{1-\epsilon}-\frac{\epsilon}{2(1-\epsilon)}\sqrt{\frac{\mathrm{Inf}(S_t)}{x}}$，所以当 $x\geqslant\frac{1}{4}\mathrm{Inf}(S_t)$ 时，有 $f'_1(x)\geqslant 0$；而当 $x<\frac{1}{4}\mathrm{Inf}(S_t)$ 时，有 $f'_1(x)<0$。因而，$f_1(x)$ 在区间 $\left[\frac{1}{4}\mathrm{Inf}(S_t),+\infty\right)$ 是递增的。

由于 $\mathrm{Avg}(S_t)\geqslant\mathrm{Inf}(S_t)>\frac{1}{4}\mathrm{Inf}(S_t)$，所以根据 $f_1(x)$ 的增减性可知，当 $\frac{1}{4}\mathrm{Inf}(S_t)\leqslant I\leqslant\mathrm{Avg}(S_t)$ 时，有 $f_1(I)\leqslant f_1[\mathrm{Avg}(S_t)]$。

同时，由于当 $x<\frac{1}{4}\mathrm{Inf}(S_t)$ 时，有 $f'_1(x)<0$，故 $f_1(x)$ 在区间 $\left[0,\frac{1}{4}\mathrm{Inf}(S_t)\right)$ 是递减的。所以当 $0\leqslant I\leqslant\frac{1}{4}\mathrm{Inf}(S_t)$，均有 $f_1(I)\leqslant f_1(0)$。由于 $f_1(0)=f_1(\mathrm{Inf}(S_t))\leqslant f(\mathrm{Avg}(S_t))$，故当 $0\leqslant I\leqslant\frac{1}{4}\mathrm{Inf}(S_t)$，亦有 $f_1(I)\leqslant$

$f_1(\mathrm{Avg}(S_t))$。

综上，对于任意 $I(0\leqslant I\leqslant \mathrm{Avg}(S_t))$，均有 $f_1(I)\leqslant f_1(\mathrm{Avg}(S_t))$。同理可证，任意 $I(0\leqslant I\leqslant \mathrm{Avg}(S_t))$，均有 $f_2(I)\leqslant f_2(\mathrm{Avg}(S_t))$。因而，$f(I)=\min(f_1(I), f_2(I))\leqslant f_1(I)\leqslant f_1(\mathrm{Avg}(S_t))$ 且 $f(I)=\min(f_1(I),f_2(I))\leqslant f_2(I)\leqslant f_2(\mathrm{Avg}(S_t))$，所以 $f(I)\leqslant \min(f_1(\mathrm{Avg}(S_t)), f_2(\mathrm{Avg}(S_t)))=f(\mathrm{Avg}(S_t))$。

定理 2.7 设 S_t 和 $S_{t'}$ 表示时刻 t 和 t' 的感知数据的集合，$\widehat{\mathrm{Sum}(S_t)}_m$ 为 $\mathrm{Sum}(S_t)$ 的 (ϵ,δ)-估计，$\mathrm{Sum}_l(t)$ 和 $\mathrm{Sum}_l(t')$ 分别表示簇 C_l 在 t 和 t' 的感知数据的精确聚集和，其中 $1\leqslant l\leqslant k$。若对于任意簇 $C_l(1\leqslant l\leqslant k)$，均有 $|\mathrm{Sum}_l(t')-\mathrm{Sum}_l(t)|\leqslant\Delta\times I\times n_l$，那么 $\widehat{\mathrm{Sum}(S_t)}_m$ 也是 $\mathrm{Sum}(S_{t'})$ 的一个 (ϵ,δ)-近似估计，其中 $\Delta=\min\left\{\frac{1}{1-\epsilon}\left[1-\epsilon\sqrt{\frac{\mathrm{Inf}(S_t)}{I}}\right]-1, 1-\frac{1}{1+\epsilon}\left[1+\epsilon\sqrt{\frac{\mathrm{Inf}(S_t)}{I}}\right]\right\}$，$I\leqslant \mathrm{Avg}(S_t)$。

证明： 由 $|\mathrm{Sum}_l(t')-\mathrm{Sum}_l(t)|\leqslant\Delta\times I\times n_l$ 可知，

$$|\mathrm{Sum}(S_{t'})-\mathrm{Sum}(S_t)|=\left|\sum_{l=1}^{k}(\mathrm{Sum}_l(t')-\mathrm{Sum}_l(t))\right|$$

$$\leqslant\sum_{l=1}^{k}|\mathrm{Sum}_l(t')-\mathrm{Sum}_l(t)|\leqslant N\times\Delta\times I \tag{2-33}$$

由于 $I\leqslant \mathrm{Avg}(S_t)$，根据引理 2.1 可知 $\Delta\times I=f(I)\leqslant f(\mathrm{Avg}(S_t))$，其中 $f(x)=\min\left\{x\times\left\{\frac{1}{1-\epsilon}\left[1-\epsilon\sqrt{\frac{\mathrm{Inf}(S_t)}{x}}\right]-1\right\}, x\times\left\{1-\frac{1}{1+\epsilon}\left[1+\epsilon\sqrt{\frac{\mathrm{Inf}(S_t)}{x}}\right]\right\}\right\}$。

令 $\Delta'=\min\left\{\frac{1}{1-\epsilon}\left[1-\epsilon\sqrt{\frac{\mathrm{Inf}(S_t)}{\mathrm{Avg}(S_t)}}\right]-1, 1-\frac{1}{1+\epsilon}\left[1+\epsilon\sqrt{\frac{\mathrm{Inf}(S_t)}{\mathrm{Avg}(S_t)}}\right]\right\}$，显然有 $f(\mathrm{Avg}(S_t))=\Delta'\times \mathrm{Avg}(S_t)$，故 $\Delta\times I\leqslant\Delta'\times \mathrm{Avg}(S_t)$。结合公式(2-33)有

$$|\mathrm{Sum}(S_{t'})-\mathrm{Sum}(S_t)|\leqslant N\times\Delta'\times \mathrm{Avg}(S_t)=\Delta'\mathrm{Sum}(S_t) \tag{2-34}$$

因而，$(1-\Delta')\mathrm{Sum}(S_t)\leqslant \mathrm{Sum}(S_{t'})\leqslant(1+\Delta')\mathrm{Sum}(S_t)$。由 $\mathrm{Sum}(S_{t'})\leqslant(1+\Delta')\times \mathrm{Sum}(S_t)$ 可知

$$\Pr\left\{\left[\frac{\widehat{\mathrm{Sum}(S_t)}_m}{\mathrm{Sum}(S_{t'})}-1\right]\leqslant-\epsilon\right\}\leqslant\Pr\left\{\left[\frac{\widehat{\mathrm{Sum}(S_t)}_m}{(1+\Delta')\mathrm{Sum}(S_t)}-1\right]\leqslant-\epsilon\right\}$$

$$=\Pr\left\{\left[\frac{\widehat{\mathrm{Sum}(S_t)}_m}{\mathrm{Sum}(S_t)}-1\right]\leqslant(1-\epsilon)(1+\Delta')-1\right\} \tag{2-35}$$

由于 $\Delta'=\min\left\{\frac{1}{1-\epsilon}\left[1-\epsilon\sqrt{\frac{\mathrm{Inf}(S_t)}{\mathrm{Avg}(S_t)}}\right]-1, 1-\frac{1}{1+\epsilon}\left[1+\epsilon\sqrt{\frac{\mathrm{Inf}(S_t)}{\mathrm{Avg}(S_t)}}\right]\right\}\leqslant$ $\frac{1}{1-\epsilon}\left[1-\epsilon\sqrt{\frac{\mathrm{Inf}(S_t)}{\mathrm{Avg}(S_t)}}\right]-1$，故根据公式(2-35)可知，

$$\Pr\left\{\left[\frac{\widehat{\mathrm{Sum}(S_t)}_m}{\mathrm{Sum}(S_{t'})}-1\right]\leqslant-\epsilon\right\}\leqslant\Pr\left\{\left[\frac{\widehat{\mathrm{Sum}(S_t)}_m}{\mathrm{Sum}(S_t)}-1\right]\leqslant(1-\epsilon)(1+\Delta')-1\right\}$$

$$\leqslant \Pr\left\{\left[\frac{\widehat{\mathrm{Sum}(S_t)}_m}{\mathrm{Sum}(S_t)}-1\right]\leqslant -\epsilon\sqrt{\frac{\mathrm{Inf}(S_t)}{\mathrm{Avg}(S_t)}}\right\} \tag{2-36}$$

同理可证，

$$\Pr\left\{\left[\frac{\widehat{\mathrm{Sum}(S_t)}_m}{\mathrm{Sum}(S_{t'})}-1\right]\geqslant\epsilon\right\}\leqslant \Pr\left\{\left[\frac{\widehat{\mathrm{Sum}(S_t)}_m}{\mathrm{Sum}(S_t)}-1\right]\geqslant(1+\epsilon)(1-\Delta')-1\right\}$$

$$\leqslant \Pr\left\{\left[\frac{\widehat{\mathrm{Sum}(S_t)}_m}{\mathrm{Sum}(S_t)}-1\right]\geqslant\epsilon\sqrt{\frac{\mathrm{Inf}(S_t)}{\mathrm{Avg}(S_t)}}\right\} \tag{2-37}$$

根据公式(2-36)和(2-37)可知，

$$\Pr\left\{\left|\frac{\widehat{\mathrm{Sum}(S_t)}_m-\mathrm{Sum}(S_{t'})}{\mathrm{Sum}(S_{t'})}\right|\geqslant\epsilon\right\}\leqslant \Pr\left\{\left|\frac{\widehat{\mathrm{Sum}(S_t)}_m-\mathrm{Sum}(S_t)}{\mathrm{Sum}(S_t)}\right|\geqslant\epsilon\sqrt{\frac{\mathrm{Inf}(S_t)}{\mathrm{Avg}(S_t)}}\right\} \tag{2-38}$$

由于 $\widehat{\mathrm{Sum}(S_t)}_m$ 是 $\mathrm{Sum}(S_t)$的(ϵ,δ)-估计，则根据定理 2.4 样本容量 m 满足 $m\geqslant \frac{\phi_{\delta/2}^2}{\epsilon^2}\left[\frac{\mathrm{Sup}(S_t)}{\mathrm{Inf}(S_t)}-1\right]$，即 $\frac{1}{m}\leqslant\frac{\epsilon^2}{\phi_{\delta/2}^2}\frac{\mathrm{Inf}(S_t)}{\mathrm{Sup}(S_t)-\mathrm{Inf}(S_t)}$。根据定理 2. 1 可知 $\mathrm{Var}[\widehat{\mathrm{Sum}(S_t)}_m]\leqslant\frac{1}{m}\mathrm{Sum}(S_t)^2\left[\frac{\mathrm{Sup}(S_t)}{\mathrm{Avg}(S_t)}-1\right]$，因而

$$\mathrm{Var}[\widehat{\mathrm{Sum}(S_t)}_m]\leqslant\frac{\epsilon^2}{\phi_{\delta/2}^2}\frac{\mathrm{Inf}(S_t)}{\mathrm{Avg}(S_t)}\mathrm{Sum}(S_t)^2 \tag{2-39}$$

根据中心极限定理[282]，$\widehat{\mathrm{Sum}(S_t)}_m$ 服从正态分布，从而根据公式(2-39)可知，

$$\Pr\left\{\left|\frac{\widehat{\mathrm{Sum}(S_t)}_m-\mathrm{Sum}(S_t)}{\mathrm{Sum}(S_t)}\right|\geqslant\epsilon\sqrt{\frac{\mathrm{Inf}(S_t)}{\mathrm{Avg}(S_t)}}\right\}\leqslant\delta \tag{2-40}$$

结合公式(2-27)可知，$\Pr\left\{\left|\frac{\widehat{\mathrm{Sum}(S_t)}_m-\mathrm{Sum}(S_t')}{\mathrm{Sum}(S_t')}\right|\geqslant\epsilon\right\}\leqslant\delta$，即 $\widehat{\mathrm{Sum}(S_t)}_m$ 是 $\mathrm{Sum}(S_t')$的(ϵ,δ)-估计。□

在实际应用中，可以利用$\frac{\widehat{\mathrm{Avg}(S_t)}_m}{1+\epsilon}$来估计 $\widehat{\mathrm{Avg}(S_t)}_m$ 的下界。设 t'表示当前时刻，t 表示上一次抽样发生的时刻，则当感知数据发生变化时，样本数据信息的维护算法可描述如下：对网络中的任意节点 $i(1\leqslant i\leqslant N)$计算 $s_{it'}-s_{it}$，并将此结果汇报给簇头节点；对于网络中的任意簇 $C_l(1\leqslant l\leqslant k)$，其簇头节点对汇报的数据进行聚集，如果发现其聚集和的绝对值大于$\frac{\Delta''\widehat{\mathrm{Avg}(S_t)}_m}{1+\epsilon}$，则在本簇内进行样本容量为 m_l 的重新抽样，并对网络中存储的“样本信息”进行更新，其中 $\Delta''=\min\left\{\frac{1}{1-\epsilon}\left[1-\epsilon\sqrt{\frac{(1+\epsilon)\mathrm{Inf}(S_t)}{\widehat{\mathrm{Avg}(S_t)}_m}}\right]-1,1-\frac{1}{1+\epsilon}\left[1+\epsilon\sqrt{\frac{(1+\epsilon)\mathrm{Inf}(S_t)}{\widehat{\mathrm{Avg}(S_t)}_m}}\right]\right\}$。

对于平均值聚集运算而言，可以采用同样的方法进行“样本信息”的维护。而对于无重复计数聚集运算而言，其结果主要与网络中的节点分布有关。由于本章讨论的是静态网络，网络中的节点分布稳定，故无重复计数值随时间的变化程度不大，因而我们可以采用一段时间运行一次 Snapshot 查询的方式来更新其“样本信息”。

2.7 实验结果

为了衡量本章所提出的算法的性能，我们利用 ns2 模拟器模拟了一个具有 5000 个节点的传感器网络。上述节点被随机播撒在一个 1000m×1000m 矩形区域内。该矩形区域被分成 10×10 个网格，落入同一个网格内的传感器节点将形成一个簇。

在模拟网络中，传感器节点的传输半径设为 50m，网络中节点的感知数据是随机生成的，其取值范围为[10,120]。根据文献[288]，在模拟网络中，传感器节点发送和接收 1Byte 数据的能量消耗被设置为 0.0144mJ 和 0.0057mJ。同时，根据文献[197]，传感器节点发送 1bit 数据的能量消耗等于其执行 1000 条指令的能量消耗，故在下面的实验中我们将只考虑传感器节点的通信消耗。

2.7.1 基于抽样技术算法的特有性能

第一组实验将考察本章所介绍的(ϵ,δ)-近似聚集算法是否能返回满足用户精度需求的结果。在下面的实验中，ϵ 将由 0.1 增至 0.3，δ 将由 0.02 增至 0.22，针对每一组 ϵ 和 δ 的取值，我们计算了(ϵ,δ)-近似聚集算法在计算近似聚集和、平均值和近似无重复计数值时所产生的相对误差。实验结果如图 2-2 与 2-3 所示。根据图 2-2 与 2-3 可知，上述三种近似聚集结果的相对误差十分小。例如，当 $\epsilon=0.3$、$\delta=0.22$ 时，近似聚集和与近似平均值的相对误差小于 0.07，而近似无重复计数的相对误差小于 0.1。同时，上述两图还显示了本章介绍的(ϵ,δ)-近似聚集算法可以满足用户的任意精确度需求。

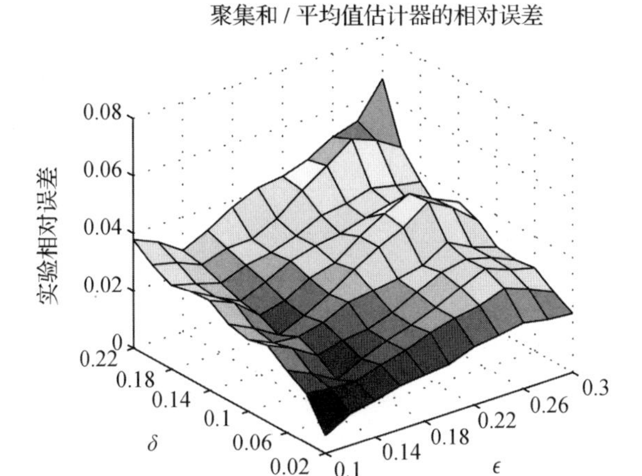

图 2-2 近似聚集和与平均值的精度与 ϵ、δ 的关系

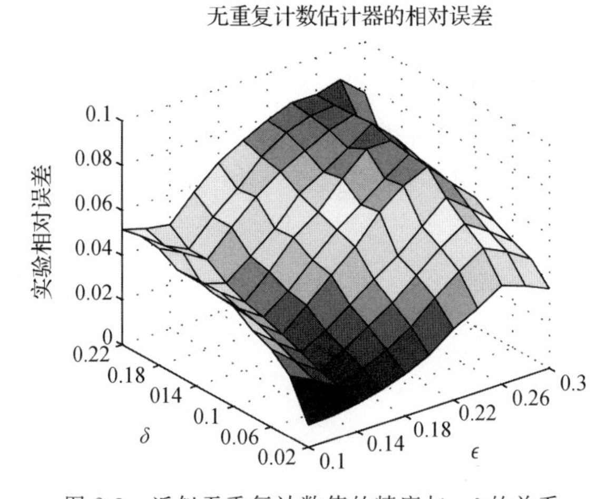

图 2-3 近似无重复计数值的精度与 ϵ、δ 的关系

第二组实验将考察(ϵ,δ)-近似聚集算法的精度与抽样比率的关系。所谓抽样比率是样本容量与网络中全部感知数据的个数的比值，该项指标对基于抽样的算法来说十分重要，直接决定着算法运行的能量消耗。在本组实验中，抽样比率由 0.06 增至 0.18，对于每个抽样比率的取值，我们计算了(ϵ,δ)-近似聚集算法在计算近似聚集和、近似平均值和近似无重复计数值时的相对误差。实验结果如图 2-4 所示。由图 2-4 可知，(ϵ,δ)-近似聚集算法仅需使用极少量的感知数据，就能获得很精确的近似聚集结果。例如，当抽样比率为 0.09 时，近似聚集和与近似平均值的相对误差小于 0.06，近似无重复计数的相对误差小于 0.07，即(ϵ,δ)-近似聚集算法仅需使用 9%的感知数据，就可以保证所计算的近似聚集值

小于0.06，近似平均值的相对误差小于0.06，近似无重复计数值的相对误差小于0.07。由于(ϵ,δ)-近似聚集仅使用少量的感知数据就可完成精度较高的聚集计算，所以该算法的能量消耗亦很小。

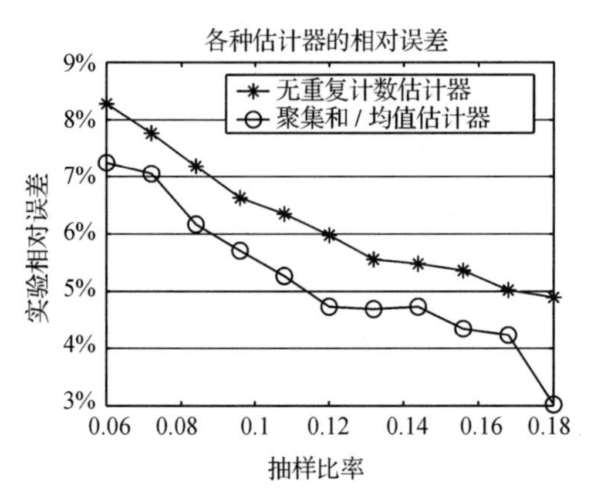

图 2-4　算法精度与抽样比率的关系

第三组实验将考察(ϵ,δ)-近似聚集算法的精度受网络规模与抽样比率的综合影响的情况。在实验中，网络规模将由1000增至5000，抽样比率的取值为{0.1,0.3,0.5}，针对每一对网络规模与抽样比率的取值，我们计算了(ϵ,δ)-近似聚集算法在计算近似聚集和、近似平均值以及近似无重复计数值时所产生的相对误差，实验结果如图2-5所示。图2-5显示了随着网络规模的增加，(ϵ,δ)-近似聚集算法所产生的误差下降得十分明显，这也证明了本章提出的(ϵ,δ)-近似聚集算法更加适用于大规模网络。

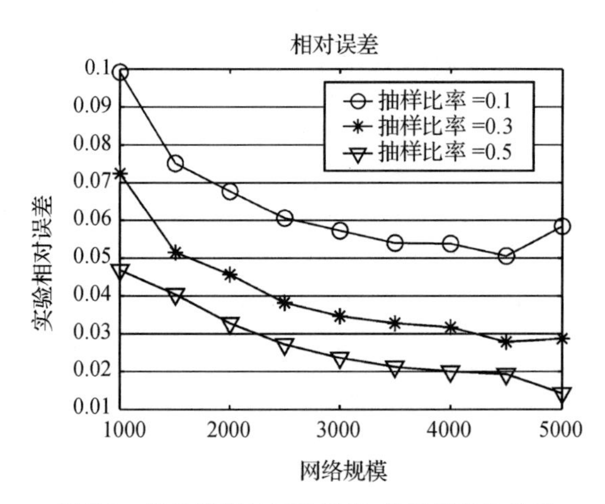

图 2-5　算法精度与网络规模、抽样概率的关系

第四组实验将考察当ϵ和δ给定时，网络规模对抽样比率的影响。在下面的实验中，我们为ϵ和δ设定了两组取值，第一组为$\epsilon=0.2$、$\delta=0.05$，第二组为$\epsilon=0.25$、$\delta=0.1$。同时，在网络规模由3000增至10000时，我们计算了(ϵ,δ)-近似聚集算法所需的抽样比率。实验结果如图2-6所示。根据图2-6可知，随着网络规模的增加，(ϵ,δ)-近似聚集算法所需的抽样比率将明显下降。上述结果进一步说明了本章所介绍的(ϵ,δ)-近似聚集算法在大规模网络中具有较高的效率。

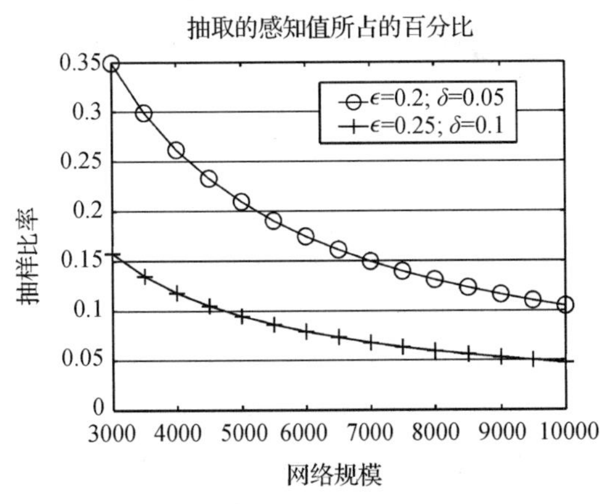

图2-6　抽样比率与网络规模的关系

2.7.2　查询处理过程中的能量消耗

第一组实验将考察本章所提出的算法在处理Snapshot查询时所表现的性能。与基于空间相关性的查询处理算法[153]进行对比，该算法为目前处理Snapshot类查询最好的近似聚集算法。在下面的实验中，用户所需的相对误差的取值为0.099，0.176，0.245，0.304，0.4，0.45。针对上述取值，我们将计算运行两种算法时传感器节点的平均能量消耗。同时，为了使得基于空间相关性的聚集算法能够计算出不同精度的聚集结果，我们将人为地调节其预测模型。实验结果如图2-7所示。由图2-7可知，与基于空间相关性的聚集算法相比，(ϵ,δ)-近似聚集算法的能量消耗十分小，其原因如下：首先，由于(ϵ,δ)-近似聚集算法仅需要一小部分数据参与聚集运算，所以其能量消耗很小；其次，在运行基于空间相关性的聚集算法过程中，需要保持各个节点运行的局部预测模型与Sink节点运行的全局预测模型相一致，故尽管该算法减少了传感器节点与Sink节点的通信代价，但是无形中增加了网内传感器节点之间的通信代价。因而，与(ϵ,δ)-近似聚集算法相比，该算法要消耗更多的能量。

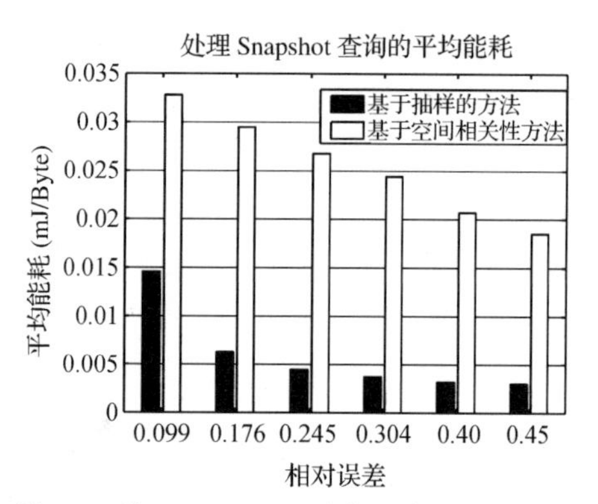

图 2-7　处理 Snapshot 聚集查询的能量消耗

第二组实验将考察本章所提出的算法在处理连续聚集查询时的能量消耗。与基于时间相关性的近似聚集算法[24]进行对比，此算法为目前处理连续聚集查询最好的算法。在本章中，连续聚集查询可由 2.6.2 节所介绍的算法进行处理。在下面的实验中，用户给定的相对误差界为 0.1，0.15，0.2，0.25，0.3，0.35。对于上述误差界的每一个取值，我们计算了两种算法在处理持续 100 个周期的连续查询时传感器节点的平均能量消耗。同样的，为了使得基于时间相关性的聚集算法能够计算出不同精度的结果，我们人为地调整了每个节点的过滤区间。实验结果如图 2-8 所示。根据图 2-8 可知，与基于时间相关性的聚集算法相比，本章所介绍的算法在连续查询处理过程中，节约了大量的能量。上述实验结果出现的原因如下：其一，在查询初始阶段，本章介绍的算法所需的能量消耗很小；其二，本章所介绍的算法具有较强的过滤能力，从而避免了许多无用数据的传输，因而在连续查询处理过程中节省了大量的能量。此外，我们注意到利用本章所介绍的算法处理连续查询，各个传感器节点的能量消耗较为均匀，这也使得网络的生命周期在一定程度上得以延长。

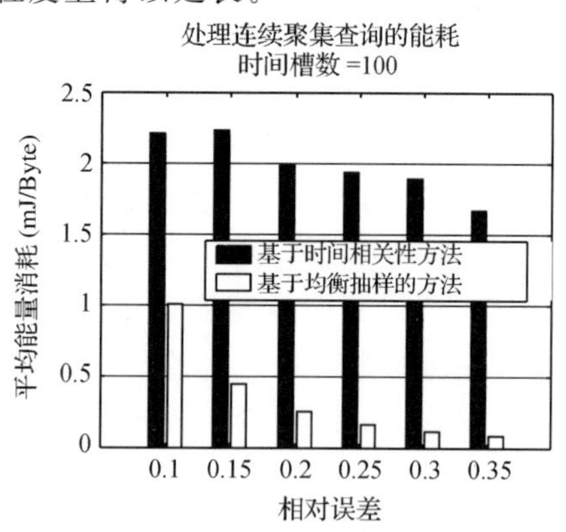

图 2-8　处理连续聚集查询的能量消耗

第三组实验将考察本章 2.6.1 节所给出的算法在处理多查询时的性能。所谓多查询即是指用户的精度需求不断变化的查询。根据 2.1 节的分析，现有的算法不能有效地处理上述查询，因而在本部分我们只需衡量 2.6.1 节所给出的算法的性能。由于用户的精度需用 ϵ 和 δ 来表示，所以在下面的实验中，我们首先考察当 $\delta=0.1$、ϵ 由 0.45 下降至 0.1 时算法的能量消耗，其次考察当 $\epsilon=0.1$、δ 由 0.45 下降至 0.1 时算法的能量消耗。实验结果如图 2-9 与图 2-10 所示。根据上述二图可知，如果传感器节点的感知数据仅占 1Byte，那么利用2.6.1节所介绍的算法来处理多查询请求，网络中传感器节点的平均能量消耗将小于0.009mJ。与图 2-7 对比可知，利用 2.6.1 节所介绍的算法处理多查询可节约超过 40%的能量。出现上述实验结果的原因是 2.6.1 节所介绍的算法最大程度地利用了 Sink 节点存储的历史样本信息，从而有效地避免了频繁地进行网内数据传输，进而节省了大量能量。

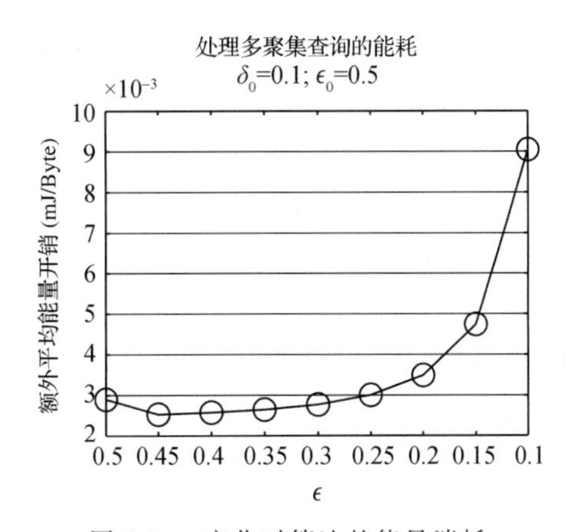

图 2-9 ϵ 变化时算法的能量消耗

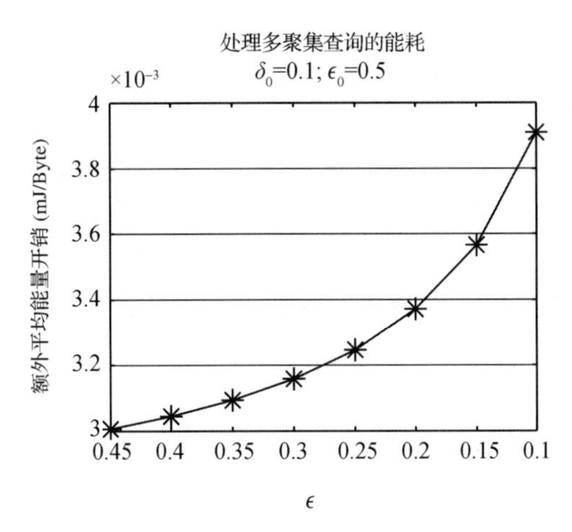

图 2-10 ϵ 变化时算法的能量消耗

在下一章中,我们还将利用真实感知数据对基于均衡抽样的(ϵ,δ)-近似聚集算法的性能进行进一步的考察与研究。

2.8 相关工作

在传统数据库、数据流、P2P 数据库等领域中,研究者提出了一些基于抽样的近似聚集算法[289-293],然而这些算法都不适合应用于传感器网络之中。

文献[289]在传统数据库中提出了一种基于顺序抽样(sequential sampling)的集中式近似聚集方法。它的主要思想是在传统数据库中顺序地读入元组,同时根据已读入的样本数据的方差来判断利用这些样本数据是否能获得满足用户精确度需求的近似聚集结果。如果能,则停止读入元组,并利用已有的样本数据完成计算;如果不能,则继续重复进行读入元组及判断的操作。这种方法的集中式特性不适合传感网这种特殊的大规模分布式系统。此外,这种方法需要进行多次抽样才能完成近似聚集值的计算过程。多次在传感器网络中抽样,将消耗大量的能量,是传感器网络的大忌。

文献[293]针对传统数据仓库,给出了一种基于 Sampling Synopses 的无重复值计算算法。同样,该算法也是集中式的,不适合应用于传感器网络之中。

在数据流领域中,文献[290]给出了一种基于 Bernoulli 抽样的近似聚集算法。但是,该文献未考虑(ϵ,δ)-近似查询处理问题,而该问题是本章讨论的核心。此外,该算法也是集中式的,不适合应用于传感器网络之中。

文献[291-292]针对 P2P 数据库,提出了 2 种基于抽样的近似聚集算法。这两种算法是一种分布式算法,并且在 P2P 数据库中具有较高的执行效率。上述两种算法是采用随机游走的方式来完成抽样过程。而对于传感器网络来说,进行网内随机游走抽样将需要大量的通信、消耗大量的能量。因而,上述两种算法不适合应用于传感器网络之中。此外,由于 P2P 数据库中的数据较为稳定,所以上述两种算法未考虑样本数据的动态维护问题。而对于传感器网络来说,节点的感知数据是随时间不断变化的,需要对样本数据进行动态的维护与更新。综上所述,文献[291-292]所给出的近似聚集算法不适合应用于传感器网络之中。

2.9　本章小节

在本章中，我们基于均衡抽样技术，提出了一种(ϵ,δ)-近似聚集算法，并证明了该算法能够满足用户的任意精度需求。在此基础上，本章还给出了两种样本信息的自适应维护算法：其一，用于在ϵ和δ发生变化时维护并更新样本信息；其二，用于在网内感知数据发生变化时维护并更新样本信息。我们通过理论分析与实验，验证了本章所提出的算法在精确性和节能方面具有较高的性能。

3 动态传感器网络中基于Bernoulli抽样的(ϵ,δ)-近似聚集算法

3.1 引　言

根据第二章的分析，感知数据的聚集值对于用户来说十分重要，它们可以帮助用户做出分析与决策。由于获取精确的聚集值将消耗大量的能量，故人们提出了许多近似聚集算法用以处理聚集查询。目前的近似聚集算法可分为3类：基于Sketch的近似聚集算法[23,147-149]、基于时间相关性的近似聚集算法[24,150-152]与基于空间相关性的近似聚集算法[25,153-154]。在第二章的分析中，我们指出了上述近似聚集算法具有固定的误差界，并且很难调节。所以一旦用户所需要的聚集结果的误差小于上述算法所能保证的误差界，上述聚集算法将会失效。

鉴于上述原因，在本书的第二章我们提出了一种基于均衡抽样的(ϵ,δ)-近似聚集算法。对于任意的$\epsilon(\epsilon\geqslant 0)$与$\delta(0\leqslant\delta\leqslant 1)$，该算法所返回的近似聚集结果与精确聚集结果的相对误差大于ϵ的概率小于δ。由于ϵ与δ可以任意小，所以基于均衡抽样的(ϵ,δ)-近似聚集算法的误差也可以达到任意小。虽然，基于均衡抽样的(ϵ,δ)-近似聚集算法克服了已有聚集算法所面临的问题，并在静态传感器网络中具有较高的性能，但是该算法需要Sink节点随时掌握每个簇中处于活动状态的传感器节点的数量，所以该算法不适用于动态的传感器网络。因为在动态的传感器网络中，每个传感器节点并不是随时都保持活动状态的，它们可能会为了节能而处于睡眠状态，也可能由于能量耗尽或其他原因而处于死亡状态，上述种种原因造成了每个簇中处于活动状态的节点的数量是不断变化的。如果应用基于均衡抽样的(ϵ,δ)-近似聚集算法进行聚集计算的话，那么Sink节点在每个时间片都需要统计各个簇中处于活动状态的节点的数量，这势必需要消耗

大量的能量。此外,由于传感器网络中常常包含一些移动节点,这些节点也会使得网络中一些簇内的活动节点的数量不断变化,如果应用基于均衡抽样的(ϵ,δ)-近似聚集算法进行聚集计算的话,那么一旦本簇内活动节点的数量发生变化,簇头节点将需要向 Sink 节点报告,这也无形中增加了网络中消息的传输量与能量消耗。

为了有效地克服基于均衡抽样的聚集算法所面临的问题,使得用户在动态传感器网络中依然能进行(ϵ,δ)-近似聚集计算,本章将给出 4 个基于 Bernoulli 抽样的近似聚集算法。对于用户任意给定的$\epsilon(\epsilon\geqslant 0)$与$\delta(0\leqslant\delta\leqslant 1)$,上述 4 个算法同样能够保证所返回的近似聚集结果与精确聚集结果的相对误差大于ϵ的概率小于δ。同时,与基于均衡抽样的聚集算法不同,本章所提出的 4 种算法不需要 Sink 节点掌握各个簇中处于活动状态的传感器节点的数量,因而它们更适合应用于动态的传感器网络之中。

在这 4 种基于 Bernoulli 抽样的近似聚集算法之中,前两种算法是用来处理 Snapshot 聚集查询的,第三种算法是用来处理连续聚集查询的。它们均是建立在全网唯一的抽样概率基础之上的,主要包含如下 3 个步骤:首先,上述算法根据用户给定的误差需求,即ϵ与δ,来确定一个全网优化的抽样概率q;其次,上述算法根据q对网内感知数据进行分布式的抽样;最后,上述算法利用所采集的样本数据完成近似聚集结果的计算。

本章所提出的第四种算法是为了进一步提高前 3 种算法在监测区域较大时的性能。该算法是建立在多个抽样概率基础上的,它主要包括如下 4 步:首先,它将整个监测区域划分为若干个子区域;其次,在每个子区域中,根据ϵ、δ及该区域内感知数据的分布情况,自适应地决定本子区域所需的抽样概率;第三,在每个子区域中进行分布式的 Bernoulli 抽样;最后,根据所有子区域采集的样本数据来完成近似聚集结果的计算。由于第四种算法在确定抽样概率时考虑了感知数据的分布差异,所以当传感器网络的监测区域面积较广、感知数据在不同子区域中分布差异较大时,该算法可达到较高的性能。

本章的主要贡献如下:

(1)对于给定的ϵ与δ,本章给出了确定优化抽样概率的数学方法;

(2)本章提出了一种适用于传感器网络的、分布式的 Bernoulli 抽样方法;

(3)本章给出了估计活动节点计数值、感知数据聚集和与平均值的数学方法;

(4)在上述数学方法基础上,本章提出了 4 种基于 Bernoulli 抽样的(ϵ,δ)-近似聚集算法,并利用理论分析和实验证明了这 4 种算法的有效性。

本章的其余内容组织如下:3.2 节将对(ϵ,δ)-近似聚集查询及 Bernoulli 抽样进行详细介绍；3.3 节将给出本章算法的数学基础；3.4 节将提出分布式的 Bernoulli 抽样算法；3.5 节将提出 4 种基于 Bernoulli 抽样的(ϵ,δ)-近似聚集算法；3.6 节通过实验来衡量本书所提出算法的性能；3.7 节对本章工作进行总结。

3.2 预备知识

3.2.1 问题定义

设 N_t 表示传感器网络在 t 时刻活动节点的数量，与第二章不同的是，N_t 是随着时间的变化而变化的，并且对于 Sink 节点来说 N_t 是未知的。同时，与第二章相同，我们仍假设整个监测区域被划分为 k 个网格，每个网格内的所有传感器节点形成了一个簇，并且这些簇是两两不相交的。最后，考虑到环境监测应用的实际特点，我们假设在任意时刻，整个监测区域可以被网络中的活动节点完全覆盖。

令 $s_{ti}(1\leqslant i\leqslant N_t)$表示活动节点 i 在时刻 t 的感知值，那么 $S_t=\{s_{t1},s_{t2},\cdots,s_{tN_t}\}$为时刻 t 网络中所有感知数据所构成的集合，其中对于任意的活动节点 $i(1\leqslant i\leqslant N_t)$，$s_{ti}$ 均存储于本地。根据第二章分析，网络中的所有感知数据均是有界的，我们不妨令 $\mathrm{Sup}(S_t)$与 $\mathrm{Inf}(S_t)$分别表示感知数据的上界及下界。为了便于讨论，在本章中，我们假设网络中的所有感知数据均大于 0。当然，本章所介绍的算法也可以很容易地应用到感知数据小于 0 的网络中，我们只需将每个感知数据加上$|\mathrm{Inf}(S_t)|+\theta$ 即可，其中 θ 是一个正数。

根据第 2 章的分析可知，在时刻 t，感知数据的精确聚集和为 $\mathrm{Sum}(S_t)=\sum_{i=1}^{N_t}s_{ti}$，精确平均值为 $\mathrm{Avg}(S_t)=\frac{1}{N_t}\sum_{i=1}^{N_t}s_{ti}$。同理，时刻 t 活动节点的精确计数值为 $\mathrm{Count}(S_t)=N_t$。

与第 2 章类似，(ϵ,δ)-估计与(ϵ,δ)-近似聚集可定义如下。

定义 3.1（(ϵ,δ)-估计） 对于给定的 $\epsilon(\epsilon\geqslant 0)$与 $\delta(0\leqslant\delta\leqslant 1)$，$bIt$ 称为$\hat{I}_t$的(ϵ,δ)-估计，当且仅当 $\Pr\left(\left|\frac{\hat{I}_t-I_t}{I_t}\right|\geqslant\epsilon\right)\leqslant\delta$，其中 $\Pr(X)$表示随机事件 X 发生的概率。

定义 3.2（(ϵ,δ)-近似聚集） 令 I_t 表示传感器网络在时刻 t 的一个精确聚集结果，即 I_t 等于 Count(S_t)、Sum(S_t)或 Avg(S_t)。那么对于给定的 $\epsilon(\epsilon \geqslant 0)$与 δ $(0 \leqslant \delta \leqslant 1)$，$\hat{I}_t$称为$(\epsilon,\delta)$-近似聚集结果，当且仅当$\hat{I}_t$是 I_t 的一个(ϵ,δ)-估计。

根据定义 3.1 与定义 3.2，(ϵ,δ)-近似聚集查询处理问题可定义如下：

输入：

(1)$S_t=\{s_{t1},s_{t2},\cdots,s_{tN_t}\}$；

(2)$\epsilon(\epsilon \geqslant 0)$与 $\delta(0 \leqslant \delta \leqslant 1)$；

(3)聚集操作符 Agg(Agg∈{Count,Sum,Average})。

输出：针对聚集操作符 Agg，给出满足定义 3.2 的(ϵ,δ)-近似聚集结果。

可见，本章所讨论的(ϵ,δ)-近似聚集查询处理问题与第 2 章不同，在本章的问题输入并不包括 t 时刻每个簇的及整个网络的活动节点的个数。由于已知的信息很少，所以使得本章所讨论的查询处理问题更难。

3.2.2 Bernoulli 抽样

所谓 Bernoulli 抽样是指总体中的任意成员均以一定的概率被抽取到样本数据中，并且对于任意两个不同成员来说，它们是否被选入样本中是相互独立的[294]。因而，结合本章所讨论的情景，得知：对于给定的抽样概率 $q(0 \leqslant q \leqslant 1)$，感知数据集合 S_t 的一个 Bernoulli 样本，记为 $B^{(q)}$，满足对于任意的 $s_{ti} \in S_t$ 均有 $\Pr[s_{ti} \in B^{(q)}]=q$，$\Pr[s_{ti} \notin B^{(q)}]=1-q$，并且对于任意的 $s_{ti}, s_{tj} \in S_t$ 且 $i \neq j$，事件 $s_{ti} \in B^{(q)}$ 与事件 $s_{tj} \in B^{(q)}$ 是相互独立的。

3.3 数学基础

3.3.1 计数值及聚集和的估计器

设 S_t 为 t 时刻感知数据的集合，$B^{(q)}$ 是 S_t 的一个 Bernoulli 样本，则活动节点计数值、感知数据聚集和的数学估计器可计算如下：

$$\widehat{\text{Count}(S_t)}_q=\frac{|B^{(q)}|}{q} \tag{3-1}$$

$$\widehat{\text{Sum}(S_t)}_q=\frac{1}{q}\sum_{s_{tj} \in B^{(q)}} s_{tj} \tag{3-2}$$

其中，$\widehat{\text{Count}(S_t)}_q$ 表示活动节点计数值的数学估计器，$\widehat{\text{Sum}(S_t)}_q$ 表示感知数据聚集和的数学估计器，$|B^{(q)}|$表示 Bernoulli 样本集合的大小。其中，$\widehat{\text{Count}(S_t)}_q$ 与 $\widehat{\text{Sum}(S_t)}_q$ 的下角标 q 表示抽样概率。

为了便于阅读，下面我们回顾一下第二章关于无偏估计的定义。

定义 3.3(无偏估计). $\hat{I}_t$称为 I_t 的无偏估计，当且仅当$\hat{I}_t$的数学期望等于 I_t，即 $E(\hat{I}_t)=I_t$。否则，$\hat{I}_t$称为 I_t 的有偏估计。

下面的定理 3.1 与定理 3.2 证明了 $\widehat{\text{Count}(S_t)}_q$ 与 $\widehat{\text{Sum}(S_t)}_q$ 分别是精确聚集值 $\text{Count}(S_t)$与 $\text{Sum}(S_t)$的无偏估计。

定理 3.1 设 $E[\widehat{\text{Count}(S_t)}_q]$与 $\text{Var}[\widehat{\text{Count}(S_t)}_q]$表示 $\widehat{\text{Count}(S_t)}_q$ 的数学期望和方差，则它们满足 $E[\widehat{\text{Count}(S_t)}_q]=N_t$ 及 $\text{Var}[\widehat{\text{Count}(S_t)}_q]=N_t\dfrac{1-q}{q}$。

证明: 由于 $B^{(q)}$ 是 S_t 的一个 Bernoulli 样本，那么根据 Bernoulli 抽样的性质，$|B^{(q)}|$可以看成一个随机变量，该随机变量服从参数为 N_t 与 q 的二项分布。因而，我们有 $E(|B^{(q)}|)=qN_t$ 与 $\text{Var}(|B^{(q)}|)=q(1-q)N_t$。

由于 $\widehat{\text{Count}(S_t)}_q=\dfrac{|B^{(q)}|}{q}$，所以根据上述分析有

$$E[\widehat{\text{Count}(S_t)}_q]=E\left[\frac{|B^{(q)}|}{q}\right]=N_t \tag{3-3}$$

及

$$\text{Var}[\widehat{\text{Count}(S_t)}_q]=\text{Var}\left[\frac{|B^{(q)}|}{q}\right]=N_t\frac{1-q}{q} \tag{3-4}$$

定理 3.2 设 $E[\widehat{\text{Sum}(S_t)}_q]$与 $\text{Var}[\widehat{\text{Sum}(S_t)}_q]$表示 $\widehat{\text{Sum}(S_t)}_q$ 的数学期望和方差，那么它们满足 $E[\widehat{\text{Sum}(S_t)}_q]=\text{Sum}(S_t)$ 与 $\text{Var}[\widehat{\text{Sum}(S_t)}_q]\leqslant\text{Sup}(S_t)\times\text{Sum}(S_t)\dfrac{1-q}{q}$。

证明: 对于任意的 $i(1\leqslant i\leqslant N_t)$，设随机变量 X_i 满足下式

$$X_i=\begin{cases}1, & s_{ti}\in B^{(q)}\\ 0, & s_{ti}\notin B^{(q)}\end{cases} \tag{3-5}$$

显然，$\Pr(X_i=1)=q$ 且 $\Pr(X_i=0)=1-q$。同时，根据 Bernoulli 抽样的性质，对于 $1\leqslant i\neq j\leqslant N_t$，均有随机变量 X_i 与 X_j 是相互独立的。此外，根据 X_i 的分布，$E(X_i)=q$ 且 $\text{Var}(X_i)=q(1-q)$。

根据公式(3-2)可知

$$\widehat{\text{Sum}(S_t)}_q=\frac{1}{q}\sum_{s_{tj}\in B^{(q)}}s_{tj}=\frac{1}{q}\sum_{i=1}^{N_t}s_{ti}X_i \tag{3-6}$$

结合前文的分析，$E[\widehat{\mathrm{Sum}(S_t)}_q]$与$\mathrm{Var}[\widehat{\mathrm{Sum}(S_t)}_q]$满足下式

$$E(\widehat{\mathrm{Sum}(S_t)}_q)=\frac{1}{q}\sum_{i=1}^{N_t}E[s_{ti}X_i]=\sum_{i=1}^{N_t}s_{ti}=\mathrm{Sum}(S_t) \tag{3-7}$$

$$\begin{aligned}\mathrm{Var}[\widehat{\mathrm{Sum}(S_t)}_q]&=\frac{1}{q^2}\sum_{i=1}^{N_t}\mathrm{Var}(s_{ti}X_i)=\frac{1}{q^2}\sum_{i=1}^{N_t}s_{ti}^2q(1-q)\\&\leqslant\frac{1-q}{q}\mathrm{Sup}(S_t)\sum_{i=1}^{N_t}s_{ti}=\frac{1-q}{q}\mathrm{Sup}(S_t)\mathrm{Sum}(S_t)\end{aligned} \tag{3-8}$$

根据定理 3.1 与 3.2 可知，$\widehat{\mathrm{Count}(S_t)}_q$ 与 $\widehat{\mathrm{Sum}(S_t)}_q$ 分别是精确计数值及精确聚集和的无偏估计，并且 $\widehat{\mathrm{Count}(S_t)}_q$ 与 $\widehat{\mathrm{Sum}(S_t)}_q$ 的方差随着抽样概率q的增大可以任意小。因而，根据文献[282]，只要 q 足够大的话，$\widehat{\mathrm{Count}(S_t)}_q$ 及 $\widehat{\mathrm{Sum}(S_t)}_q$与精确聚集结果之间的相对误差就可以达到任意小。

3.3.2 平均值估计器

设 $B^{(q)}$ 表示感知数据集合 S_t 的一个 Bernoulli 样本，$\widehat{\mathrm{Avg}(S_t)}_q$ 表示感知数据平均值($\mathrm{Avg}(S_t)$)的一个估计器，则 $\widehat{\mathrm{Avg}(S_t)}_q$ 可以按如下方式进行计算

$$\widehat{\mathrm{Avg}(S_t)}_q=\frac{\sum_{s_{tj}\in B^{(q)}}s_{tj}}{|B^{(q)}|} \tag{3-9}$$

下面的两个定理证明了虽然 $\widehat{\mathrm{Avg}(S_t)}_q$ 是 $\mathrm{Avg}(S_t)$的一个有偏估计，但是，只要抽样概率 q 足够大，$\widehat{\mathrm{Avg}(S_t)}_q$ 与 $\mathrm{Avg}(S_t)$的相对误差可以达到任意小。

定理 3.3 当 $q<1$ 时，$\widehat{\mathrm{Avg}(S_t)}_q$ 是 $\mathrm{Avg}(S_t)$的一个有偏估计。

证明：对于任意的 $i(1\leqslant i\leqslant N_t)$，设随机变量 X_i 满足如下公式

$$X_i=\begin{cases}1, & s_{ti}\in B^{(q)}\\0, & s_{ti}\notin B^{(q)}\end{cases} \tag{3-10}$$

由公式(3-9)可知

$$E[\widehat{\mathrm{Avg}(S_t)}_q]=E\left(\frac{\sum_{s_{tj}\in B^{(q)}}s_{tj}}{|B^{(q)}|}\right)=E\left(\frac{\sum_{i=1}^{N_t}s_{ti}X_i}{\sum_{j=1}^{N_t}X_j}\right)=\sum_{i=1}^{N_t}s_{ti}E\left(\frac{X_i}{\sum_{j=1}^{N_t}X_j}\right) \tag{3-11}$$

由定理 3.2 的证明可知：$\Pr(X_i=1)=q$ 且 $\Pr(X_i=0)=1-q$。并且，对于 $1\leqslant i\neq j\leqslant N_t$，均有随机变量 X_i 与 X_j 是相互独立的。于是，根据条件期望公式有

$$E\left(\frac{X_i}{\sum_{j=1}^{N_t}X_j}\right)=E\left(\frac{X_i}{\sum_{j=1}^{N_t}X_j}\mid X_i=1\right)\Pr(X_i=1)$$

$$+E\left(\frac{X_i}{\sum_{j=1}^{N_t} X_j} \mid X_i=0\right)\Pr(X_i=0)=qE\left(\frac{1}{\sum_{j\neq i} X_j+1}\right) \tag{3-12}$$

其中，$E\left(\frac{1}{\sum_{j\neq i} X_j+1}\right)$满足下式

$$E\left(\frac{1}{\sum_{j\neq i} X_j+1}\right)=\sum_{l=0}^{N_t-1}\frac{1}{l+1}\binom{N_t-1}{l}q^l(1-q)^{N_t-1-l}$$

$$=\sum_{l=0}^{N_t-1}\frac{1}{qN_t}\binom{N_t}{l+1}q^{l+1}(1-q)^{N_t-(1+l)}=\frac{1}{qN_t}[1-(1-q)^{N_t}] \tag{3-13}$$

根据公式(3-7)～(3-9)，可得

$$E[\widehat{\mathrm{Avg}(S_t)}_q]=\sum_{i=1}^{N_t} qs_{ti}\frac{1}{qN_t}[1-(1-q)^{N_t}]$$

$$=[1-(1-q)^{N_t}]\frac{\sum_{i=1}^{N_t} s_{ti}}{N_t}=[1-(1-q)^{N_t}]\mathrm{Avg}(S_t) \tag{3-14}$$

所以，当 $q<1$ 时，$E[\widehat{\mathrm{Avg}(S_t)}_q]<\mathrm{Avg}(S_t)$，即 $\widehat{\mathrm{Avg}(S_t)}_q$ 是 $\mathrm{Avg}(S_t)$的一个有偏估计。□

定理 3.4 $\lim_{q\to 1}E[\widehat{\mathrm{Avg}(S_t)}_q]=\mathrm{Avg}(S_t)$，且$\lim_{q\to 1}\mathrm{Var}[\widehat{\mathrm{Avg}(S_t)}_q]=0$。

证明：(1)根据定理 3.3 中的公式(3-14)可以很容易地得出$\lim_{q\to 1}E[\widehat{\mathrm{Avg}(S_t)}_q]=\mathrm{Avg}(S_t)$。

(2)由 Taylor linearization 技术[295]可知

$$\lim_{q\to 1}\mathrm{Var}[\widehat{\mathrm{Avg}(S_t)}_q]=\lim_{q\to 1}\left\{\frac{\mathrm{Var}[\widehat{\mathrm{Sum}(S_t)}_q]}{N_t^2}+\frac{\mathrm{Avg}(S_t)^2\mathrm{Var}[\widehat{\mathrm{Count}(S_t)}_q]}{N_t^2}\right.$$

$$\left.-\frac{2}{N_t^2}\mathrm{Avg}(S_t)\mathrm{Cov}[\widehat{\mathrm{Sum}(S_t)}_q,\widehat{\mathrm{Count}(S_t)}_q]\right\} \tag{3-15}$$

其中，$\mathrm{Cov}[\widehat{\mathrm{Sum}(S_t)}_q,\widehat{\mathrm{Count}(S_t)}_q]$表示 $\widehat{\mathrm{Sum}(S_t)}_q$ 与 $\widehat{\mathrm{Count}(S_t)}_q$ 的协方差。

对于任意的 $i(1\leqslant i\leqslant N_t)$，设随机变量 X_i 满足如下公式：

$$X_i=\begin{cases}1, & s_{ti}\in B^{(q)}\\ 0, & s_{ti}\notin B^{(q)}\end{cases} \tag{3-16}$$

从而，

$$\mathrm{Cov}[\widehat{\mathrm{Sum}(S_t)}_q,\widehat{\mathrm{Count}(S_t)}_q]=E\{\widehat{\mathrm{Sum}(S_t)}_q,\widehat{\mathrm{Count}(S_t)}_q\}-N_t\mathrm{Sum}(S_t)$$

$$=E\left\{\frac{\sum_{i=1}^{N_t} s_{ti}X_i}{q}\,\frac{\sum_{i=1}^{N_t} X_i}{q}\right\}-N_t\mathrm{Sum}(S_t) \tag{3-17}$$

根据定理 3.2 的证明可知,对于任意的 $i,j(1\leqslant i\neq j\leqslant N_t)$,$X_i$ 与 X_j 是相互独立的,所以

$$E\left\{\frac{\sum_{i=1}^{N_t}s_{ti}X_i}{q}\ \frac{\sum_{i=1}^{N_t}X_i}{q}\right\}=\frac{1}{q^2}\left\{\sum_{i=1}^{N_t}E(s_{ti}X_i)\sum_{j\neq i}E(X_j)+\sum_{i=1}^{N_t}E(s_{ti}X_i^2)\right\}$$

$$=\frac{1}{q^2}\left\{(N_t-1)q^2\mathrm{Sum}(S_t)+\sum_{i=1}^{N_t}s_{ti}E(X_i^2)\right\} \tag{3-18}$$

根据 $X_i(1\leqslant i\leqslant N_t)$的分布,$\Pr(X_i^2=1)=q$,$\Pr(X_i^2=0)=1-q$,即$E(X_i^2)=q$,所以

$$E\left\{\frac{\sum_{i=1}^{N_t}s_{ti}X_i}{q}\ \frac{\sum_{i=1}^{N_t}X_i}{q}\right\}=\left(N_t-1+\frac{1}{q}\right)\mathrm{Sum}(S_t) \tag{3-19}$$

由公式(3-17)与(3-19)可知

$$\mathrm{Cov}[\widehat{\mathrm{Sum}(S_t)}_q,\widehat{\mathrm{Count}(S_t)}_q]=\left(\frac{1}{q}-1\right)\mathrm{Sum}(S_t) \tag{3-20}$$

根据定理 3.1 与定理 3.2 可知,$\mathrm{Var}[\widehat{\mathrm{Count}(S_t)}_q]=N_t\,\frac{1-q}{q}$、$\mathrm{Var}[\widehat{\mathrm{Sum}(S_t)}_q]\leqslant \mathrm{Sup}(S_t)\mathrm{Sum}(S_t)\frac{1-q}{q}$。结合公式(3-20),有

$$\lim_{q\to 1}\mathrm{Var}[\widehat{\mathrm{Avg}(S_t)}_q]\leqslant\lim_{q\to 1}\left\{\frac{(1-q)[\mathrm{Sup}(S_t)-\mathrm{Avg}(S_t)]}{qN_t}\mathrm{Avg}(S_t)\right\}=0 \tag{3-21}$$

同时,由于 $\mathrm{Var}[\widehat{\mathrm{Avg}(S_t)}_q]\geqslant 0$,故$\lim_{q\to 1}\mathrm{Var}[\widehat{\mathrm{Avg}(S_t)}_q]=0$。□

根据定理 3.4 可知,$\lim_{q\to 1}\mathrm{Var}[\widehat{\mathrm{Avg}(S_t)}_q]=0$,这意味着 $\lim_{q\to 1}\widehat{\mathrm{Avg}(S_t)}_q=E[\widehat{\mathrm{Avg}(S_t)}_q]$。同时,由于$\lim_{q\to 1}E[\widehat{\mathrm{Avg}(S_t)}_q]=\mathrm{Avg}(S_t)$,所以,$\lim_{q\to 1}\widehat{\mathrm{Avg}(S_t)}_q=\mathrm{Avg}(S_t)$,即只要抽样概率 q 足够大,$\widehat{\mathrm{Avg}(S_t)}_q$ 与精确平均值之间的相对误差可以达到任意小。

3.4 Bernoulli 抽样算法

3.4.1 抽样概率的确定

本章所介绍的近似聚集算法均是基于 3.3 节所介绍的估计器而构建的。因

此，只有保证了3.3节所介绍的估计器均是精确聚集值的(ϵ,δ)-估计器，才能使得本章所介绍的算法满足“(ϵ,δ)-近似聚集算法”的定义。我们注意到，3.3节所介绍的估计器的误差的大小直接取决于抽样概率的取值，因而，在本节中我们将详细讨论如何确定一个优化的抽样概率才能使得3.3节所介绍的估计器均是精确聚集值的(ϵ,δ)-估计器。

首先，对计算(ϵ,δ)-近似计数值所需的抽样概率的大小进行讨论。

对于任意的$i(1\leqslant i\leqslant N_t)$，令随机变量$X_i$满足如下公式：

$$X_i=\begin{cases}1, & s_{ti}\in B^{(q)}\\ 0, & s_{ti}\notin B^{(q)}\end{cases}\tag{3-22}$$

根据3.3节的分析，我们有$\widehat{\text{Count}(S_t)}_q=\sum_{i=1}^{N_t}X_i$。显然，随机变量$X_1,X_2,\cdots,X_{N_t}$构成了一个独立同分布序列，所以$\widehat{\text{Count}(S_t)}_q$符合中心极限定理[284]的应用条件。根据中心极限定理及统计学知识，当样本数据超过30时，即可认为$\widehat{\text{Count}(S_t)}_q$服从正态分布[282]。一般而言，传感器网络中包含着大量的节点与感知数据，所以很容易做到样本数据超过30，故我们可以利用$\widehat{\text{Count}(S_t)}_q$服从正态分布这一条件来对计算$(\epsilon,\delta)$-近似计数值所需的抽样概率大小进行估计，具体结果由下面的定理3.5给出。

定理3.5 当抽样概率q满足$q\geqslant\frac{\phi_{\delta/2}^2}{\text{Inf}(N_t)\epsilon^2+\phi_{\delta/2}^2}$时，$\widehat{\text{Count}(S_t)}_q$是精确计数值$\text{Count}(S_t)(=N_t)$的一个$(\epsilon,\delta)$-估计器，其中$\phi_{\delta/2}$是标准正态分布的$\frac{\delta}{2}$分位数，$\text{Inf}(N_t)$是$N_t$的下限值。

证明：由$q\geqslant\frac{\phi_{\delta/2}^2}{\text{Inf}(N_t)\epsilon^2+\phi_{\delta/2}^2}$可得，$\text{Inf}(N_t)\frac{\epsilon^2}{\phi_{\delta/2}^2}\geqslant\frac{1-q}{q}$。同时，由于$\text{Inf}(N_t)$是$N_t$的下限值，即$N_t\geqslant\text{Inf}(N_t)$，故

$$N_t^2\frac{\epsilon^2}{\phi_{\delta/2}^2}\geqslant N_t\frac{1-q}{q}\tag{3-23}$$

根据定理3.1可知，$\text{Var}[\widehat{\text{Count}(S_t)}_q]=N_t\frac{1-q}{q}$，因而

$$N_t\epsilon\geqslant\phi_{\delta/2}\sqrt{\text{Var}[\widehat{\text{Count}(S_t)}_q]}\tag{3-24}$$

同时，由于$\widehat{\text{Count}(S_t)}_q$是$\text{Count}(S_t)(=N_t)$的无偏估计，且服从正态分布，得出

$$\Pr\{|\widehat{\text{Count}(S_t)}_q-N_t|\geqslant\phi_{\delta/2}\sqrt{\text{Var}(\widehat{\text{Count}(S_t)}_q)}\}\leqslant\delta\tag{3-25}$$

根据公式(3-24)与(3-25)可知，$\Pr\left\{\frac{|\widehat{\text{Count}(S_t)}_q-N_t|}{N_t}\geqslant\epsilon\right\}\leqslant\delta$，即

$\widehat{\mathrm{Count}(S_t)}_q$是 $\mathrm{Count}(S_t)(=N_t)$的$(\epsilon,\delta)$-估计。□

其次,对计算(ϵ,δ)-近似聚集和所需的抽样概率的大小进行讨论。

对于任意的 $i(1\leqslant i\leqslant N_t)$,令随机变量 Y_i 满足如下公式:

$$Y_i=\begin{cases} s_{ti}, & s_{ti}\in B^{(q)} \\ 0, & s_{ti}\notin B^{(q)} \end{cases} \tag{3-26}$$

根据 3.3 节的分析,有 $\widehat{\mathrm{Sum}(S_t)}_q=\sum_{i=1}^{N_t}Y_i$。对于任意 $i(1\leqslant i\leqslant N_t)$,$E(Y_i)=qs_{ti}$,所以当网络感知数据互不相同时,随机变量 $Y_1,Y_2,\cdots,Y_{N_t}$ 并未构成一个独立同分布序列。但是下面的定理证明了 $Y_1,Y_2,\cdots,Y_{N_t}$ 满足 Lyapunov 条件[284],所以 $\widehat{\mathrm{Sum}(S_t)}_q=\sum_{i=1}^{N_t}Y_i$ 仍然符合中心极限定理的应用条件。

定理 3.6 随机变量序列 $Y_1,Y_2,\cdots,Y_{N_t}$ 满足 Lyapunov 条件,即$\exists\xi>0$ 满足如下公式

$$\lim_{N_t\to\infty}\frac{1}{s_{N_t}^{2+\xi}}\sum_{i=1}^{N_t}E(|Y_i-\mu_i|^{2+\xi})=0 \tag{3-27}$$

其中,$s_{N_t}^2=\sum_{i=1}^{N_t}\sigma_i$,且对于 $\forall i(1\leqslant i\leqslant N_t)$,$\mu_i=E(Y_i)$,$\sigma_i=\mathrm{Var}(Y_i)$。

证明:根据 Bernoulli 抽样的性质,网络中每个感知数据被抽中的概率为 q,所以,我们很容易地得到 $\mu_i=E(Y_i)=qs_{ti}$ 及 $\sigma_i=\mathrm{Var}(Y_i)=s_{ti}^2q(1-q)$。

令 $\xi=1$,根据上述分析,对于$\forall i(1\leqslant i\leqslant N_t)$,均有

$$\begin{aligned}E(|Y_i-\mu_i|^{2+\xi})&=E(|Y_i-\mu_i|^3)=q(s_{ti}-qs_{ti})^3+(1-q)(qs_{ti})^3\\&=s_{ti}^3q(1-q)(1-2q+2q^2)\end{aligned} \tag{3-28}$$

同时,

$$s_{N_t}^{2+\xi}=s_{N_t}^3=\sum_{i=1}^{N_t}s_{ti}^2q(1-q)\sqrt{\sum_{i=1}^{N_t}s_{ti}^2q(1-q)} \tag{3-29}$$

根据公式(3-28)与(3-29)可知

$$\begin{aligned}\lim_{N_t\to\infty}\frac{1}{s_{N_t}^3}\sum_{i=1}^{N_t}E(|Y_i-\mu_i|^3)&=\frac{1-2q+2q^2}{\sqrt{[q(1-q)]}}\lim_{N_t\to\infty}\frac{\sum_{i=1}^{N_t}s_{ti}^3}{\sum_{i=1}^{N_t}s_{ti}^2\sqrt{\sum_{i=1}^{N_t}s_{ti}^2}}\\&\leqslant\frac{1-2q+2q^2}{\sqrt{[q(1-q)]}}\frac{\mathrm{Sup}(S_t)^3}{\mathrm{Inf}(S_t)^3}\lim_{N_t\to\infty}\frac{1}{\sqrt{N_t}}\end{aligned} \tag{3-30}$$

其中,$\mathrm{Inf}(S_t)$与 $\mathrm{Sup}(S_t)$表示感知数据的上下界。由于$|\mathrm{Inf}(S_t)|$,$|\mathrm{Sup}(S_t)|\ll$

$+\infty$，所以$\lim\limits_{N_t\to\infty} s_{N_t}^{\frac{1}{3}}\sum\limits_{i=1}^{N_t}E(|Y_i-\mu_i|^3)\leqslant 0$。同时，由于$s_{N_t}^3\geqslant 0$且$E(|Y_i-\mu_i|^3)\geqslant 0$，所以$\lim\limits_{N_t\to\infty} s_{N_t}^{\frac{1}{3}}\sum\limits_{i=1}^{N_t}E(|Y_i-\mu_i|^3)\geqslant 0$。综上，$\lim\limits_{N_t\to\infty} s_{N_t}^{\frac{1}{3}}\sum\limits_{i=1}^{N_t}E(|Y_i-\mu_i|^3)=0$，即存在$\xi(\xi=1)$，使得定理3.6中的公式(3-27)成立，所以，$\widehat{\mathrm{Sum}(S_t)}_q=\sum\limits_{i=1}^{N_t}Y_i$满足Lyapunov条件。□

根据定理3.6的证明，$\widehat{\mathrm{Sum}(S_t)}_q=\sum\limits_{i=1}^{N_t}Y_i$仍然符合中心极限定理的应用条件[284]。因而，与$\widehat{\mathrm{Count}(S_t)}_q$相同，当样本数据超过30时，即可认为$\widehat{\mathrm{Sum}(S_t)}_q$服从正态分布[282]。基于上述分析，计算$(\epsilon,\delta)$-近似聚集和所需的抽样概率的大小由定理3.7给出。

定理3.7 当抽样概率q满足$q\geqslant\dfrac{\mathrm{Sup}(S_t)\phi_{\delta/2}^2}{\mathrm{Inf}(N_t)\mathrm{Inf}(S_t)\epsilon^2+\mathrm{Sup}(S_t)\phi_{\delta/2}^2}$时，$\widehat{\mathrm{Sum}(S_t)}_q$是精确聚集和$\mathrm{Sum}(S_t)$的一个$(\epsilon,\delta)$-估计，其中$\phi_{\delta/2}$是标准正态分布的$\dfrac{\delta}{2}$分位数，$\mathrm{Inf}(N_t)$是$N_t$的下限值。

证明： 由$q\geqslant\dfrac{\mathrm{Sup}(S_t)\phi_{\delta/2}^2}{\mathrm{Inf}(N_t)\mathrm{Inf}(S_t)\epsilon^2+\mathrm{Sup}(S_t)\phi_{\delta/2}^2}$可知，$\epsilon^2\mathrm{Inf}(N_t)\mathrm{Inf}(S_t)\geqslant\phi_{\delta/2}^2\mathrm{Sup}(S_t)\dfrac{1-q}{q}$。同时，由于$\mathrm{Inf}(N_t)$和$\mathrm{Inf}(S_t)$分别表示$N_t$和感知数据的下限值，所以$\mathrm{Sum}(S_t)=\sum\limits_{j=1}^{N_t}s_{tj}\geqslant\mathrm{Inf}(N_t)\mathrm{Inf}(S_t)$。因此，

$$\epsilon^2\mathrm{Sum}(S_t)\geqslant\phi_{\delta/2}^2\mathrm{Sup}(S_t)\frac{1-q}{q}\tag{3-31}$$

根据定理3.2，有$\mathrm{Var}(\widehat{\mathrm{Sum}(S_t)}_q)\leqslant\mathrm{Sup}(S_t)\mathrm{Sum}(S_t)\dfrac{1-q}{q}$，结合公式(3-31)可知

$$\phi_{\delta/2}\times\sqrt{\mathrm{Var}(\widehat{\mathrm{Sum}(S_t)}_q)}\leqslant\epsilon\times\mathrm{Sum}(S_t)\tag{3-32}$$

根据前文分析，$\widehat{\mathrm{Sum}(S_t)}_q$近似服从正态分布且$E(\widehat{\mathrm{Sum}(S_t)}_q)=\mathrm{Sum}(S_t)$，因而

$$\Pr\{|\widehat{\mathrm{Sum}(S_t)}_q-\mathrm{Sum}(S_t)|\geqslant\phi_{\delta/2}\sqrt{\mathrm{Var}[\widehat{\mathrm{Sum}(S_t)}_q]}\}\leqslant\delta\tag{3-33}$$

根据公式(3-32)与(3-33)，有$\Pr\left\{\left|\dfrac{\widehat{\mathrm{Sum}(S_t)}_q-\mathrm{Sum}(S_t)}{\mathrm{Sum}(S_t)}\right|\geqslant\epsilon\right\}\leqslant\delta$，即$\widehat{\mathrm{Sum}(S_t)}_q$是精确聚集和$\mathrm{Sum}(S_t)$的$(\epsilon,\delta)$-估计。□

定理 3.5 与定理 3.7 意味着在计算(ϵ,δ)-近似计数值和(ϵ,δ)-近似聚集和时，所需的优化抽样概率分别为$\frac{\phi_{\delta/2}^2}{\text{Inf}(N_t)\epsilon^2+\phi_{\delta/2}^2}$及$\frac{\text{Sup}(S_t)\phi_{\delta/2}^2}{\text{Inf}(N_t)\text{Inf}(S_t)\epsilon^2+\text{Sup}(S_t)\phi_{\delta/2}^2}$。设 A 为感知区域的面积，r 为传感器节点的感知半径，由于感知区域被活动节点全覆盖，所以上述抽样概率计算公式中的 $\text{Inf}(N_t)$ 可由 $A/r^2\pi$ 来估计。

最后，对计算(ϵ,δ)-平均值所需的抽样概率的大小进行讨论。

根据前文分析可知，$\widehat{\text{Avg}(S_t)}_q=\frac{\sum_{s_{tj}\in B^{(q)}}\overline{2}_{s_{tj}\in B^{(q)}s_{tj}}}{|B^{(q)}|}=\frac{\widehat{\text{Sum}(S_t)}_q}{\widehat{\text{Count}(S_t)}_q}$，因此，下面的定理保证了如果 $\widehat{\text{Sum}(S_t)}_q$ 与 $\widehat{\text{Count}(S_t)}_q$ 分别是 $\text{Sum}(S_t)$ 与 $\text{Count}(S_t)$ 的$\left(\frac{\epsilon}{2+\epsilon},\frac{\delta}{2}\right)$-估计，那么 $\widehat{\text{Avg}(S_t)}_q$ 将是精确平均值 $\text{Avg}(S_t)$ 的(ϵ,δ)-估计。

定理 3.8 设 $\widehat{\text{Sum}(S_t)}_q$ 与 $\widehat{\text{Count}(S_t)}_q$ 分别是 $\text{Sum}(S_t)$ 与 $\text{Count}(S_t)$ 的$\left(\frac{\epsilon}{2+\epsilon},\frac{\delta}{2}\right)$-估计，那么 $\widehat{\text{Avg}(S_t)}_q\left(=\frac{\widehat{\text{Sum}(S_t)}_q}{\widehat{\text{Count}(S_t)}_q}\right)$将是 $\text{Avg}(S_t)$的(ϵ,δ)-估计。

证明：由于$\widehat{\text{Sum}(S_t)}_q$是 $\text{Sum}(S_t)$的$\left(\frac{\epsilon}{2+\epsilon},\frac{\delta}{2}\right)$-估计，所以

$$\Pr\left\{\left|\frac{\widehat{\text{Sum}(S_t)}_q-\text{Sum}(S_t)}{\text{Sum}(S_t)}\right|\geqslant\frac{\epsilon}{2+\epsilon}\right\}\leqslant\frac{\delta}{2}$$

即

$$\Pr\{\widehat{\text{Sum}(S_t)}_q\leqslant\left(1-\frac{\epsilon}{2+\epsilon}\right)\text{Sum}(S_t)\}$$

$$+\Pr\left\{\widehat{\text{Sum}(S_t)}_q\geqslant\left(1+\frac{\epsilon}{2+\epsilon}\right)\text{Sum}(S_t)\right\}\leqslant\frac{\delta}{2} \tag{3-34}$$

同理可得

$$\Pr\left\{\widehat{\text{Count}(S_t)}_q\leqslant\left(1-\frac{\epsilon}{2+\epsilon}\right)\text{Count}(S_t)\right\}$$

$$+\Pr\left\{\widehat{\text{Count}(S_t)}_q\geqslant\left(1+\frac{\epsilon}{2+\epsilon}\right)\text{Count}(S_t)\right\}\leqslant\frac{\delta}{2} \tag{3-35}$$

由于 $\widehat{\text{Avg}(S_t)}_q=\frac{\widehat{\text{Sum}(S_t)}_q}{\widehat{\text{Count}(S_t)}_q}$，如果 $\widehat{\text{Avg}(S_t)}_q\geqslant(1+\epsilon)\text{Avg}(S_t)=\frac{1+\frac{\epsilon}{2+\epsilon}}{1-\frac{\epsilon}{2+\epsilon}}\frac{\text{Sum}(S_t)}{\text{Count}(S_t)}$，那么 $\widehat{\text{Sum}(S_t)}_q\geqslant\left(1+\frac{\epsilon}{2+\epsilon}\right)\text{Sum}(S_t)$ 或者 $\widehat{\text{Count}(S_t)}_q\leqslant\left(1-\frac{\epsilon}{2+\epsilon}\right)\text{Count}(S_t)$必须有一个公式为真，即

$$\Pr\{\widehat{\text{Avg}(S_t)}_q\geqslant(1+\epsilon)\text{Avg}(S_t)\}\leqslant\Pr\{\widehat{\text{Sum}(S_t)}_q\geqslant\left(1+\frac{\epsilon}{2+\epsilon}\right)\text{Sum}(S_t)\}$$

$$+\Pr\left\{\widehat{\text{Count}(S_t)}_q\leqslant\left(1-\frac{\epsilon}{2+\epsilon}\right)\text{Count}(S_t)\right\}\tag{3-36}$$

同理

$$\Pr\left\{\widehat{\text{Avg}(S_t)}_q\leqslant\frac{1}{(1+\epsilon)}\text{Avg}(S_t)\right\}\leqslant\Pr\left\{\widehat{\text{Sum}(S_t)}_q\leqslant\left(1-\frac{\epsilon}{2+\epsilon}\right)\text{Sum}(S_t)\right\}$$

$$+\Pr\left\{\widehat{\text{Count}(S_t)}_q\geqslant\left(1+\frac{\epsilon}{2+\epsilon}\right)\text{Count}(S_t)\right\}\tag{3-37}$$

由 $\epsilon\geqslant 0$ 且 $1-\epsilon^2\leqslant 1$，得出 $1-\epsilon\leqslant\frac{1}{1+\epsilon}$，故 $(1-\epsilon)\text{Avg}(S_t)\leqslant\frac{1}{1+\epsilon}\text{Avg}(S_t)$，进而推出

$$\Pr\{\widehat{\text{Avg}(S_t)}_q\leqslant(1-\epsilon)\text{Avg}(S_t)\}\leqslant\Pr\left\{\widehat{\text{Avg}(S_t)}_q\leqslant\frac{\text{Avg}(S_t)}{(1+\epsilon)}\right\}\tag{3-38}$$

根据公式(3-34)～(3-38)，可知 $\Pr\{\widehat{\text{Avg}(S_t)}_q\geqslant(1+\epsilon)\text{Avg}(S_t)\}+\Pr\{\widehat{\text{Avg}(S_t)}_q\leqslant(1-\epsilon)\text{Avg}(S_t)\}\leqslant\delta$，即 $\Pr\{|\widehat{\text{Avg}(S_t)}_q-\text{Avg}(S_t)|\geqslant\epsilon\text{Avg}(S_t)\}\leqslant\delta$，所以 $\widehat{\text{Avg}(S_t)}_q$ 是 $\text{Avg}(S_t)$ 的 (ϵ,δ)-估计。□

定理 3.8 表明只需计算 $\left(\frac{\epsilon}{2+\epsilon},\frac{\delta}{2}\right)$-近似聚集和与计数值就能获得 (ϵ,δ)-平均值，也就是说，计算 (ϵ,δ)-平均值所需的抽样概率为

$$\max\left\{\frac{(2+\epsilon)^2\phi_{\delta/4}^2}{\text{Inf}(N_t)\epsilon^2+(2+\epsilon)^2\phi_{\delta/4}^2},\frac{(2+\epsilon)^2\text{Sup}(S_t)\phi_{\delta/4}^2}{\text{Inf}(N_t)\text{Inf}(S_t)\epsilon^2+(2+\epsilon)^2\text{Sup}(S_t)\phi_{\delta/4}^2}\right\}$$

由于 $\frac{(2+\epsilon)^2\phi_{\delta/4}^2}{\text{Inf}(N_t)\epsilon^2+(2+\epsilon)^2\phi_{\delta/4}^2}\leqslant\frac{(2+\epsilon)^2\text{Sup}(S_t)\phi_{\delta/4}^2}{\text{Inf}(N_t)\text{Inf}(S_t)\epsilon^2+(2+\epsilon)^2\text{Sup}(S_t)\phi_{\delta/4}^2}$，故上述抽样概率等于 $\frac{(2+\epsilon)^2\text{Sup}(S_t)\phi_{\delta/4}^2}{\text{Inf}(N_t)\text{Inf}(S_t)\epsilon^2+(2+\epsilon)^2\text{Sup}(S_t)\phi_{\delta/4}^2}$。

以计算 (ϵ,δ)-近似聚集和为例，抽样概率与 ϵ、δ 的关系如图 3-1 所示。设一个监测热带海洋温度的传感器网络包含 5000 个节点，其中 3000 个节点处于活动

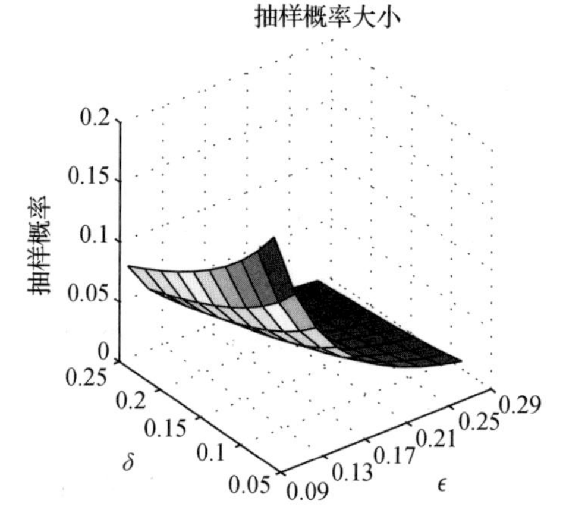

图 3-1　抽样概率与 ϵ、δ 的关系

状态，感知数据的上下限分别为 19℃和 31℃[296]。那么，当$\epsilon=0.15$、$\delta=0.1$时，计算(ϵ,δ)-近似聚集和所需的优化抽样概率为 0.06，即只需从 6%的活动节点处采集感知数据就能保证近似聚集和与精确值的相对误差大于 0.15 的概率小于 0.1。显然，基于 Bernoulli 抽样的近似聚集算法仅需要网络中的很少一部分感知数据参与到聚集运算之中，故该算法将节省大量的能量。

3.4.2 Bernoulli 抽样算法

一般而言，Bernoulli 抽样算法的输入是 q 及 V，其中 q 表示优化的抽样概率，它可由 3.4.1 节中介绍的方法来确定，V 表示一个节点集合，它指定了传感器网络中的哪些节点需要参与到抽样过程中。Bernoulli 抽样算法的输出是 $\widehat{\mathrm{Sum}(S_{tV})}_q$ 和 $\widehat{\mathrm{Count}(S_{tV})}_q$，其中，$S_{tV}(\subseteq S_t)$表示 t 时刻、V 中的所有活动节点的感知数据集合。当 V 包含了网络中所有活动节点时，Bernoulli 抽样算法的输出将是 $\widehat{\mathrm{Sum}(S_t)}_q$ 及 $\widehat{\mathrm{Count}(S_t)}_q$。同时，为了进一步减少通信开销，Bernoulli 抽样算法在网内传输的是“部分聚集和”与“部分计数值”，而非原始的感知数据。

为了使 Bernoulli 抽样算法能有效运行，我们将网络中的簇头节点组织成一棵以 Sink 为根的生成树，其中生成树的组织与维护可见文献[287]。基于上述网络结构，Bernoulli 抽样算法(简称为 BSA 算法)包含如下 4 个步骤：

首先，Sink 节点利用基于生成树的路由协议[287]，将优化抽样概率 q 传送至每个簇头节点。

其次，当每个簇的簇头节点接收到 q 时，它首先将 q 在本簇内广播。同时，簇内的每个属于 V 的活动节点均会以 q 的概率将自身感知数据发送给簇头节点。

第三，簇头节点将所收到的感知数据作为样本数据进行存储。然后，它利用该样本数据计算“部分聚集和”与“部分计数值”，其中“部分聚集和”等于样本数据之和再除以 q，而“部分计数值”等于样本数据的个数再除以 q。由于每个簇的规模都比较小，所以广播抽样概率、收集样本数据所消耗的能量亦很少。

第四，簇头节点将三元组 q、“部分聚集和”、“部分计数值”定义为“样本信息熵(sample entropy)”，并对之进行存储。来自不同簇的“样本信息熵”将在生成树上进行传输，并在传输过程中进行聚集，直至 Sink 节点获得$[q,\widehat{\mathrm{Count}(S_{tV})}_q,\widehat{\mathrm{Sum}(S_{tV})}_q]$。其中，生成树中的任意中间节点除了存储自身的“样本信息熵”之外，还对其子节点的“样本信息熵”进行存储。

详细的 Bernoulli 抽样算法由算法 3-1 给出。由于集合 V 中每个活动节点

Input: q and node set V

Output: $\widehat{\text{Sum}(S_{tV})}_q$ and $\widehat{\text{Count}(S_{tV})}_q$

1 The sink sends q to each cluster by the spanning tree method;
2 **for** each cluster C_l $(1 \le l \le k)$ in the network **do**
3   /*Sampling Sensed Data in Each Cluster*/
4   The cluster-head broadcasts q inside the cluster;
5   **for** each active node i_r in cluster C_l and $i_r \in V$ **do**
6   Generate a random number r in range of [0,1];
7   **if** $r \le q$ **then**
8   Send its sensed data s_{ti_r} to the cluster-head;
9   Cluster-head collects the sample data $B_l^{(q)} = \{s_{ti_1}, \ldots, s_{ti_m}\}$, and stores $B_l^{(q)}$;
10   $\widehat{\text{Sum}(S_{lt})}_q = \frac{1}{q}(s_{ti_1} + \cdots + s_{ti_m})$, $\widehat{\text{Count}(S_{lt})}_q = \frac{1}{q}|B_l^{(q)}|$;
11   The cluster-head stores $(q, \widehat{\text{Sum}(S_{lt})}_q, \widehat{\text{Count}(S_{lt})}_q)$;
12 /*Transmitting Sample along the Spanning Tree*/
13 **for** each node j belongs to the spanning tree **do**
14   **if** j is not a cluster-head **then**
15     $\widehat{\text{Sum}(S_{j,t})}_q = 0$, $\widehat{\text{Count}(S_{j,t})}_q = 0$;
16   **if** j is the cluster head of C_l $(1 \le l \le k)$ **then**
17     $\widehat{\text{Sum}(S_{j,t})}_q = \widehat{\text{Sum}(S_{lt})}_q$, $\widehat{\text{Count}(S_{j,t})}_q = \widehat{\text{Count}(S_{lt})}_q$;
18   **if** j is a leaf node **then**
19   Send $(q, \widehat{\text{Sum}(S_{j,t})}_q, \widehat{\text{Count}(S_{j,t})}_q)$ to its parent node;
20   **else**
21   Collect $\{(q, \widehat{\text{Sum}(S_{j_v,t})}_q, \widehat{\text{Count}(S_{j_v,t})}_q) | 1 \le v \le r\}$ from its sons;
22   Store $\{(q, \widehat{\text{Sum}(S_{j_v,t})}_q, \widehat{\text{Count}(S_{j_v,t})}_q) | 1 \le v \le r\}$;
23     $\widehat{\text{Sum}(S_{j,t})}_q = \sum_{v=1}^{r} \widehat{\text{Sum}(S_{j_v,t})}_q + \widehat{\text{Sum}(S_{j,t})}_q$,
     $\widehat{\text{Count}(S_{j,t})}_q = \sum_{v=1}^{r} \widehat{\text{Count}(S_{j_v,t})}_q + \widehat{\text{Count}(S_{j,t})}_q$;
24   **if** Node j is not the sink **then**
25   Store $(q, \widehat{\text{Sum}(S_{j,t})}_q, \widehat{\text{Count}(S_{j,t})}_q)$;
26   Send $(q, \widehat{\text{Sum}(S_{j,t})}_q, \widehat{\text{Count}(S_{j,t})}_q)$ to its parent node;
27   **else**
28       $\widehat{\text{Sum}(S_{tV})}_q = \widehat{\text{Sum}(S_{j,t})}_q$, $\widehat{\text{Count}(S_{tV})}_q = \widehat{\text{Count}(S_{j,t})}_q$;
29   The sink stores and returns $(q, \widehat{\text{Sum}(S_{tV})}_q, \widehat{\text{Count}(S_{tV})}_q)$;

算法 3-1 Bernoulli 抽样算法(BSA(q,V))

均独立地决定是否将自身的感知数据作为样本数据发送至簇头节点，因而，Bernoulli 抽样算法（BSA 算法）所采集的感知数据集合是 S_{tV} 的一个 Bernoulli 样本，其中，S_{tV} 表示 t 时刻、V 中的所有活动节点的感知数据集合。

下面将针对 Bernoulli 抽样算法的计算和通信复杂度进行分析。在第一步中，Sink 节点计算抽样概率的时间复杂度为 $O(1)$，将该抽样概率发送至各个簇头节点的通信复杂度为 $O(k)$，其中 k 表示监测区域内的簇的个数。在第二步和第三步中，对于任意 $1\leqslant l\leqslant k$，在簇 C_l 内收集感知数据、计算"部分聚集和"与"部分计数值"的通信复杂度与计算复杂度为 $O(|B_l^{(q)}|)$，其中 $B_l^{(q)}$ 表示簇 C_l 内感知数据的一个 Bernoulli 样本，而 $|B_l^{(q)}|$ 表示集合 $B_l^{(q)}$ 的大小。在第四步中，利用生成树传输并聚集"样本信息熵"的通信与计算复杂度为 $O(k)$。综上所述，运行 Bernoulli抽样算法的通信与计算复杂度为 $O(|B^{(q)}|+k)$，其中 $B^{(q)}=\bigcup_{l=1}^{k}B_l^{(q)}$。根据 Bernoulli 抽样的性质，知 $|B^{(q)}|$ 的数学期望等于 qN_t。根据 3.4.1 节的分析，q 的阶为 $O\left(\frac{\phi_{\delta/2}^2}{N_t\epsilon^2}\right)=O\left(\frac{1}{N_t}\frac{1}{\epsilon^2}\ln\frac{1}{\delta}\right)$，并且在实际应用中 k 与 $\frac{1}{\epsilon^2}\ln\frac{1}{\delta}$ 相比很小。因此，运行 Bernoulli 抽样算法的期望通信与计算复杂度为 $O\left(\frac{1}{\epsilon^2}\ln\frac{1}{\delta}\right)$。

3.5 基于 Bernoulli 抽样的(ϵ,δ)-聚集算法

3.5.1 Snapshot 查询处理算法

3.5.1.1 抽样过程强相关的算法

根据 3.3 节介绍的估计器及 3.4 节介绍的 Bernoulli 抽样算法，简单的基于 Bernoulli 抽样的(ϵ,δ)-聚集算法可描述如下：

第一，利用 3.4.1 节介绍的数学方法，Sink 节点可根据用户输入的 ϵ、δ 及聚集操作符 Agg（Agg∈{Sum，Count，Average}）来计算优化抽样概率。

第二，Sink 节点利用 Bernoulli 抽样算法（BSA 算法）来获取近似聚集和 $\widehat{\mathrm{Sum}(S_t)}_q$、近似计数值 $\widehat{\mathrm{Count}(S_t)}_q$。

第三，当 Agg＝Sum 或者 Agg＝Count 时，Sink 节点可将 $\widehat{\mathrm{Sum}(S_t)}_q$ 或者 $\widehat{\mathrm{Count}(S_t)}_q$ 返回给用户，算法结束。

第四，当 Agg＝Averge 时，Sink 节点返回 $\widehat{\text{Avg}(S_t)}_q=\frac{\widehat{\text{Sum}(S_t)}_q}{\widehat{\text{Count}(S_t)}_q}$，算法结束。

对于用户提交的每个聚集查询请求，上述算法均需要调用 Bernoulli 抽样算法在网络中重新收集样本数据，所以我们称该算法为“抽样过程强相关的算法(tightly coupled algorithm with sampling)”，简记为 TCS-Aggregation 算法。该算法的伪代码由算法 3-2 给出。显然，TCS-Aggregation 算法的计算与通信复杂度取决于 Bernoulli 抽样算法，故其为 $O\left(\frac{1}{\epsilon^2}\ln\frac{1}{\delta}\right)$。

3.5.1.2 抽样过程弱相关的算法

设在给定传感器网络中，传感器节点进行数据采集周期为 Δt，那么由于一个传感器网络通常服务于多个用户，而这些用户随时都可能提出查询请求，所以 Δt 时间内，Sink 节点很可能收到多个不同精度需求的查询请求。如果 Sink 利用 TCS-Aggregation 算法来分别处理这些查询的话，那么就会因为多次进行网内感知数据抽样而消耗大量能量。因此，在本节中，我们将介绍另一种算法用以处理聚集查询。对于用户提出的多个查询请求，该算法并不需要每一次都调用 Bernoulli 抽样算法，所以我们将该算法称为“抽样过程弱相关的算法(loosely-coupled algorithm with sampling)”，简记为 LCS-Aggregation 算法。

Input: $\epsilon, \delta, S_t=\{s_{t1}, s_{t2}, \ldots, s_{tN_t}\}$, Agg

Output: (ϵ, δ)-approximate aggregation result of Agg

1 V_t be the set of active nodes in the whole network at time t;

2 **switch** Agg **do**

3 　**case** 'Count'

4 　　$q=\frac{\phi^2_{\delta/2}}{\text{Inf}(N_t)\epsilon^2+\phi^2_{\delta/2}}$;

5 　**case** 'Sum'

6 　　$q=\frac{\text{Sup}(S_t)\phi^2_{\delta/2}}{\text{Inf}(N_t)\text{Inf}(S_t)\epsilon^2+\text{Sup}(S_t)\phi^2_{\delta/2}}$;

7 　**case** 'Average'

8 　　$q=\frac{(2+\epsilon)^2\text{Sup}(S_t)\phi^2_{\delta/4}}{\text{Inf}(N_t)\text{Inf}(S_t)\epsilon^2+(2+\epsilon)^2\text{Sup}(S_t)\phi^2_{\delta/4}}$;

9 $(\widehat{\text{Sum}(S_t)}_q, \widehat{\text{Count}(S_t)}_q)=$ **BSA**(q, V_t), $\widehat{\text{Avg}(S_t)}_q=\frac{\widehat{\text{Sum}(S_t)}_q}{\widehat{\text{Count}(S_t)}_q}$;

10 Return $\widehat{\text{Sum}(S_t)}_q$, $\widehat{\text{Count}(S_t)}_q$ or $\widehat{\text{Avg}(S_t)}_q$ according to Agg;

算法 3-2　抽样过程强相关的算法(TCS-Aggregation)

LCS-Aggregation 算法之所以能够有效地减少网内数据抽样的次数并节省大量能量，是因为该算法最大可能地使用了 Sink 节点所存储的历史“样本信息熵”。如 3.4.2 节所述，Sink 节点运行 Bernoulli 抽样算法时，将三元组$(q,\widehat{\mathrm{Count}(S_t)}_q,\widehat{\mathrm{Sum}(S_t)}_q)$当作“样本信息熵”存储，其中 q 表示抽样概率，而$\widehat{\mathrm{Count}(S_t)}_q$与$\widehat{\mathrm{Sum}(S_t)}_q$分别表示$(\epsilon,\delta)$-近似计数值与$(\epsilon,\delta)$-近似聚集和。下面将详细说明 LCS-Aggregation 算法是如何使用历史“样本信息熵”的。

首先，当 Sink 节点接收到来自用户的(ϵ,δ)-近似聚集查询请求时，它将判断在 Δt 时间内是否处理过聚集查询。

如果 Sink 节点在 Δt 时间内未处理过任何聚集查询，那么 Sink 节点将通过调用 3.5.1.1 节介绍的 TCS-Aggregation 算法来处理当前查询，并存储“样本信息熵”三元组$(q,\widehat{\mathrm{Count}(S_t)}_q,\widehat{\mathrm{Sum}(S_t)}_q)$。

如果 Sink 节点在 Δt 时间内处理过聚集查询，则历史“样本信息熵”，即$(q_{\mathrm{old}},\widehat{\mathrm{Count}(S_t)}_{q_{\mathrm{old}}},\widehat{\mathrm{Sum}(S_t)}_{q_{\mathrm{old}}})$，将会按如下方式被利用：

(1)Sink 节点根据用户输入的 ϵ、δ 及 Agg 来计算聚集查询所需的新的抽样概率 q_{new}，并将 q_{new} 与 q_{old} 进行比较。

(2)如果 $q_{\mathrm{old}}\geqslant q_{\mathrm{new}}$，则 Sink 节点无须触发网内数据抽样过程，只需利用$(q_{\mathrm{old}},\widehat{\mathrm{Count}(S_t)}_{q_{\mathrm{old}}},\widehat{\mathrm{Sum}(S_t)}_{q_{\mathrm{old}}})$Sink 节点就能计算$(\epsilon,\delta)$-近似值并回答用户的查询。算法结束。

(3)如果 $q_{\mathrm{old}}<q_{\mathrm{new}}$，则 Sink 节点需在节点集合 $V_t\backslash V_b$ 上进行抽样概率为 $q'=\frac{q_{\mathrm{new}}-q_{\mathrm{old}}}{1-q_{\mathrm{old}}}$ 的 Bernoulli 抽样，并获得 $\widehat{\mathrm{Count}(S_t)}_{q'}$ 与 $\widehat{\mathrm{Sum}(S_t)}_{q'}$，其中 V_t 表示 t 时刻处于活动状态的节点集合，V_b 表示在旧的 Bernoulli 抽样过程中被抽中的节点的集合。

(4)最后，$\widehat{\mathrm{Count}(S_t)}_{q_{\mathrm{new}}}$ 与 $\widehat{\mathrm{Sum}(S_t)}_{q_{\mathrm{new}}}$ 可按如下方法进行计算：$\widehat{\mathrm{Count}(S_t)}_{q_{\mathrm{new}}}=\frac{1}{q_{\mathrm{new}}}[q'\widehat{\mathrm{Count}(S_t)}_{q'}+q_{\mathrm{old}}\widehat{\mathrm{Count}(S_t)}_{q_{\mathrm{old}}}]$，$\widehat{\mathrm{Sum}(S_t)}_{q_{\mathrm{new}}}=\frac{1}{q_{\mathrm{new}}}[q'\widehat{\mathrm{Sum}(S_t)}_{q'}+q_{\mathrm{old}}\widehat{\mathrm{Sum}(S_t)}_{q_{\mathrm{old}}}]$。利用 3.3 节所介绍的估计器和新的“样本信息熵”，$[q_{\mathrm{new}},\widehat{\mathrm{Count}(S_t)}_{q_{\mathrm{new}}},\widehat{\mathrm{Sum}(S_t)}_{q_{\mathrm{new}}}]$，Sink 节点可计算$(\epsilon,\delta)$-近似值并回答用户查询请求。同时，Sink 节点需对新的“样本信息熵”进行存储以备未来之需。算法结束。

详细的 LCS-Aggregation 算法的伪代码由算法 3-3 给出。

设 $B^{(q')}$ 是通过新的抽样过程获得的样本数据的集合，那么根据 Bernoulli 抽样算法，$B^{(q')}$ 是集合 $S_t\backslash B^{(q_{\mathrm{old}})}$ 的一个抽样概率为 q' 的 Bernoulli 样本。下面的引理 3.1 与定理 3.9 证明了 LCS-Aggregation 算法的正确性。

引理 3.1　设 $B^{(q_{\mathrm{old}})}$ 是 S_t 的一个抽样概率为 q_{old} 的 Bernoulli 样本，$B^{(q')}$ 是 $S_t\backslash B^{(q_{\mathrm{old}})}$ 的一个抽样概率为 $q'\left(q'=\frac{q_{\mathrm{new}}-q_{\mathrm{old}}}{1-q_{\mathrm{old}}}\right)$ 的 Bernoulli 样本，那么 $B^{(q_{\mathrm{old}})}\cup$

```
Input: ϵ, δ, S_t, V_t, Agg, Δt
Output: (ϵ,δ)-approximate aggregation result of Agg
1  if The Sink hasn't any processed aggregation query in Δt then
2  |   Call TCS-Aggregation;
3  else
4  |   Compute q_new using ϵ, δ and Agg;
5  |   (q_old, Count(S_t)^_{q_old}, Sum(S_t)^_{q_old}) = the sample entropy stored in sink;
6  |   V_b = {i|Node i has been sampled in Δt};
7  |   if q_new ≤ q_old then
8  |   |   (q_new, Sum(S_t)^_{q_new}, Count(S_t)^_{q_new}) = (q_old, Sum(S_t)^_{q_old}, Count(S_t)^_{q_old});
9  |   else
10 |   |   q' = (q_new − q_old)/(1 − q_old);
11 |   |   (Sum(S_t)^_{q'}, Count(S_t)^_{q'}) = BSA(q', V_t \ V_b);
12 |   |   Sum(S_t)^_{q_new} = (1/q_new)(q_old Sum(S_t)^_{q_old} + q' Sum(S_t)^_{q'});
13 |   |   Count(S_t)^_{q_new} = (q_old Count(S_t)^_{q_old} + q' Count(S_t)^_{q'})/q_new;
14 |   |   The sink stores (q_new, Count(S_t)^_{q_new}, Sum(S_t)^_{q_new});
15 |   Avg(S_t)^_{q_new} = Sum(S_t)^_{q_new} / Count(S_t)^_{q_new};
16 |   Return Sum(S_t)^_{q_new}, Count(S_t)^_{q_new} or Avg(S_t)^_{q_new} according to Agg;
```

算法 3-3　抽样过程弱相关的算法(LCS-Aggregation)

$B^{(q')}$是 S_t 的一个抽样概率为 q_{new}的 Bernoulli 样本,其中 $q_{\text{new}}>q_{\text{old}}$。

证明:由于 $B^{(q')}$ 是 $S_t\backslash B^{(q_{\text{old}})}$ 的一个抽样概率为 q'的 Bernoulli 样本,所以 $\Pr\{s_{ti}\in B^{(q')}\mid s_{ti}\notin S_t\backslash B^{(q_{\text{old}})}\}=q'$。同时,我们还有 $\Pr\{s_{ti}\notin S_t\backslash B^{(q_{\text{old}})}\}=1-q_{\text{old}}$,因而有

$$\begin{aligned}\Pr\{s_{ti}\in B^{(q')}\}&=\Pr\{s_{ti}\in B^{(q')}\wedge s_{ti}\notin(S_t\backslash B^{(q_{\text{old}})})\}\\&=\Pr\{s_{ti}\notin B^{(q')}\mid s_{ti}\in S_t\backslash B^{(q_{\text{old}})}\}\Pr\{s_{ti}\notin S_t\backslash B^{(q_{\text{old}})}\}=q'(1-q_{\text{old}})\end{aligned}\tag{3-39}$$

由于 $B^{(q_{\text{old}})}$是 S_t 的一个抽样概率为 q_{old}的 Bernoulli 样本,故 $\Pr\{s_{ti}\in B^{(q_{\text{old}})}\}=q_{\text{old}}$。同时,根据 LCS-Aggregation 算法可知,旧的抽样过程选中的节点将不会再被新的抽样过程选中,即 $B^{(q')}\cap B^{(q_{\text{old}})}=\varnothing$,从而,

$$\Pr\{s_{ti}\in B^{(q_{\text{old}})}\cup B^{(q')}\}=\Pr\{s_{ti}\in B^{(q_{\text{old}})}\}+\Pr\{s_{ti}\in B^{(q')}\}\tag{3-40}$$

根据公式(3-39)与(3-40)可得,$\Pr\{s_{ti}\in B^{(q_{\text{old}})}\cup B^{(q')}\}=q_{\text{old}}+q'(1-q_{\text{old}})=q_{\text{old}}+(1-q_{\text{old}})\dfrac{q_{\text{new}}-q_{\text{old}}}{1-q_{\text{old}}}=q_{\text{new}}$,因而 $B(q_{\text{old}})\cup B^{(q')}$是 S_t 的一个抽样概率为 q_{new}的 Bernoulli 样本。□

定理 3.9　LCS-Aggregation 算法给出的 $\widehat{\mathrm{Count}(S_t)}_{q_{\mathrm{new}}}$ 及 $\widehat{\mathrm{Sum}(S_t)}_{q_{\mathrm{new}}}$ 分别是精确聚集结果 $\mathrm{Count}(S_t)$ 与 $\mathrm{Sum}(S_t)$ 的(ϵ,δ)-估计。

证明:由于 $B^{(q_{\mathrm{old}})}$ 是 S_t 的一个抽样概率为 q_{old} 的 Bernoulli 样本，而 $B^{(q')}$ 是 $S_t\backslash B^{(q_{\mathrm{old}})}$ 的一个抽样概率为 q' $\left(q'=\frac{q_{\mathrm{new}}-q_{\mathrm{old}}}{1-q_{\mathrm{old}}}\right)$的 Bernoulli 样本，所以根据引理 3.1 可知，$B^{(q_{\mathrm{old}})}\cup B^{(q')}$ 是 S_t 的一个抽样概率为 q_{new} 的 Bernoulli 样本。根据 3.7 的证明,

$$\widehat{\mathrm{Sum}(S_t)}_{q_{\mathrm{new}}}=\frac{1}{q_{\mathrm{new}}}\sum_{s_{ti}\in B^{(q_{\mathrm{old}})}\cup B^{(q')}}s_{ti} \tag{3-41}$$

是 $\mathrm{Sum}(S_t)$ 的(ϵ,δ)-估计。

由于 $B^{(q')}\cap B^{(q_{\mathrm{old}})}=\varnothing$，所以

$$\sum_{s_{ti}\in B^{(q_{\mathrm{old}})}\cup B^{(q')}}s_{ti}=\sum_{s_{ti}\in B^{(q_{\mathrm{old}})}}s_{ti}+\sum_{s_{ti}\in B^{(q')}}s_{ti} \tag{3-42}$$

根据 3.3 节所介绍的估计器计算方法可知，$q_{\mathrm{old}}\widehat{\mathrm{Sum}(S_t)}_{q_{\mathrm{old}}}=\sum_{s_{ti}\in B^{(q_{\mathrm{old}})}}s_{ti}$ 及 $\widehat{\mathrm{Sum}(S_t)}_{q'}=\sum_{s_{ti}\in B^{(q')}}\frac{s_{ti}}{q'}$。结合公式(3-41)与(3-42)可知，$\widehat{\mathrm{Sum}(S_t)}_{q_{\mathrm{new}}}=\frac{1}{q_{\mathrm{new}}}(q'\widehat{\mathrm{Sum}(S_t)}_{q'}+q_{\mathrm{old}}\widehat{\mathrm{Sum}(S_t)}_{q_{\mathrm{old}}})$是 $\mathrm{Sum}(S_t)$ 的(ϵ,δ)-估计。□

同理可证：$\widehat{\mathrm{Count}(S_t)}_{q_{\mathrm{new}}}=\frac{(q_{\mathrm{old}}\widehat{\mathrm{Count}(S_t)}_{q_{\mathrm{old}}}+q'\widehat{\mathrm{Count}(S_t)}_{q'})}{q_{\mathrm{new}}}$是 $\mathrm{Count}(S_t)$ 的(ϵ,δ)-估计，即 LCS-Aggregation 算法中的 $\widehat{\mathrm{Count}(S_t)}_{q_{\mathrm{new}}}$ 和 $\widehat{\mathrm{Sum}(S_t)}_{q_{\mathrm{new}}}$ 分别是 $\mathrm{Count}(S_t)$ 与 $\mathrm{Sum}(S_t)$ 的(ϵ,δ)-估计。

3.5.2　连续查询处理算法

一个连续查询可由一个六元组来定义，该六元组可表示为[$t_s,t_f,\Delta t_q$,Agg,ϵ,δ]，其中 t_s 和 t_f 分别表示查询的初始和终止时刻，Agg 表示聚集操作符，ϵ、δ 表示用户给定的误差界，而 Δt_q 表示查询响应周期(query cycle)，即在 t_s 到 t_f 之间，每隔 Δt_q 时间，聚集查询结果需要重新被计算一次。

如果存储在 Sink 节点的“样本信息熵”在时间上不会失效的话，即 $\widehat{\mathrm{Count}(S_t)}_q$ 与 $\widehat{\mathrm{Sum}(S_t)}_q$ 在整个时间区间[t_s,t_f]内始终是精确计数值、精确聚集和的(ϵ,δ)-估计，那么利用该“样本信息熵”就会很容易地处理连续聚集查询，具体算法由算法 3-4 给出。

Input: ϵ, δ, Agg, Δt_q, t_s, t_f

Output: A series of (ϵ, δ)-approximate aggregation results of Agg

1 **for** $t = t_s$; $t \leqslant t_f$; *Step* Δt_q **do**

2 　$(q, \widehat{\text{Count}(S_t)}_q, \widehat{\text{Sum}(S_t)}_q)$= the sample stored entropy in sink;

3 　Return $\widehat{\text{Sum}(S_t)}_q$, $\widehat{\text{Count}(S_t)}_q$ or $\frac{\widehat{\text{Sum}(S_t)}_q}{\widehat{\text{Count}(S_t)}_q}$ according to Agg;

4 **end**

算法 3-4　连续查询处理算法

所以，处理连续聚集查询的关键是如何保持“样本信息熵”在时间上不会失效，即设计一种“样本信息熵”更新维护算法，使得 $\widehat{\text{Count}(S_t)}_q$ 与 $\widehat{\text{Sum}(S_t)}_q$ 在整个时间区间$[t_s, t_f]$内始终是精确计数值、精确聚集和的(ϵ,δ)-估计。

最简单的“样本信息熵”更新维护算法可描述如下：首先，如果网络中出现大于 $\text{Sup}(S_t)$或者小于 $\text{Inf}(S_t)$的感知数据时，需将这些感知数据汇报至 Sink 节点，并由 Sink 节点重新计算抽样概率且重新调用 Bernoulli 抽样算法来更新“样本信息熵”。否则，网络中的每个活动节点每隔 Δt_q 时间生成一个$[0,1]$区间的随机数 r。如果 $r \leqslant q$，那么它将自身此刻的感知数据发送至簇头节点。簇头节点、生成树的中间节点及 Sink 节点利用 3.4.2 节所介绍的方法来重新计算并更新“样本信息熵”。

显然，3.4.1 节中的定理 3.5 与定理 3.7 保证了上述算法的正确性。由于 $\text{Inf}(S_t)$和 $\text{Sup}(S_t)$通常都比较稳定，例如热带海洋的温度很少有小于 19℃或大于 31℃的情况出现，所以由 Sink 节点触发进行全网重新抽样的情况也是很少发生的。那么，这意味着每隔 Δt_q 时间，网络中任意活动节点仅需以 q 的概率发送感知数据。根据 3.4.1 节的分析，q 是非常小的。因而，对于网络中那些非簇头，亦非生成树中间节点的普通节点来说，即便运行最简单的“样本信息熵”更新维护算法，其耗费的能量也是很少的。

但是，我们同时也注意到，上述算法未利用历史样本数据信息，故以前被抽中的节点在新的查询响应周期内仍需要传送数据，并且上述算法需要网络中的簇头及生成树的中间节点每隔 Δt_q 时间就重新计算并传送“样本信息熵”，这些操作所造成的能量消耗同样是不可忽略的。为此，在本节中，我们将介绍另一种“样本信息熵”更新维护算法，以进一步降低能量消耗。

令 t'表示当前时刻，$t = t' - \Delta t_q$，则新的“样本信息熵”更新维护算法包含如下两个部分：

第一部分是 $\widehat{\text{Count}(S_{t'})}_q$ 的更新与维护。由于在计算计数值时不需要感知数据的参与，所以在维护 $\widehat{\text{Count}(S_{t'})}_q$ 的过程中仅涉及簇头节点及生成树的中间节点。具体算法如下：

首先，对于每个簇 $C_l(1\leqslant l\leqslant k)$，簇头节点每隔 Δt_q 时间将比较 $n_{lt'}$ 与 n_{lt}，其中 $n_{lt'}$ 与 n_{lt} 分别表示 t' 时刻与 t 时刻簇 C_l 中活动节点的数量。由于簇头节点通常被用来管理簇内节点、维护簇内通信，所以它很容易获得簇内活动节点的数量。如果 $n_{lt'}=n_{lt}$，那么簇头节点将不进行任何操作。否则，簇头节点将以 q 和 $n_{lt'}$ 为参数，生成一个符合二项分布的随机数，并将该随机数作为新的部分样本容量进行存储。

其次，每个簇头节点计算新的部分样本容量与旧的部分样本容量之间的差值，并将该差值沿生成树进行网内传输与聚集，直至 Sink 节点。

最后，Sink 节点根据所收到的数据计算出全网的、新的样本容量，而 $\widehat{\mathrm{Count}(S_{t'})}_q$ 等于新的样本容量除以 q。

根据 3.4.1 节的分析，q 非常小，从而导致网络中的样本容量亦非常小，所以簇头节点、生成树的中间节点所需传送的数据仅用几个比特(bit)就能表示。因此，利用上述算法维护 $\widehat{\mathrm{Count}(S_{t'})}_q$ 的能量消耗是很少的。

第二部分是 $\widehat{\mathrm{Sum}(S_{t'})}_q$ 的更新与维护。该算法是基于引理 3.2 与定理3.10 构建的。

引理 3.2 当 I 满足 $|\widehat{\mathrm{Sum}(S_{t'})}_q-I|\leqslant\eta I$ 时，I 是 $\mathrm{Sum}(S_{t'})$ 的一个(ϵ,δ)-估计器，其中 $\eta=\min\left\{\frac{1-\alpha\epsilon}{1-\epsilon}-1,1-\frac{1+\alpha\epsilon}{1+\epsilon}\right\}$，$\alpha=\sqrt{\frac{\mathrm{Inf}(N_{t'})}{N_{t'}}}$。

证明： 当 $|\widehat{\mathrm{Sum}(S_{t'})}_q-I|\leqslant\eta I$ 时，可得 $\widehat{\mathrm{Sum}(S_{t'})}_q\frac{1}{1+\eta}\leqslant I\leqslant\widehat{\mathrm{Sum}(S_{t'})}_q\frac{1}{1-\eta}$。由于 $I\geqslant\widehat{\mathrm{Sum}(S_{t'})}_q\frac{1}{1+\eta}$，所以

$$\begin{aligned}\Pr\left\{\frac{I}{\mathrm{Sum}(S_{t'})}-1\leqslant-\epsilon\right\}&\leqslant\Pr\left\{\frac{1}{1+\eta}\frac{\widehat{\mathrm{Sum}(S_{t'})}_q}{\mathrm{Sum}(S_{t'})}-1\leqslant-\epsilon\right\}\\&=\Pr\left\{\frac{\widehat{\mathrm{Sum}(S_{t'})}_q}{\mathrm{Sum}(S_{t'})}-1\leqslant(1-\epsilon)(1+\eta)-1\right\}\end{aligned}\tag{3-43}$$

同时，由于 $\eta=\min\left\{\frac{1-\alpha\epsilon}{1-\epsilon}-1,1-\frac{1+\alpha\epsilon}{1+\epsilon}\right\}\leqslant\frac{1-\alpha\epsilon}{1-\epsilon}-1$，故 $(1-\epsilon)(1+\eta)-1\leqslant-\alpha\epsilon$，从而

$$\Pr\left\{\frac{I}{\mathrm{Sum}(S_{t'})}-1\leqslant-\epsilon\right\}\leqslant\Pr\left\{\frac{\widehat{\mathrm{Sum}(S_{t'})}_q}{\mathrm{Sum}(S_{t'})}-1\leqslant-\alpha\epsilon\right\}\tag{3-44}$$

同理可证

$$\Pr\left\{\frac{I}{\mathrm{Sum}(S_{t'})}-1\geqslant\epsilon\right\}\leqslant\Pr\left\{\frac{\widehat{\mathrm{Sum}(S_{t'})}_q}{\mathrm{Sum}(S_{t'})}-1\geqslant\alpha\epsilon\right\}\tag{3-45}$$

由于 $\alpha=\sqrt{\frac{\mathrm{Inf}(N_{t'})}{N_{t'}}}$，根据公式(3-44)与(3-45)可知

$$\Pr\left\{\left|\frac{I-\mathrm{Sum}(S_{t'})}{\mathrm{Sum}(S_{t'})}\right|\geqslant\epsilon\right\}\leqslant\Pr\left\{\left|\frac{\widehat{\mathrm{Sum}(S_{t'})}_q-\mathrm{Sum}(S_{t'})}{\mathrm{Sum}(S_{t'})}\right|\geqslant\epsilon\sqrt{\frac{\mathrm{Inf}(N_{t'})}{N_{t'}}}\right\} \tag{3-46}$$

由中心极限定理[282]可知，$\widehat{\mathrm{Sum}(S_{t'})}_q$ 满足下面的公式

$$\Pr\left\{|\widehat{\mathrm{Sum}(S_{t'})}_q-\mathrm{Sum}(S_{t'})|\geqslant\phi_{\delta/2}\sqrt{\mathrm{Var}(\widehat{\mathrm{Sum}(S_{t'})}_q)}\right\}\leqslant\delta \tag{3-47}$$

同时，由定理 3.7 可知，$q\geqslant\frac{\mathrm{Sup}(S_{t'})\phi_{\delta/2}^2}{\mathrm{Inf}(N_{t'})\mathrm{Inf}(S_{t'})\epsilon^2+\mathrm{Sup}(S_{t'})\phi_{\delta/2}^2}$，即 $\frac{\epsilon^2}{\phi_{\delta/2}^2}\mathrm{Sum}(S_{t'})^2\frac{\mathrm{Inf}(S_{t'})\mathrm{Inf}(N_{t'})}{\mathrm{Sum}(S_{t'})}\geqslant\frac{1-q}{q}\mathrm{Sup}(S_{t'})\mathrm{Sum}(S_{t'})$。并且，由定理 3.2 可得，$\mathrm{Var}(\widehat{\mathrm{Sum}(S_{t'})}_q)\leqslant\mathrm{Sup}(S_{t'})\mathrm{Sum}(S_{t'})\frac{1-q}{q}$。因而

$$\begin{aligned}\phi_{\delta/2}^2\mathrm{Var}[\widehat{\mathrm{Sum}(S_{t'})}_q]&\leqslant\epsilon^2\mathrm{Sum}(S_{t'})^2\frac{\mathrm{Inf}(S_{t'})\mathrm{Inf}(N_{t'})}{\mathrm{Sum}(S_{t'})}\\&=\epsilon^2\mathrm{Sum}(S_{t'})^2\frac{\mathrm{Inf}(S_{t'})}{\mathrm{Avg}(S_{t'})}\frac{\mathrm{Inf}(N_{t'})}{N_{t'}}\leqslant\epsilon^2\mathrm{Sum}(S_{t'})^2\frac{\mathrm{Inf}(N_{t'})}{N_{t'}}\end{aligned} \tag{3-48}$$

由公式(3-41)与(3-48)可知

$$\Pr\left\{\left|\frac{\widehat{\mathrm{Sum}(S_{t'})}_q-\mathrm{Sum}(S_{t'})}{\mathrm{Sum}(S_{t'})}\right|\geqslant\epsilon\sqrt{\frac{\mathrm{Inf}(N_{t'})}{N_{t'}}}\right\}\leqslant\delta \tag{3-49}$$

而由公式(3-46)与(3-49)可知 $\Pr\left\{\left|\frac{I-\mathrm{Sum}(S_{t'})}{\mathrm{Sum}(S_{t'})}\right|\geqslant\epsilon\right\}\leqslant\delta$，即 I 是 $\mathrm{Sum}(S_{t'})$ 的一个 (ϵ,δ)-估计。

定理 3.10 设 $V_{t'}^s$ 与 V_t^s 分别表示在时刻 t' 与 t 被抽中的节点的集合，令 $V_1=\{i\mid i\in V_{t'}^s\cap V_t^s,|s_{t'i}-s_{ti}|\leqslant\eta s_{ti}\}$，$\mathrm{Sum}=\frac{1}{q}(\sum_{i\in V_{t'}^s\setminus V_1}s_{t'i}+\sum_{i\in V_1}s_{ti})$，那么 Sum 是 $\mathrm{Sum}(S_{t'})$ 的 (ϵ,δ)-估计。

证明：由 $\mathrm{Sum}=\frac{1}{q}(\sum_{i\in V_{t'}^s\setminus V_1}s_{t'i}+\sum_{i\in V_1}s_{ti})$ 及 $|s_{t'i}-s_{ti}|\leqslant\eta s_{ti}(\forall i\in V_1)$ 可知 $|\widehat{\mathrm{Sum}(S_{t'})}_q-\mathrm{Sum}|=\left|\frac{1}{q}\sum_{i\in V_1}(s_{ti}-s_{t'i})\right|\leqslant\frac{1}{q}\sum_{i\in V_1}|s_{ti}-s_{t'i}|\leqslant\frac{1}{q}\sum_{i\in V_1}s_{ti}\eta$。

根据第 3.2 节所述，网络中的感知数据均大于 0，故 $|\widehat{\mathrm{Sum}(S_{t'})}_q-\mathrm{Sum}|\leqslant\frac{1}{q}\sum_{i\in V_1}s_{ti}\eta\leqslant\eta\mathrm{Sum}$。所以，根据引理 3.2，Sum 是 $\mathrm{Sum}(S_{t'})$ 的 (ϵ,δ)-估计。

定理 3.10 意味着如果节点 i 在时刻 t 与 t' 均被抽样过程选中，并且其感知数据满足 $|s_{t'i}-s_{ti}|\leqslant\eta s_{ti}$，那么在 t' 时刻该节点将不需要传送任何感知数据至簇头节点，

因为可以用t时刻的感知数据来完成t'时刻的(ϵ,δ)-近似聚集和的计算。

同理可证，对于任意簇$C_l(1\leqslant l\leqslant k)$，如果$|\widehat{\text{Sum}(S_{lt'})}_q-\widehat{\text{Sum}(S_{lt})}_q|\leqslant\eta\widehat{\text{Sum}(S_{lt})}_q$，该簇的簇头节点在$t'$时刻也将不需要传送任何数据；对于生成树中的任意中间节点j，如果$|\widehat{\text{Sum}(S_{j,t'})}_q-\widehat{\text{Sum}(S_{j,t})}_q|\leqslant\eta\widehat{\text{Sum}(S_{j,t})}_q$，那么它在$t'$时刻也同样不需要传送任何数据。其中，$\widehat{\text{Sum}(S_{lt})}_q$与$\widehat{\text{Sum}(S_{j,t})}_q$表示近似聚集和，它们分别存储于簇$C_l$的簇头节点与生成树中间节点$j$之中。

基于上述分析，$\widehat{\text{Sum}(S_{t'})}_q$的更新与维护可描述如下：

首先，在时刻t'，网络中每个活动节点i生成一个$[0,1]$区间内的随机数r。如果$r\leqslant q$，那么节点i将检查其在时刻$t(=t'-\Delta t_q)$是否被抽样过程选中。如果没有，它将把感知数据$s_{t'i}$发送至簇头节点。否则，节点i只有当$|s_{t'i}-s_{ti}|>\eta s_{ti}$时才将$s_{t'i}$发送至簇头节点。

其次，对于簇$C_l(1\leqslant l\leqslant k)$的簇头节点，它首先计算$\widehat{\text{Sum}(S_{lt'})}_q$的上下限，并将上述上下限与$\widehat{\text{Sum}(S_{lt})}_q$进行比较，以决定是否更新并上报“样本信息熵”中的近似聚集和。

第三，新的近似聚集和沿生成树进行传送、聚集，直至 Sink 节点。对于生成树中的任意中间节点j，其进行的操作与各个簇头相同。

最后，Sink 节点将获得t'时刻的近似聚集和，并保证该近似聚集和是精确结果的一个(ϵ,δ)-估计。

详细的$\widehat{\text{Sum}(S_t)}_q$维护算法的伪代码由算法 3-5 给出。由于存储在各个簇头节点、生成树中间节点的历史“样本信息熵”被充分利用，所以当网络感知数据变化比较缓慢时，该算法将节省大量的能量。

最后，我们注意到为了计算引理 3.2 中的η，需要获得$\sqrt{\dfrac{\text{Inf}(N_{t'})}{N'_t}}$。在实际应用中，$N_{t'}$可用$\widehat{\text{Count}(S_{t'})}_q$进行估计，而$\text{Inf}(N_{t'})$可用$A/\pi r^2$进行估计。其中，$A$表示监测区域的面积，而$r$表示传感器节点的感知半径。

3.5.3　基于多抽样概率的(ϵ,δ)-近似聚集算法

3.5.1 与 3.5.2 节所介绍的所有算法在感知数据抽样过程中，均是按照全网指派唯一的抽样概率进行的。然而，当传感器网络的监测区域较大时，不同子区域的感知数据分布的差异也会越来越明显，从而导致不同子区域对网络聚集值的贡献亦不相同。因此，全网指派一个抽样概率是不合适的。例如，在计算近似聚集和时，那些节点感知值较大、感知数据取值范围较宽的子区域对聚集和的贡献更大，所以在这些子区域内需多采集些感知数据；而那些感知数据节点感知值

```
    Input: t_s, t_f, Δt_q, ε, δ, Agg
1   Compute q according to ε, δ and Agg;
2   for t' = t_s; t' ≤ t_f; t' = t' + Δt_q do
3       if t' == t_s then
4           Call BSA(q, V_t');
5       else
6           t = t' − Δt_q, α = sqrt(A/r^2 π Count^(S_t')); η = min{(1−αε)/(1−ε) − 1, 1 − (1+αε)/(1+ε)};
7           /*Maintaining Approximate Sum In Cluster*/
8           for any cluster C_l (1 ≤ l ≤ k) in the network do
9               for each node i in C_l do
10                  if s_t'i < Inf(S_t) OR s_t'i > Sup(S_t) then
11                      Report s_t'i to the sink as an emergency;
12                      t_s = t', Go to step 1;
13                  it generates a random number r in range of [0,1];
14                  if (r ≤ q) then
15                      if i was sampled at t AND |s_t'i − s_ti| ≤ η s_ti then
16                          Report one bit message to the cluster head;
17                      else
18                          Report s_t'i to the cluster head;
19              {i_1, ..., i_h} reports their current sensed values;
20              {i_h+1, ..., i_m} reports one bit message;
21              low_l = (1/q)(Σ_{r=1}^{h} s_t'i_r + Σ_{r=h+1}^{m} (1 − η) s_ti_r); up_l = (1/q)(Σ_{r=1}^{h} s_t'i_r + Σ_{r=h+1}^{m} (1 + η) s_ti_r);
22              if low_l < (1 − η) Sum^(S_lt)_q OR up_l > (1 + η) Sum^(S_lt)_q then
23                  Sum^(S_lt')_q = (1/q)(Σ_{r=1}^{h} s_t'i_r + Σ_{r=h+1}^{m} s_ti_r); Transmit Sum^(S_lt')_q, low_l, up_l to its parent;
24          /*Maintaining Approximate Sum In the Spanning Tree*/
25          for each node j belongs to the spanning tree do
26              if j is the cluster head of C_l (1 ≤ l ≤ k) then
27                  Sum_j = Sum^(S_lt')_q, low_j = low_l, up_j = up_l;
28              else
29                  Sum_j = 0, low_j = 0, up_j = 0;
30              for each son j_v of j do
31                  if j_v sends a report then
32                      Sum_j = Sum^(S_j,t')_q + Sum_j; low_j = low_j + low_j_v; up_j = up_j + up_j_v;
33                  else
34                      Sum_j = Sum_j + Sum^(S_j_v,t)_q; low_j = low_j + (1 − η) Sum^(S_j_v,t)_q; up_j = up_j + (1 + η) Sum^(S_j_v,t)_q;
35              if low_j < (1 − η) Sum^(S_j,t)_q OR up_j > (1 + η) Sum^(S_j,t)_q then
36                  if j is not a sink then
37                      Sum^(S_j,t')_q = Sum_j; Store and transmit Sum^(S_j,t')_q, low_j, up_j to its parent;
38                  else
39                      Sum^(S_t')_q = Sum_j, store Sum^(S_t')_q;
```

算法 3-5　近似聚集和维护算法

较小、感知数据取值范围较窄的子区域对聚集和的贡献比较小，所以为了节省能量，在这些子区域内要少采集些感知数据。基于上述思想，本节将介绍一种基于多抽样概率的(ϵ,δ)-近似聚集算法。该算法能根据子区域的感知数据分布情况，为不同子区域指派不同的抽样概率，从而使得近似聚集算法在保证精度的同时，尽可能地减少能量消耗。

在本节中，我们假设整个监测区域被划分成 m 个子区域，其中 $m \ll N_t$。对于每个子区域来说，落入该子区域的传感器节点将构成一个子网络。下面我们将以计算近似聚集和为例来介绍基于多抽样概率的(ϵ,δ)-近似聚集算法。

对于任意 $l(1 \leqslant l \leqslant m)$，令 $S_{l,t}$ 表示在时刻 t 子区域 l 内的感知数据的集合，$\mathrm{Inf}(S_{l,t})$ 和 $\mathrm{Sup}(S_{l,t})$ 分别表示 $S_{l,t}$ 的上下限，$\mathrm{Inf}(N_{l,t})$ 表示子区域 l 内活动节点个数的下限值，它可由 $A_l/r^2\pi$ 进行估计。其中，A_l 为子区域 l 的面积，r 为传感器节点的感知半径。依据上述符号，基于多抽样概率的(ϵ,δ)-近似聚集算法可描述如下：

首先，Sink 节点将 $\epsilon,\delta,\mathrm{Inf}(S_t)$ 和 $\mathrm{Inf}(N_t)$ 发送至各个簇头节点。其次，对于任意子区域 $l(1 \leqslant l \leqslant m)$，在该区域内的所有簇头节点中选举出一个作为 leader 节点。leader 节点首先估计 $\mathrm{Inf}(S_{l,t})$，$\mathrm{Sup}(S_{l,t})$ 及 $\mathrm{Inf}(N_{l,t})$。然后，按照如下公式来计算本区域内的抽样概率：$q_l = \min\left\{\frac{\mathrm{Sup}(S_{l,t})\phi_{\delta/2}^2}{\mathrm{Inf}(N_t)\mathrm{Inf}(S_t)\epsilon^2 + \mathrm{Sup}(S_{l,t})\phi_{\delta/2}^2}, \frac{\mathrm{Sup}(S_{l,t})\phi_{\delta/2}^2}{\mathrm{Inf}(N_{l,t})\mathrm{Inf}(S_{l,t})\epsilon^2 + \mathrm{Sup}(S_{l,t})\phi_{\delta/2}^2}\right\}$。最后，leader 节点利用 3.4.2 节所介绍的 Bernoulli 抽样算法在该子区域内抽取样本数据，并计算近似聚集和 $\widehat{\mathrm{Sum}(S_{l,t})}_{q_l}$。其中，$\widehat{\mathrm{Sum}(S_{l,t})}_{q_l}$ 为精确聚集值 $\mathrm{Sum}(S_{l,t})$ 的一个(ϵ,δ)-估计。由于 $m \ll N_t$，所以每个子区域内亦包含着大量的感知数据，从而 $\widehat{\mathrm{Sum}(S_{l,t})}_{q_l}$ 满足应用中心极限定理[282]的条件，即可认为 $\widehat{\mathrm{Sum}(S_{l,t})}_{q_l}$ 服从正态分布。

另外，所有来自不同子区域的近似聚集和将沿生成树进行传输、聚集，直至 Sink 节点。所以，Sink 节点得到的全网近似聚集和为 $\widehat{\mathrm{Sum}(S_t)}_{mq} = \sum_{l=1}^{k} \widehat{\mathrm{Sum}(S_{l,t})}_{q_l}$。

详细的算法伪代码可见算法 3-6。由于对于任意子区域 $l(1 \leqslant l \leqslant m)$，均有 $q_l \leqslant \frac{\mathrm{Sup}(S_{l,t})\phi_{\delta/2}^2}{\mathrm{Inf}(N_t)\mathrm{Inf}(S_t)\epsilon^2 + \mathrm{Sup}(S_{l,t})\phi_{\delta/2}^2} \leqslant \frac{\mathrm{Sup}(S_t)\phi_{\delta/2}^2}{\mathrm{Inf}(N_t)\mathrm{Inf}(S_t)\epsilon^2 + \mathrm{Sup}(S_t)\phi_{\delta/2}^2}$，即该算法在任意子区域内所指派的抽样概率均小于 3.5.1 与 3.5.2 节所介绍的算法指派的抽样概率，所以，本节介绍的算法的能量消耗要更小些。

下面的定理 3.11 证明了基于多抽样概率的(ϵ,δ)-近似聚集算法的正确性。

定理 3.11 $\widehat{\mathrm{Sum}(S_t)}_{mq}=\sum_{l=1}^{k}\widehat{\mathrm{Sum}(S_{l,t})}_{q_l}$ 是精确聚集和 $\mathrm{Sum}(S_t)$ 的一个 (ϵ,δ)-估计。

Input: $\epsilon,\delta,S_t=\{s_{t1},s_{t2},\ldots,s_{tN_t}\}$, Agg

Output: (ϵ,δ)-approximate sum result $\widehat{\mathrm{Sum}(S_t)}_{mq}$

1 $\mathrm{Inf}(N_t)=\frac{A}{r^2\pi}$;

2 Sink sends ϵ, δ, $\mathrm{Inf}(S_t)$ and $\mathrm{Inf}(N_t)$ to all cluster heads;

3 **for** each subregion $l\ (1\leqslant l\leqslant m)$ in the network **do**

4 　/**Computing approximate sum in each sub networks**/

5 　Select one cluster head to be the leader node;

6 　$V_{l,t}$ be the set of active nodes in subregion l;

7 　$q_1=\frac{\mathrm{Sup}(S_{l,t})\phi^2_{\delta/2}}{\mathrm{Inf}(N_t)\mathrm{Inf}(S_t)\epsilon^2+\mathrm{Sup}(S_{l,t})\phi^2_{\delta/2}}$;

8 　$q_2=\frac{\mathrm{Sup}(S_{l,t})\phi^2_{\delta/2}}{\mathrm{Inf}(N_{l,t})\mathrm{Inf}(S_{l,t})\epsilon^2+\mathrm{Sup}(S_{l,t})\phi^2_{\delta/2}}$;

9 　$q_l=\min\{q_1,q_2\}$;

10 　$[\widehat{\mathrm{Sum}(S_{l,t})}_{q_l},\widehat{\mathrm{Count}(S_{l,t})}_{q_l}]=$ **BSA**$(q_l,V_{l,t})$;

11 　The leader node stores $[q_l,\widehat{\mathrm{Sum}(S_{l,t})}_{q_l},\widehat{\mathrm{Count}(S_{l,t})}_{q_l}]$;

12 /*Aggregating $\widehat{\mathrm{Sum}_{l,t}}(1\leqslant l\leqslant m)$ in-network*/

13 **for** each node j belongs to the spanning tree **do**

14 　**if** j is not a leader node **then**

15 　　$\mathrm{Sum}_j=0$;

16 　**if** j is the leader node of region $l\ (1\leqslant l\leqslant m)$ **then**

17 　　$\mathrm{Sum}_j=\widehat{\mathrm{Sum}(S_{l,t})}_{q_l}$;

18 　**if** j is a leaf node **then**

19 　　Report Sum_j to its parent node;

20 　**else**

21 　　Get $\{\mathrm{Sum}_{j_v}|1\leqslant v\leqslant r\}$ from sons;

22 　　$\mathrm{Sum}_j=\mathrm{Sum}_j+\sum_{v=1}^{r}\mathrm{Sum}_{j_v}$;

23 　　**if** *Node* j is not the sink **then**

24 　　　Send Sum_j to its parent node;

25 　　**else**

26 　　　$\widehat{\mathrm{Sum}(S_t)}_{mq}=\mathrm{Sum}_j$;

27 　　　Return $\widehat{\mathrm{Sum}(S_t)}_{mq}$;

算法 3-6　基于多抽样概率的近似聚集算法

证明:对于任意的 $1\leqslant l\leqslant m$,我们有

$$\frac{1-q_l}{q_l}=\min\left\{\frac{\mathrm{Inf}(N_t)\mathrm{Inf}(S_t)}{\mathrm{Sup}(S_{l,t})},\frac{\mathrm{Inf}(N_{l,t})\mathrm{Inf}(S_{l,t})}{\mathrm{Sup}(S_{l,t})}\right\}\frac{\epsilon^2}{\phi_{\delta/2}^2} \tag{3-50}$$

根据定理 3.2 可知,$E[\widehat{\mathrm{Sum}(S_{l,t})}_{q_l}]=\mathrm{Sum}(S_{l,t})$且 $\mathrm{Var}[\widehat{\mathrm{Sum}(S_{l,t})}_{q_l}]\leqslant\frac{1-q_l}{q_l}$ $\mathrm{Sup}(S_{l,t})\mathrm{Sum}(S_{l,t})$。结合公式(3-41),有

$$\begin{aligned}&\mathrm{Var}[\widehat{\mathrm{Sum}(S_{l,t})}_{q_l}]\\ \leqslant&\min\left\{\mathrm{Sum}(S_{l,t})\mathrm{Inf}(N_t)\mathrm{Inf}(S_t)\frac{\epsilon^2}{\phi_{\delta/2}^2},\mathrm{Sum}(S_{l,t})\mathrm{Inf}(N_{l,t})\mathrm{Inf}(S_{l,t})\frac{\epsilon^2}{\phi_{\delta/2}^2}\right\}\\ \leqslant&\min\left\{\mathrm{Sum}(S_{l,t})\mathrm{Inf}(N_t)\mathrm{Inf}(S_t)\frac{\epsilon^2}{\phi_{\delta/2}^2},(\mathrm{Sum}(S_{l,t}))^2\ \frac{\epsilon^2}{\phi_{\delta/2}^2}\right\}\end{aligned} \tag{3-51}$$

根据 3.2 节的讨论,网络中的感知数据均大于 0,所以 $\mathrm{Inf}(S_t)\mathrm{Inf}(N_t)\leqslant\mathrm{Sum}(S_t)$且 $\mathrm{Sum}(S_{l,t})\leqslant\mathrm{Sum}(S_t)$,结合公式(3-42)可知,

$$\mathrm{Var}[\widehat{\mathrm{Sum}(S_{l,t})}_{q_l}]\leqslant\mathrm{Sum}(S_{l,t})\mathrm{Sum}(S_t)\frac{\epsilon^2}{\phi_{\delta/2}^2} \tag{3-52}$$

同时,由于 $\widehat{\mathrm{Sum}(S_t)}_{mq}=\sum_{l=1}^{m}\widehat{\mathrm{Sum}(S_{l,t})}_{q_l}$,故 $E[\widehat{\mathrm{Sum}(S_t)}_{mq}]=\sum_{l=1}^{m}E[\widehat{\mathrm{Sum}(S_{l,t})}_{q_l}]$ $=\sum_{l=1}^{m}\mathrm{Sum}(S_{l,t})=\mathrm{Sum}(S_t)$,所以 $\widehat{\mathrm{Sum}(S_t)}_{mq}$是 $\mathrm{Sum}(S_t)$的一个无偏估计。并且,由于各个子区域之间的抽样过程均是相互独立的,所以,对于任意的 $l_1,l_2(1\leqslant l_1,l_2\leqslant m)$,$\widehat{\mathrm{Sum}(S_{l_1,t})}_{q_{l_1}}$ 与 $\widehat{\mathrm{Sum}(S_{l_2,t})}_{q_{l_2}}$ 也是相互独立的。因而,根据公式(3-43)可知

$$\begin{aligned}\mathrm{Var}[\widehat{\mathrm{Sum}(S_t)}_{mq}]&=\sum_{l=1}^{m}\mathrm{Var}[\widehat{\mathrm{Sum}(S_{l,t})}_{q_l}]\\ &\leqslant\frac{\epsilon^2}{\phi_{\delta/2}^2}\mathrm{Sum}(S_t)\ \sum_{l=1}^{m}\mathrm{Sum}(S_{l,t})=\frac{\epsilon^2}{\phi_{\delta/2}^2}[\mathrm{Sum}(S_t)]^2\end{aligned} \tag{3-53}$$

最后,由于对于任意的 $l(1\leqslant l\leqslant m)$,$\widehat{\mathrm{Sum}(S_{l,t})}_{q_l}$ 均服从正态分布,所以 $\widehat{\mathrm{Sum}(S_{1,t})}_{q_1},\widehat{\mathrm{Sum}(S_{2,t})}_{q_2},\cdots,\widehat{\mathrm{Sum}(S_{m,t})}_{q_m}$ 之间的任意线性组合也是服从正态分布的[282],即 $\widehat{\mathrm{Sum}(S_t)}_{mq}$是服从正态分布的,因此

$$\Pr\{|\widehat{\mathrm{Sum}(S_t)}_{mq}-\mathrm{Sum}(S_t)|\geqslant\phi_{\delta/2}\sqrt{\mathrm{Var}[\widehat{\mathrm{Sum}(S_t)}_{mq}]}\}\leqslant\delta \tag{3-54}$$

结合公式(3-53),有 $\Pr\left\{\frac{|\widehat{\mathrm{Sum}(S_t)}_{mq}-\mathrm{Sum}(S_t)|}{\mathrm{Sum}(S_t)}\geqslant\epsilon\right\}\leqslant\delta$,即$\widehat{\mathrm{Sum}(S_t)}_{mq}$是精确聚集和 $\mathrm{Sum}(S_t)$的一个(ϵ,δ)-估计。□

由于(ϵ,δ)-近似平均值可根据$\left(\frac{\epsilon}{2+\epsilon},\frac{\delta}{2}\right)$-聚集和及$\left(\frac{\epsilon}{2+\epsilon},\frac{\delta}{2}\right)$-计数值得到,所以在计算平均值时,可采用类似于定理 3.11 的方法为每个子区域指派优化的

抽样概率。而对于计数值来说,感知数据分布的差异对它的计算是无影响的,所以它不需要为不同子区域指派不同的抽样概率。

最后,在各个子区域内,处理用户的多查询请求、连续查询请求的算法与3.5.1.2和3.5.2节所介绍的算法相同,此处不再赘述。

3.6 实验结果

在本节中,我们将考察本书提出的算法在不同规模的网络中的性能。

首先,为了衡量本节提出的算法在大规模网络中的性能,我们利用ns2模拟器模拟了具有5000个节点的传感器网络。上述节点被随机散布在一个1000m×1000m的矩形区域内。整个监测区域被划分成10×10个网格,落入每个网格中的节点形成一个簇。网络中的节点的通信半径被设置为50m,网络中的感知数据来源于热带海洋工程(2008)的真实数据集合[296]。

其次,为了衡量本节提出的算法在中等规模网络中的性能,我们利用Tossim模拟器模拟了具有200个节点的传感器网络。上述节点被随机散布在一个80m×60m矩形区域内,节点的通信半径取15m。该网络的感知数据来源于Intel Berkeley实验室的真实传感器网络感知数据集合[7]。

根据文献[288],在上述模拟网络中,我们设传感器节点发送、接收1byte消息所消耗的能量分别为0.0144mJ与0.0057mJ。同时,由于对于一个传感器节点来说,发送1bit数据的能量消耗相当于执行1000条指令的能量消耗,所以在下面实验中,我们主要考察算法的通信消耗。

同时,为了便于比较,对基于时间相关性与空间相关性的算法来说,我们人工地调节其过滤区间与预测模型,以保证上述算法能够满足不同的误差需求;对基于均衡抽样的算法,我们假设Sink节点了解网络中活动节点的分布情况,以保证该算法能够在动态传感器网络中正常运行。

最后,在下文中,我们利用U-Based来表示第二章所介绍的基于均衡抽样的算法;利用B-UQ-Based与B-MQ-Based来分别表示基于唯一抽样概率和多抽样概率的算法,这两种算法我们在本章的3.5节中进行了介绍;利用Spatial-Correlation来表示基于空间相关性的算法[153];利用Temporal-Correlation来表示基于时间相关性的算法[24]。

3.6.1 大规模传感网中算法的性能

3.6.1.1 基于抽样技术的两种算法的比较

前 4 组实验将考察 B-UQ-Based 算法在大规模传感器网络中的性能。

首先,第一组实验将考察 B-UQ-Based 算法精度与 ϵ、δ 的关系。在实验中,当 ϵ 与 δ 从 0.04 增至 0.2 时,我们对 B-UQ-Based 算法所达到的精度进行了计算。

实验结果如图 3-2 所示。由图 3-2 可见,当 ϵ 与 δ 小于 0.2 时,B-UQ-Based 算法在计算近似计数值、近似聚集和及近似平均值时所产生的最大相对误差小于 0.12。图 3-2 还表明无论 ϵ 与 δ 如何取值,B-UQ-Based 算法所产生的真实误差均能小于用户给定的误差界,这也说明了 B-UQ-Based 算法可以满足用户的任意误差需求。

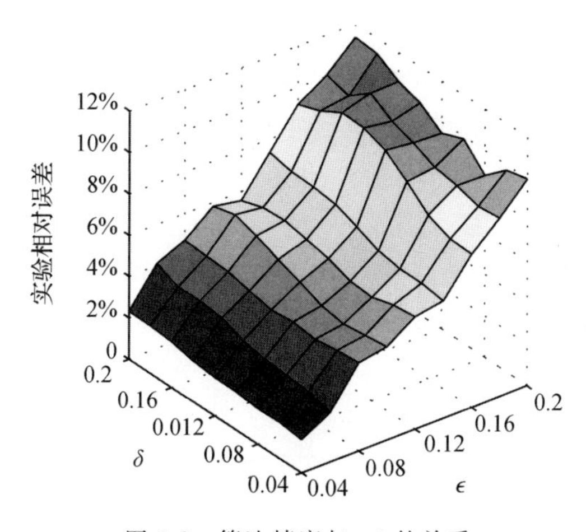

图 3-2 算法精度与 ϵ、δ 的关系

第二组实验将考察 B-UQ-Based 算法的精度与抽样概率的关系。在本组实验中,当抽样概率由 0.01 增至 0.1 时,我们对 B-UQ-Based 算法所达到的精度进行了计算。实验结果如图 3-3 所示。由图 3-3 可见,尽管在抽样概率很小的情况下,B-UQ-Based 算法依然能够达到很高的精度。例如,当抽样概率等于 0.06 时,B-UQ-Based 算法所给出的近似聚集和与近似计数值的误差小于 0.05,近似平均值的误差小于 0.01。由于 B-UQ-Based 算法所需的抽样概率极小,所以网络中参与到聚集运算的感知数据也是很少的,利用 B-UQ-Based 算法来处理聚集查询将节省大量的能量。

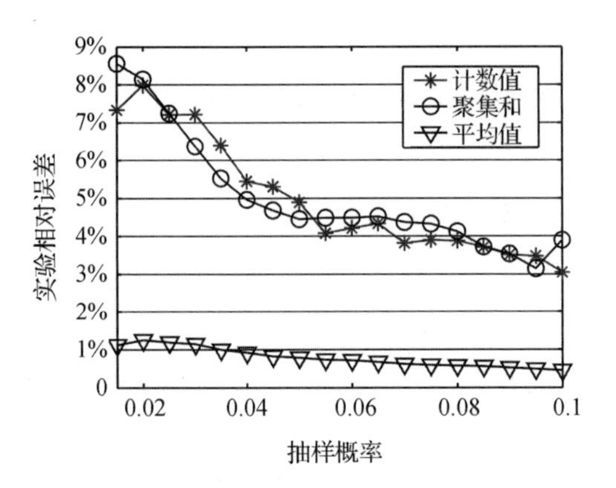

图 3-3 算法精度与抽样概率的关系

第三组实验将考察算法的抽样比率与 ϵ、δ 的关系。所谓抽样比率是指样本数据容量与网络中感知数据总量的比值。对基于抽样的聚集算法来说，抽样比率直接影响了该算法在运行过程中的能量消耗，因而，抽样比率是基于抽样的聚集算法所需考察的一项重要指标。由于 U-Based 算法是目前唯一一个发表的、基于抽样的聚集算法，故在本组实验中，我们将 B-UQ-Based 算法与 U-Based 算法进行比较。在下面的实验中，ϵ 与 δ 被设置为 0.1，当网络规模(N)由 3000 增至 5000 时，我们分别计算了上述两种算法在计算近似聚集和时所需的抽样比率。实验结果如图 3-4 所示。根据图 3-4 可知，B-UQ-Based 算法的抽样比率要略小于 U-Based 算法的抽样比率，从而 B-UQ-Based 算法将更节省能量。同时，图 3-4还显示了随着网络规模的增加，两种算法的抽样比率明显下降，所以这两种基于抽样的聚集算法更适合应用于大规模网络中。

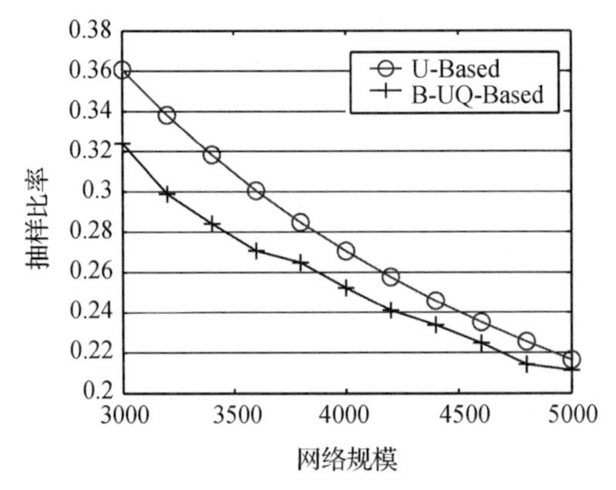

图 3-4 抽样比率的比较(ϵ=0.1，δ=0.1；N=5000)

第四组实验将比较 U-Based 算法和 B-UQ-Based 算法在计算不同近似聚集值时的精度。在本组实验中,当抽样比率由 0.01 增至 0.1 时,我们分别计算了 U-Based 算法和 B-UQ-Based 算法在计算近似平均值、近似聚集和、近似计数值和近似无重复计数值时所产生的相对误差。实验结果如图 3-5 所示。由图 3-5 可见,即使在抽样比率很小的情况下,U-Based 算法和 B-UQ-Based 算法在不同近似聚集运算中都能达到较高的精度,这说明上述两种算法能够利用较少的感知数据计算出很精确的近似聚集结果。同时,图 3-5 还显示了在计算近似聚集和时,B-UQ-Based 算法所产生的误差略大于 U-Based 算法的误差;而在计算近似平均值时,B-UQ-Based 算法所产生的误差要小于 U-Based 算法的误差。结合前面的实验结果,虽然两种算法在进行不同聚集运算时所产生的误差大小不同,但是上述误差均能满足用户给定的误差需求。

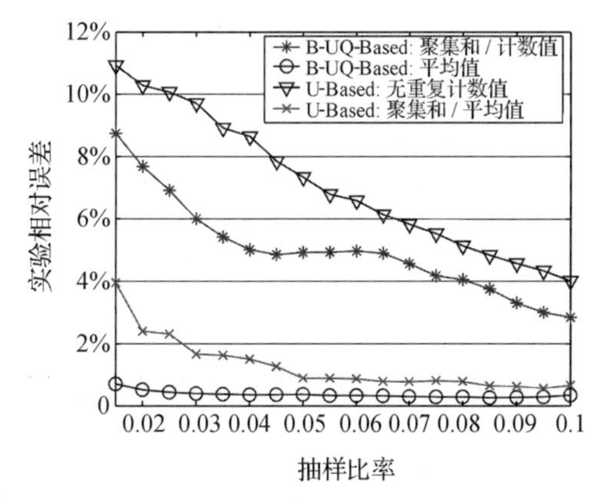

图 3-5 算法精度比较

第五到第八组实验将重点考察 B-MQ-Based 算法的性能。我们利用 m 来表示整个监测区域内子区域的个数。根据前 4 组的实验结果,在满足用户精度需求的条件下,B-UQ-Based 算法的抽样比率要比 U-Based 算法小,即 B-UQ-Based 算法耗费的能量要更少、性能要更好,所以在下面的 4 组实验中,我们将会将 B-MQ-Based 算法与 B-UQ-Based 算法进行比较。

第五组实验将考察 B-MQ-Based 算法与 B-UQ-Based 算法在抽样比率上的差异。在本组实验中,整个监测区域被划分成 7 个子区域,即 $m=7$。当 δ 取值为 0.05,0.15,ϵ 由 0.1 增至 0.2 时,我们分别计算了 B-MQ-Based 算法与 B-UQ-Based 算法的抽样比率。实验结果如图 3-6 所示。根据图 3-6 可知,B-MQ-Based 算法的抽样比率要小于 B-UQ-Based 算法的抽样比率。例如,当 $\epsilon=0.1$、$\delta=0.05$ 时,B-MQ-Based 算法的抽样比率为 0.1,而 B-UQ-Based 算法的抽样比率接近 0.2。出现上述结果的原因如下:首先,根据 3.5.3 节的分析,在每个子区域内，B-MQ-Based 算法所指派的抽样概率比 B-UQ-Based 算法所指派的抽样概率要小，所以 B-MQ-Based 算法的抽样比率也要更小些。其次，由于 B-MQ-Based 算法在指派抽样概率时考虑每个子区域内的感知数据分布情况，所以在那些对聚集结果贡献较小的子区域内，B-MQ-Based 算法所抽取的感知数据个数也更少，这也导致了 B-MQ-Based 算法整体的抽样比率要比 B-UQ-Based 算法的抽样比率小。综上所述，B-MQ-Based 算法能够在满足用户精度需求的条件下，利用更少的感知数据计算近似聚集结果，所以 B-MQ-Based 算法更加节省能量。

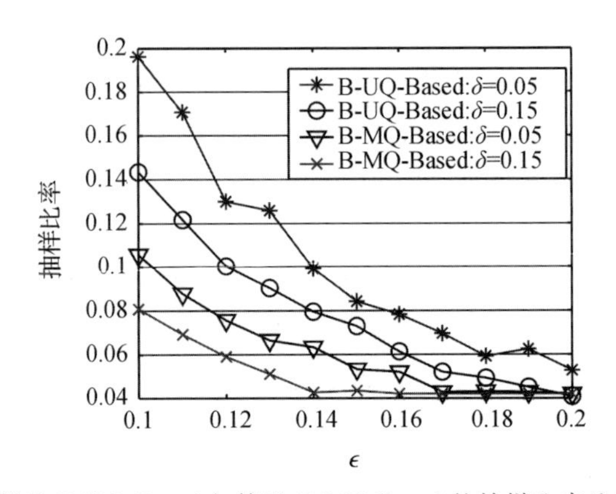

图 3-6　算法 B-UQ-Based 与算法 B-MQ-Based 的抽样比率比较($m=7$)

第六组实验将比较 B-MQ-Based 算法与 B-UQ-Based 算法的精度。在本组实验中，我们将整个监测区域划分成 7 个子区域，即 $m=7$。当 δ 取值为 0.05，0.15，ϵ 由 0.1 增至 0.2 时，我们分别计算了 B-MQ-Based 算法与 B-UQ-Based 算法所给出的近似聚集和的相对误差。实验结果如图 3-7 所示。由图 3-7 可知，B-MQ-Based 算法产生的相对误差要略大于 B-UQ-Based 算法产生的相对误差，即 B-MQ-Based 算法的精度比 B-UQ-Based 算法的精度低。这是因为 B-MQ-Based 算法在计算近似聚集值时所抽取的感知数据更少，所以其能达到的精度不如 B-UQ-Based 算法高。同时，我们也注意到，图 3-7 也显示了无论 ϵ、δ 取值如何，B-MQ-Based 算法均能给出满足用户精度需求的结果。

第七组实验将考察 m 与 B-MQ-Based 算法的抽样比率的关系，其中，m 表示子区域的个数。在本组实验中，ϵ 被设置为 0.1，δ 的取值为 0.05，0.15。当 m 由 1 增至 15 时，我们分别对 B-MQ-Based 算法的抽样比率进行了计算。实验结果如图 3-8 所示。由图 3-8 可知，当 $m=9$ 时，B-MQ-Based 算法的抽样比率达到最低点；当 $1\leqslant m\leqslant 9$ 时，B-MQ-Based 算法的抽样比率随 m 的增加而减小；而当 $9\leqslant m\leqslant 15$ 时，B-MQ-Based 算法的抽样比率随 m 的增大而增大。出现上述现象的原因如下：首先，当 m 增加时，每个子区域所覆盖的面积将减少，由于感知数据是

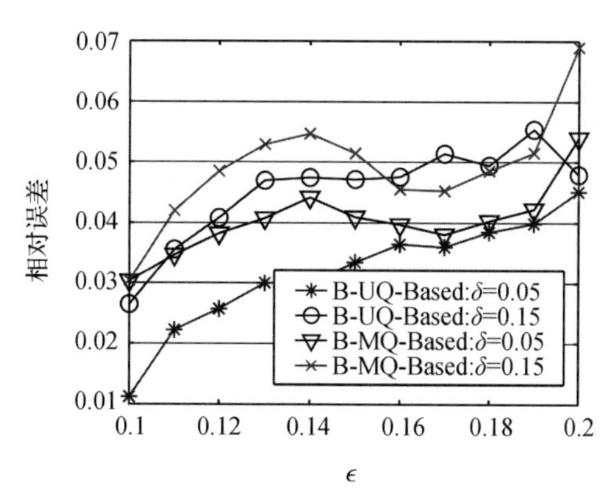

图 3-7　算法 B-UQ-Based 与算法 B-MQ-Based 的精度比较($m=7$)

空间相关的，在每个子区域内的感知数据将分布在更窄的区间内。根据 3.5.3 节的分析，当感知数据分布的区间更窄时，其指派的抽样概率也将更小，所以导致 B-MQ-Based 算法在整个网络中的抽样比率随 m 的增加而减小。其次，我们注意到 B-MQ-Based 算法是基于中心极限定理构建的[282]，而中心极限定理要求每个子区域的样本容量超过 30，所以当每个子区域过小(m 过大)时，我们需要在每个子区域内额外采集一些感知数据以保证中心极限定理的正确性，这样导致了当 m 过大时，B-MQ-Based 算法在整个网络中的抽样比率随 m 的增加而增大。因而，只有当 m 不是很大或很小时，B-MQ-Based 算法的抽样比率才能达到最低点。

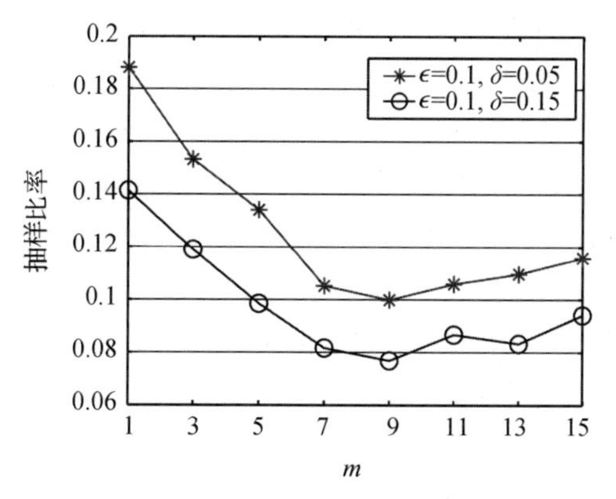

图 3-8　抽样比率与 m 的关系

第八组实验将考察 m 与 B-MQ-Based 算法的精度的关系。在本组实验中，ϵ 被设置为 0.1，δ 的取值为 0.05，0.15。当 m 由 1 增至 15 时，我们分别对 B-MQ-Based 算法的精度进行了计算，实验结果如图 3-9 所示。由图 3-9 可知，当 m 从

1 增至 9 时，B-MQ-Based 算法输出结果的相对误差将变大；而当 m 由 9 增至 15 时，B-MQ-Based 算法输出结果的相对误差将减小。这是因为，当 m 从 1 变至 9 时，随着 m 的增加，B-MQ-Based 算法将抽取更小的感知值用以近似聚集计算；而 m 由 9 增至 15 时，随着 m 的增加，B-MQ-Based 算法将使用更多的感知数据完成近似聚集计算。同时，图 3-9 还表明无论 m 取值如何，B-MQ-Based 算法均能返回满足用户精度需求的近似聚集结果。

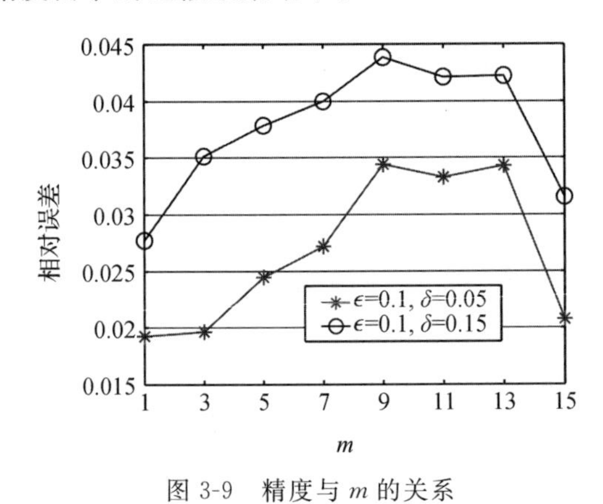

图 3-9　精度与 m 的关系

3.6.1.2　近似查询处理算法的能量消耗

第一组实验将考察各种近似聚集算法在处理 Snapshot 查询的能量消耗。由于 U-Based 算法和 Spatial-Correlation 算法[153]是目前发表的处理 Snapshot 查询最好的近似聚集算法，所以在本组实验中我们将本章提出的算法 B-UQ-Based 及 B-MQ-Based 与 U-Based 算法和 Spatial-Correlation 算法进行比较。为了使得 Spatial-Correlation 算法能够计算出不同精度的近似聚集结果，我们将人工调节每个节点运行的预测模型。在本组实验中，当用户所需的相对误差由 0.1 增至 0.2 时，我们对上述 4 种算法的能量消耗进行了计算，实验结果如图 3-10 所示。根据图 3-10 可知，算法 B-UQ-Based、B-MQ-Based 及 U-Based 的能量消耗要远小于算法 Spatial-Correlation 的能量消耗。这是因为 Spatial-Correlation 算法需要网络中的每个节点运行与 Sink 节点一致的预测模型，故该算法虽然降低了节点与 Sink 的通信量，但无形中增加了网络内部的通信量，所以该类算法在网内执行仍需要耗费较多的能量。同时，图 3-10 还表明算法 B-MQ-Based 的能量消耗最小，并且算法 B-UQ-Based 的能量消耗小于算法 U-Based 的能量消耗。这是因为在 3 个基于抽样的算法之中，B-MQ-Based 算法所需的抽样比率最小，且算法 B-UQ-Based 的抽样比率要小于算法 U-Based 的抽样比率。

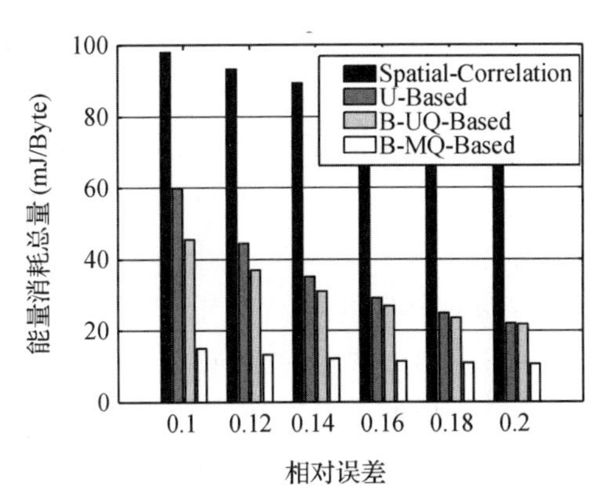

图 3-10 处理 Snapshot 查询的能量消耗($N=5000$)

第二组实验将考察各种近似聚集算法在处理连续查询时的能量消耗。因为 U-Based 算法与 Temporal-Correlation 算法[24]是目前发表的处理连续查询的最好的算法,所以在下面的实验中,我们将本章提出的 B-UQ-Based 及 B-MQ-Based 算法与 U-Based 算法和 Temporal-Correlation 算法进行比较。为了使 Temporal-Correlation 算法能够计算出不同精度的近似聚集结果,我们将人工调节每个节点的过滤区间。在本组实验中,当用户所需的相对误差界由 0.1 增至 0.2 时,我们将计算上述 4 种算法在处理持续时间为 100 个时间片的连续查询的能量消耗。实验结果如图 3-11 所示。根据图 3-11 可知,算法 B-UQ-Based、B-MQ-Based 和 U-Based 的能量消耗要远小于算法 Temporal-Correlation 的能量消耗。产生上述结果是因为在处理过程中,3 种基于抽样的算法在连续查询初始时将节省大量能量;同时,上述 3 种算法对无用数据的过滤能力亦很强,所以算法 B-UQ-Based、B-MQ-Based 及 U-Based 的能量消耗很小。同时,图 3-11 还表明算法 B-MQ-Based 的能量消耗最小,这是因为该算法的抽样比率最小。

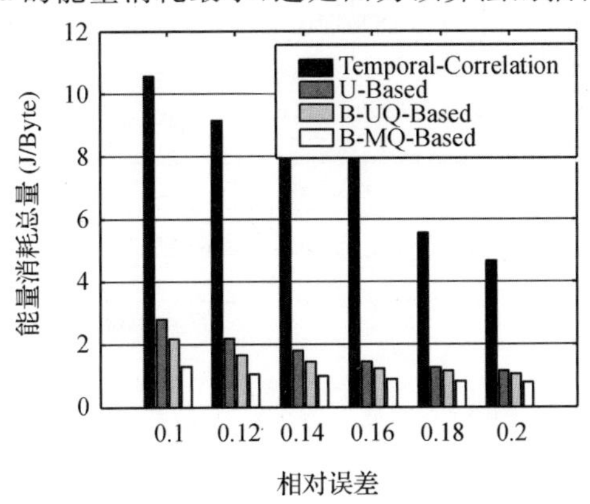

图 3-11 处理连续查询的能量消耗($N=5000$;时间槽数$=100$)

第三组实验将考察当用户的精度需求(ϵ、δ)改变时，各种近似查询算法的性能。根据3.1节的分析，除了U-Based算法之外，已有的近似查询算法均具有固定的误差界，并且该误差界很难调整，所以这些算法不能处理本组实验中的查询。因此，在本组实验中，我们仅将算法B-MQ-Based、B-UQ-Based与算法U-Based进行比较。根据3.5.1节的介绍，算法B-MQ-Based、B-UQ-Based采用LCS-Aggregation子算法来处理该类查询，而对于U-Based算法来说，其采用2.6.1节所介绍的子算法处理该类查询。在实验中，首先令$\delta=0.05$，当ϵ由0.11减少至0.05时，我们计算了上述3种算法的能量消耗，实验结果如图3-12所示。其次，令$\epsilon=0.05$，当δ由0.11减少至0.05，我们计算了上述3种算法的能量消耗，实验结果如图3-13所示。根据图3-12与图3-13可知，利用LCS-Aggregation子算法来处理多精度需求的查询几乎节省了70%的能量。例如，如图3-10所示，如果传感器节点的感知数据占一个字节，那么对于B-UQ-Based算法来说，当$\epsilon=0.1$时，利用TCS-Aggregation子算法处理该查询的能量消耗为40mJ，而在图3-12中显示利用LCS-Aggregation子算法来处理该查询仅耗能12mJ，这是因为LCS-Aggregation子算法最大可能地利用了Sink节点所存储的历史样本信息熵，从而减少了网内感知数据的采集量，所以该算法在查询处理过程中节约了很多能量。同样，对于B-MQ-Based的LCS-Aggregation子算法及2.6.1节所介绍U-Based的多查询处理子算法来说，也有相同的结论。此外，图3-12和3-13还显示了B-UQ-Based和B-MQ-Based的LCS-Aggregation子算法要比2.6.1节所介绍U-Based的子算法消耗更少的能量，这是因为B-UQ-Based和B-MQ-Based的抽样比率要小于U-Based的抽样比率。

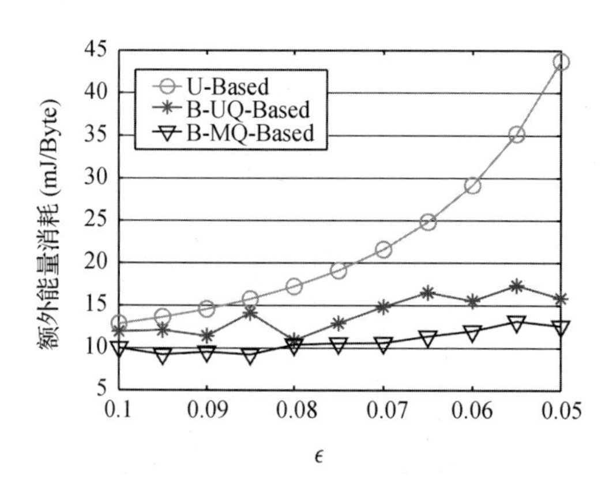

图3-12 ϵ变化时查询处理的能量消耗($N=5000$;$\delta=0.05$)

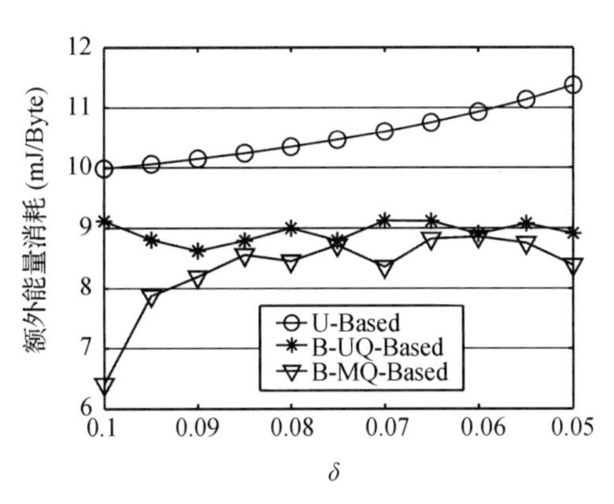

图 3-13 δ变化时查询处理的能量消耗($N=5000;E_0=0.05$)

3.6.2 中等规模传感网中算法的性能

当网络与监测区域的规模不大时,我们没有必要对监测区域进行子区域划分。所以,在本节中,我们仅对 B-UQ-Based 算法的性能进行衡量。

第一组实验将考察 B-UQ-Based 算法的精度与抽样概率之间的关系。在本组实验中,当抽验概率由 0.1 增至 0.4 时,我们对 B-UQ-Based 算法所给出的近似聚集和、近似计数值、近似平均值的相对误差进行了计算,实验结果如图 3-14 所示。由图 3-14 可知,当抽样概率小于 0.25 时,B-UQ-Based 算法所给出的近似聚集和与近似计数值的相对误差小于 0.09,近似平均值的相对误差小于0.02。上述实验结果表明,即使在中等规模的网络中,B-UQ-Based 算法还是能利用较小的抽样概率给出很精确的聚集结果。所以,在中等规模的网络中,利用 B-UQ-Based 算法处理聚集查询会节省大量的能量。

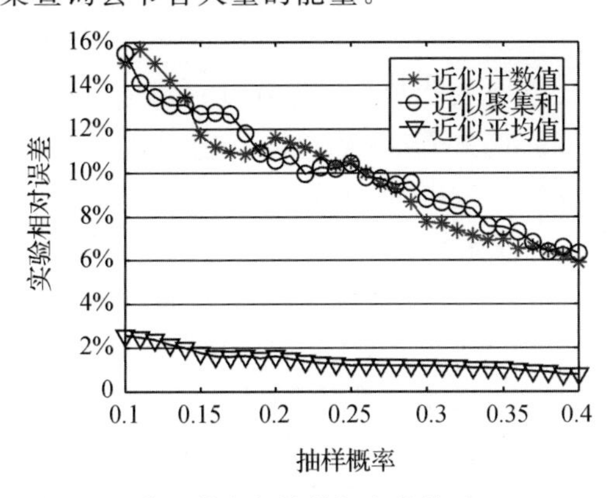

图 3-14 算法精度与抽样概率的关系($N=200$)

第二组实验将考察各种近似聚集算法在处理 Snapshot 查询时的能量消耗。由于 U-Based 算法和 Spatial-Correlation 算法[153]是目前发表的处理 Snapshot 查询最好的近似聚集算法，所以，我们将 B-UQ-Based 算法与 U-Based 算法、Spatial-Correlation 算法进行比较。在本组实验中，当用户所需的相对误差界由0.05 增至0.15 时，我们对上述 3 种算法的能量消耗进行计算。实验结果如图 3-15 所示。由图 3-15 可知，在网络规模不大时，算法 B-UQ-Based 的能量消耗依然小于 Spatial-Correlation 算法的能量消耗，这是因为 Spatial-Correlation 算法需要每个网络中的节点收集邻居节点的感知数据以运行预测模型，这增加了网络中节点间的通信量。同时，如图 3-15 所示算法 B-UQ-Based 的能量消耗要小于算法 U-Based 的能量消耗，这是因为算法 B-UQ-Based 的抽样比率要更小一些。最后，当网络规模和用户给定的误差界较小时，U-Based 算法的抽样比率会比较大，所以如图 3-15 所示，当用户给定的相对误差界为 0.05 时，U-Based 算法耗费的能量最多。上述结果表明 U-Based 算法不适合应用于规模较小的传感器网络之中。

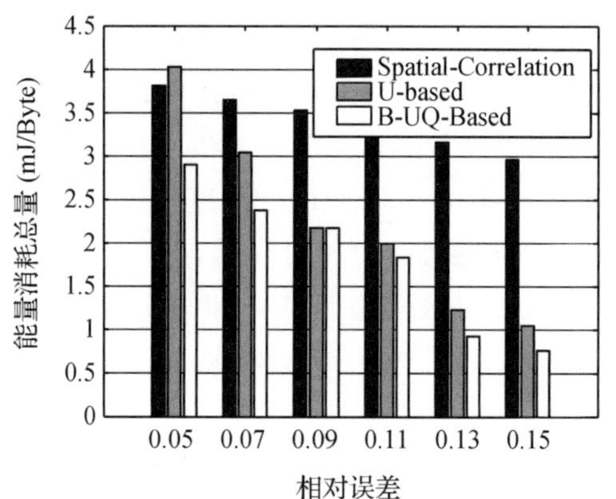

图 3-15　处理 Snapshot 查询的能量消耗($N=200$)

第三组实验将考察各种近似聚集算法在处理连续查询时的能量消耗。由于 U-Based 算法与 Temporal-Correlation 算法[24]是目前发表的处理连续查询的最好的算法，所以，我们将本章提出的 B-UQ-Based 算法与 U-Based 算法和 Temporal-Correlation 算法进行比较。在本组实验中，当用户给定的相对误差界由0.05增至 0.15，我们计算了上述 3 种算法在处理持续时间为 100 个时间片的连续查询的能量消耗。实验结果如图 3-16 所示。由图 3-16 可知，算法 B-UQ-based 的能量消耗是最小的，并且与算法 Temporal-Correlation 相比，本章提出的算法 B-UQ-based 几乎节省了 33%的能量。上述实验结果说明：即使当网络规模不大时，利用 B-UQ-based 算法处理连续查询也会节省大量的能量。

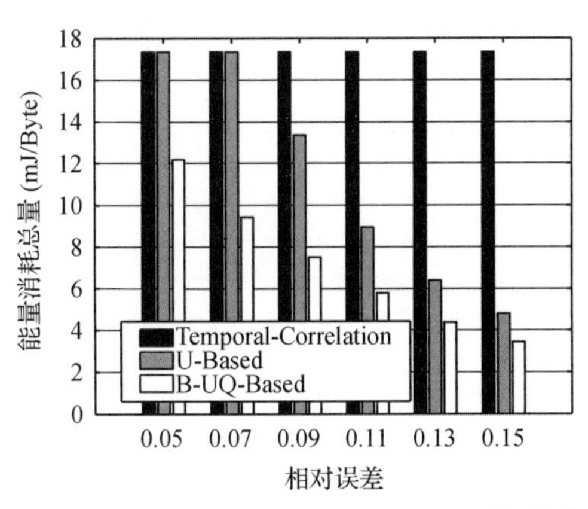

图 3-16 处理连续查询的能量消耗($N=200$;时间槽数=100)

第四组将考察当用户的精度需求(ϵ、δ)不断改变时,各种近似查询算法的性能。根据前文所述,对于 B-UQ-Based 算法来说,它可应用 LCS-Aggregation 子算法来处理该类查询;而对于 U-Based 算法来说,可应用 2.6.1 节介绍的子算法来处理该类查询。在本组实验中,首先令 $\delta=0.1$,当 ϵ 由 0.18 降至 0.08 时,我们计算了上述两种算法的能量消耗,实验结果如图 3-17 所示;其次令 $\epsilon=0.1$,δ 由 0.18 降至 0.08 时,我们计算了上述两种算法的能量消耗,实验结果如图 3-18 所示。将图 3-17 及 3-18 与图 3-15 进行比较可知,在处理不同精度需求的多查询时,算法 LCS-Aggregation 要比算法 TCS-Aggregation 节省超过 40%的能量,这是因为算法 LCS-Aggregation 充分利用了存储在 Sink 节点及网内的历史样本信息熵,所以算法 LCS-Aggregation 运行过程中所需抽取的感知数据也十分少,从而最大限度地减少了网内的能量消耗。同样,对于 2.6.1 节所介绍的算法也有类似结论。

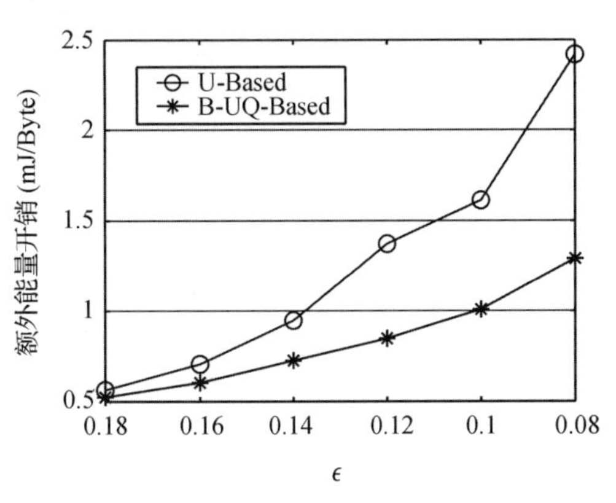

图 3-17 ϵ 变化时查询处理的能量消耗($N=200$;$\delta_0=0.1$)

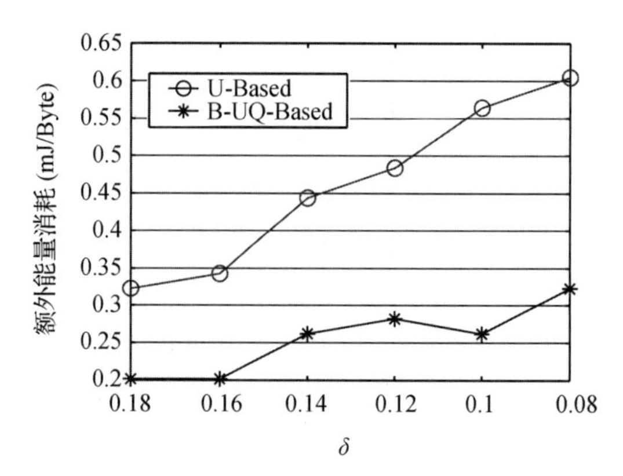

图 3-18 δ 变化时查询处理的能量消耗($N=200$;$\delta_0=0.1$)

3.7 本章小结

在本章中,我们介绍了 4 种基于 Bernoulli 抽样的近似聚集算法,分别用以处理传感器网络中 Snapshot 查询与连续查询。在上述 4 种算法之中,前 3 种算法是基于单一抽样概率构建的,最后一种算法是基于多抽样概率构建的。我们证明了:最后一种算法有效地改善了前 3 种算法在传感网监测区域过大时的性能。同时,理论分析表明,本章所提出的所有算法均可以满足用户任意的精度需求,并且这些算法不需要 Sink 节点知道每个簇中活动节点的个数,所以它们更适合应用于动态传感器网络之中。最后,理论分析和实验验证了本章所提出的算法在精确性和节能方面可达到较高的性能。

传感器网络中地理位置敏感的近似极值点查询算法

4.1 引 言

目前,由传感器节点构成的无线传感器网络广泛应用于物理环境监测等领域。由于该网络具有价格低廉、易部署、能耗小、适应恶劣环境能力强等优点,所以它为人们观察、理解复杂物理世界提供了一条有效的途径。在无线传感器网络所收集的大量数据中,感知数据的极值点(例如,感知数据的最大值)及其所出现的地理位置对用户来说有着十分重要的意义,因为这些数据可以帮助用户检测异常事件并定位异常事件发生的位置。以水污染监测为例,污染物浓度的极值点及其出现的位置可以告知用户哪个监测区域被污染了,污染有多严重。上述信息可以帮助用户识别污染区域并采取相应行动。

一般而言,感知数据的极值点查询有些类似于传统的 top-k 查询。在传感器网络中,人们提出了大量的能源有效的 top-k 查询处理算法,包括:基于生成树的 top-k 查询处理算法[155];基于阈值的 top-k 查询处理算法,例如 TPUT 算法[156]、TPAT 算法[157]、TJA 算法[158]、BPA 算法[159];基于过滤区间的 top-k 查询处理算法,例如 FILA 算法[160]、UB 算法[161]、BABOLS 算法[162];基于 bloom filter 的 top-k 查询处理算法[163],以及基于抽样技术的 top-k 查询处理算法[164]等。

虽然上述算法能够在较少的能源的消耗下处理 top-k 查询请求,但是这些算法均存在着两个重要的问题。第一,上述 top-k 查询处理算法所返回的感知值往往集中于一个小区域,为用户所提供的监测区域内异常信息极其有限。由于感知数据是空间相关的[249,297],故如果两个传感器节点部署的地理位置较近时,其所采集的感知数据往往也比较接近。所以,上述算法返回的 k 个最大感知值所发生的地理位置往往集中于一个小区域,仅能帮助用户定位一个较小的异常区域。以水污染监测应用为例，如图 4-1(a)所示，区域Ⅰ、Ⅱ、Ⅲ、Ⅳ均受到不同程度的污染，其中区域Ⅰ的污染更为严重，从而造成该区域内的 13 个传感器节点的感知值均大于其他区域内传感器节点的感知值。那么，当 $k\leqslant 13$ 时，上述 top-k 查询处理算法所返回的感知数据均来源于区域Ⅰ，这些感知数据仅能帮助用户定位污染区域Ⅰ，而不能帮助用户确定其他三个污染区域所在的位置。第二，由于上述 top-k 查询处理算法忽略了感知数据的空间相关性，从而使得它们返回的结果存在着极大的冗余。例如，如图 4-1(a)所示，一个或者两个感知值及其位置信息可能已经完全能够定位污染区域Ⅰ，那么 top-13 结果中其余的 11 个感知数据及其位置信息对于用户来说是冗余的，因为它们无法帮助用户定位新的污染区域。同时，由于大量冗余数据的存在，也使得上述 top-k 查询处理算法在网内结果传输过程中耗费大量能量，即上述算法无法做到真正意义上的能源有效。

为了有效地解决上述 top-k 查询处理算法所面临的问题，文献[253]提出了一种新的、基于分组的 top-k 查询处理算法，称之为 MINT 算法。MINT 算法的主要思想如下：首先将整个监测区域分为不同的组；然后，计算不同组内传感器节点感知数据的平均值；最后返回拥有最大平均值的 k 个组。MINT 算法的有效性依赖于分组方法，然而文献[253]未对如何分组进行讨论。如图 4-1(b)所示，如果用户简单地将监测区域平均分成 5 个组，那么 MINT 算法返回的 top-1 结果是区域 G_1。而污染最为严重的区域Ⅰ，由于其分布在组 G_2、G_3、G_4、G_5 之间，并且上述任何一组感知数据的平均值都比组 G_1 小，所以区域Ⅰ无法被 MINT 算法识别。同时，MINT 算法需要 Sink 节点了解每个分组内的传感器节点数量及感知数据分布情况，这对于大规模传感器网络来说几乎是无法做到的。

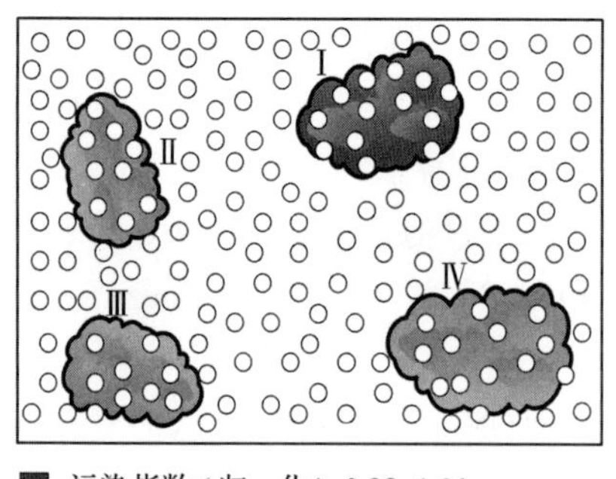

(a)

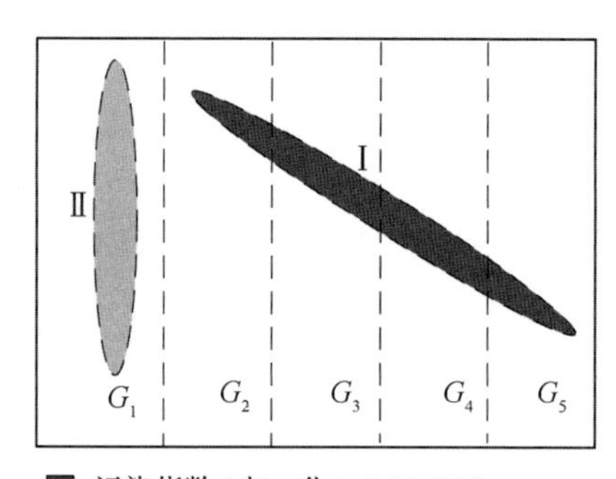

(b)

图 4-1　水污染监测例子

鉴于上述原因，本章将提出一种新的查询处理算法，即地理位置敏感的极值点查询处理算法，简记为 LAP-(D,k)查询处理算法。对于给定传感器网络，LAP-(D,k)查询处理算法将返回 k 个最大的感知值及其所在位置，并且保证结果中任何两个位置之间的距离大于 D，其中 k 和 D 是由用户根据具体应用给定的。显然，如果 D 大于传感器节点的感知半径，那么任何一个返回值均未落在其他返回值的感知区域范围内，即每个返回的感知值及其所在位置都能够独立地标识一个异常区域。因而，即便是在 k 比较小的情况下，LAP-(D,k)查询处理算法所返回的结果依然能帮助用户有效地定位异常区域。例如，如图 4-1(a)所示，如果 D 大于区域Ⅰ、Ⅱ、Ⅲ、Ⅳ的半径的最大值，那么 $k=4$ 时就可以定位所有污染区域。

据我们所知，本章是第一个在 top-k 查询处理过程中考虑空间约束条件的工作。在后文的论述中可知，LAP-(D,k)查询处理问题是 NP-难的，而传统的 top-k 查询处理问题仅为 P 问题，所以本章考虑的问题要远难于传统的 top-k 查询处理问题。为了有效地解决 LAP-(D,k)查询处理问题，本章将介绍两种分布式近似算法，其一是分布式贪心算法，其近似比为 5.8；其二是基于区域划分的分布式近似算法，其近似比可达到 3。理论分析和实验表明，分布式贪心算法在 k 比较大、D 比较小的条件下具有较高的性能，而基于区域划分的分布式近似算法适用于相反的情况。

本章的主要贡献如下：

(1)本章首次提出了 LAP-(D,k)查询处理问题，并证明了该问题是 NP-难的；

(2)本章给出了两种分布式近似算法用以解决 LAP-(D,k)查询处理问题，并详细分析了上述两种算法的近似比及复杂性；

(3)本章通过详尽的真实与模拟实验验证了本书所提出的算法的性能。

本章的其余内容组织如下：4.2 节将给出 LAP-(D,k)查询处理问题的定义，并证明该问题是 NP-难的；在 4.3 节将介绍分布式贪心算法，并对其近似比与复杂性进行分析；4.4 节将介绍基于区域划分的分布式近似算法，并对其近似比与复杂性进行分析；4.5 节将通过真实和模拟实验对本章介绍的两种近似算法的性能进行分析；4.6 节将对本章的相关工作进行讨论；4.7 节对本章工作进行总结。

4.2 问题定义

不失一般性，设传感器网络有 n 个传感器节点，并用 $V=\{1,2,\cdots,n\}$表示网络中节点的集合。由于每个特定位置只布置一个传感器节点，所以传感器节点 i（$i \in V$）可以用一个二元组（l_{ti}, s_{ti}）进行标识，其中 l_{ti}、s_{ti} 分别表示传感器节点 i 在时刻 t 的位置和感知值。设 $S_t = \{(l_{t1}, s_{t1}), (l_{t2}, s_{t2}), \cdots, (l_{tn}, s_{tn})\}$ 表示时刻 t 网络中所有感知数据及其相应位置的集合。由于本章主要着眼于如何处理 snapshot 查询，故在后文中，如无特殊说明，我们将利用（l_i, s_i）及 $S = \{(l_1, s_1), (l_2, s_2), \cdots, (l_n, s_n)\}$ 来表示（l_{ti}, s_{ti}）和 S_t。为了便于讨论，我们假设传感器节点的所有感知值均大于 0，并且不同传感器节点的感知值互不相同。本章所介绍的算法同样可以很容易地应用于感知数据小于 0，以及存在着一些节点拥有相同感知值的情况。

定义 4.1（集合权重） 对于任意集合 $U \subseteq S$，$w(U)$ 表示 U 的权重，并且 $w(U) = \sum_{(l_i, s_i) \in U} s_i$。

对于集合 S 中的任意两个二元组（l_i, s_i）和（l_j, s_j），它们之间的距离定义为 $\mathrm{Dis}(i,j)$，其中 $\mathrm{Dis}(i,j)$ 等于 l_i 与 l_j 的欧氏距离。

定义 4.2（*D*-分离的） 对于任意 $D > 0$，两个二元组（l_i, s_i）与（l_j, s_j）称为 D-分离的，当且仅当 $\mathrm{Dis}(i,j) > D$，否则，我们称（l_i, s_i）与（l_j, s_j）是 D-相近的。

定义 4.3（*D*-分离子集） 对于任意 $D \geqslant 0$ 及 $U \subseteq S$，U 称为 S 的 D-分离子集，当且仅当 U 中的任意两个二元组都是 D-分离的。

根据 4.1 节的分析，传感器网络的感知数据是空间相关的，即当 D 较小时，如果 l_i 与 l_j 是 D-相近的，感知数据 s_i 与 s_j 就会十分相近。所以，如果二元组（l_i, s_i）已经作为查询结果返回给用户，那么二元组（l_j, s_j）就没有必要再返回给用户，因为用户可以利用（l_i, s_i）及感知数据的空间相关性来估计（l_j, s_j）。考虑到用户往往希望利用尽量少的感知数据及其位置信息来定位足够多的异常区域，因而，我们要求任意两个属于 LAP-（D,k）查询结果的二元组，（l_j, s_j）与（l_i, s_i），必须是 D-分离的。综上所述，LAP-（D,k）查询的形式化定义如下：

定义 4.4 设 $S = \{(l_1, s_1), (l_2, s_2), \cdots, (l_n, s_n)\}$，$R_{Dk}$ 表示在 S 上的 LAP-（D,k）查询结果，则 R_{Dk} 满足以下 3 个条件：

（1）R_{Dk} 是 S 的一个 D-分离子集；

（2）$|R_{Dk}| \leqslant k$，即 R_{Dk} 中所包含的元组个数小于等于 k；

（3）对于任意满足条件（1）、（2）的集合 T，均有 $w(R_{Dk}) \geqslant w(T)$。

显然，当 $D = 0$ 时，LAP-（D,k）查询等价于传统的 top-k 查询。根据定义 4.4，LAP-（D,k）查询处理问题可描述如下：

输入：

（1）$S = \{(l_1, s_1), (l_2, s_2), \cdots, (l_n, s_n)\}$；

（2）k 和 D。

输出：满足定义 4.4 的元组集合 R_{Dk}。

根据定义 4.4 可知，当 k 和 D 都比较大时，$|R_{Dk}|<k$ 是可能发生的。然而，在大多数情况下，$k \ll n$ 并且 D 与整个监测区域比起来也是很小的，所以在多数情况下有 $|R_{Dk}|=k$。在本章中，为了更全面地考虑问题，在后文中我们对于 $|R_{Dk}|<k$ 的情况亦进行了讨论。

定理 4.1 设 $T=\{(l_{v1},s_{v1}),(l_{v2},s_{v2}),\cdots,(l_{vk},s_{vk})\}$ 表示集合 S 的一个传统 top-k 查询结果，R_{Dk} 表示集合 S 的一个 LAP-(D,k) 查询结果，那么对于任意 $i(1\leqslant i\leqslant k)$，$\exists(l_u,s_u)\in R_{Dk}$ 满足 (l_u,s_u) 与 (l_{vi},s_{vi}) 是 D-相近的。

证明：利用反证法进行证明。

假设 $\exists(l_{vi},s_{vi})\in T$ 满足 (l_{vi},s_{vi}) 与集合 R_{Dk} 中的任何一个元组均是 D-分离的，那么根据 $|R_{Dk}|$ 的大小可分为如下两种情况：

一方面，如果 $|R_{Dk}|<k$，则令 $R_1=\{(l_{vi},s_{vi})\}\cup R_{Dk}$。显然，我们有 $|R_1|\leqslant k$，并且 R_1 中的任意两个元组均是 D-分离的，即集合 R_1 满足定义 4.4 中的条件(1)与条件(2)。最后，由于 $R_1=\{(l_{vi},s_{vi})\}\cup R_{Dk}$，故 $w(R_1)=w(R_{Dk})+s_{vi}>w(R_{Dk})$，这与 R_{Dk} 是集合 S 中的一个 LAP-(D,k) 查询结果相矛盾。

另一方面，如果 $|R_{Dk}|=k$，那么由于 $|R_{Dk}|=|T|=k$，并且 $(l_{vi},s_{vi})\notin R_{Dk}$，故 $\exists(l_u,s_u)\in R_{Dk}\backslash T$。令 $R_2=\{(l_{vi},s_{vi})\}\cup(R_{Dk}\backslash\{(l_u,s_u)\})$。类似于上面的分析，我们有 $|R_2|=k$，并且 R_2 中的任意两个元组均是 D-分离的，即集合 R_2 满足定义 4.4 中的条件(1)与条件(2)。同时，由于 $(l_{vi},s_{vi})\in T$ 且 $(l_u,s_u)\notin T$，则根据传统 top-k 查询结果的定义，我们有 $s_{vi}\geqslant s_{vk}>s_u$，即 $w(R_2)=w(R_{Dk}\backslash\{(l_u,s_u)\})+s_{vi}>s_u+w(R_{Dk}\backslash\{(l_u,s_u)\})=w(R_{Dk})$，这仍然与 R_{Dk} 是集合 S 中的一个 LAP-(D,k) 查询结果相矛盾。

根据上述分析，我们的假设是不成立的。因而，对于任意 $i(1\leqslant i\leqslant k)$，$\exists(l_u,s_u)\in R_{Dk}$ 满足 (l_u,s_u) 与 (l_{vi},s_{vi}) 是 D-相近的。□

定理 1 表明对于任意一个属于传统 top-k 结果的元组 (l_{vi},s_{vi})，我们均能在 R_{Dk} 中找到一个二元组 (l_u,s_u)，使之满足 (l_u,s_u) 与 (l_{vi},s_{vi}) 是 D-相近的。因而，利用 LAP-(D,k) 查询结果及感知数据的空间相关性可估计出所有包含于传统 top-k 查询结果之中的感知数据。所以，传统 top-k 查询结果所指示的异常区域亦可利用 LAP-(D,k) 查询结果进行定位。然而，另一方面，LAP-(D,k) 查询结果所指示的异常区域将远远超出传统 top-k 查询结果的定位能力所及，这是因为传统 top-k 查询未考虑感知数据的空间相关性，其返回的结果往往集中于一个小区域。

综上，LAP-(D,k) 查询对于用户发现、定位异常区域来说是十分重要的。然而，计算 LAP-(D,k) 查询结果却是十分困难的，下面的定理表明 LAP-(D,k) 查询处理问题是 NP-难的。

定理 4.2 LAP-(D,k)查询处理问题是 NP-难的。

证明:当 $D=1$ 及 $k=n$ 时,LAP-(D,k)查询处理问题等价于在加权的 UnitDisk 图(UDG)中计算最大独立集问题。所以,在加权的 UnitDisk 图(UDG)中计算最大独立集问题可以归结为 LAP-(D,k)查询处理问题的一个实例。在文献[299]中,Mitzenmacher 证明了在加权的 UnitDisk 图(UDG)中计算最大独立集问题是 NP-难的。因此,本章讨论的 LAP-(D,k)查询处理问题也是 NP-难的。□

由于 LAP-(D,k)查询处理问题是 NP-难的,故计算精确的 LAP-(D,k)查询结果亦十分困难,尤其是在网络规模比较大的情况下。所以,本章将在第 3、4 节介绍两种分布式近似算法,用以解决 LAP-(D,k)查询处理问题。

4.3 贪心算法

4.3.1 集中式贪心算法

处理 LAP-(D,k)查询的集中式贪心算法的主要思想比较简单,可分为如下 3 步:首先,在 $S=\{(l_1,s_1),(l_2,s_2),\cdots,(l_n,s_n)\}$中选择一个具有最大感知值的元组$(l_v,s_v)$,其中 S 表示网络中所有感知数据及其相应位置的集合,并将(l_v,s_v)插入查询结果中;其次,在 S 中删除所有与(l_v,s_v)是 D-相近的元组;最后,重复上述两步,直至查询结果中包含了 k 个元组或者 $S=\varnothing$。

令 $R_{Dk}^{g}=\{(l_{v_1},s_{v_1}),(l_{v_2},s_{v_2}),\cdots,(l_{v_{k'}},s_{v_{k'}})\}$表示上述贪心算法所返回的结果,其中 $s_{v_1}>s_{v_2}>\cdots>s_{v_{k'}}$,且 $k'\leqslant k$。令 $N(i)$是由那些(l_i,s_i)是 D-相近的元组构成的集合,即 $N(i)=\{(l_j,s_j)\mid \mathrm{Dis}(l_i,l_j)\leqslant D\}$。令 $S'=\bigcup_{j=1}^{k'}N(v_j)$,则下面的引理和定理证明了集中式贪心算法所能达到的近似比为 $5+\min\left\{\frac{4}{5},\frac{n}{k}-1\right\}$,当 $k\leqslant\frac{5n}{9}$,该近似比等于 5.8。

引理 4.1 对于任意$(l_i,s_i)\in S$,均有$|I[N(i)]|\leqslant 5$,其中 $I[N(i)]$表示集合 $N(i)$的一个 D-分离子集。

证明:利用反证法进行证明。

假设$|I[N(i)]|\geqslant 6$,那么由于 $I[N(i)]$表示集合 $N(i)$的一个 D-分离子集,故在 $N(i)$中至少存在 6 个元组满足彼此之间是 D-分离的,不妨设这 6 个元组为$(l_{v_1},s_{v_1}),(l_{v_2},s_{v_2}),\cdots,(l_{v_6},s_{v_6})$。

如图 4-2 所示，设 $l_{v_1},\cdots,l_{v_6}$ 按逆时针排列。由于 (l_{v_1},s_{v_1}) 与 (l_{v_2},s_{v_2}) 是 D-分离的，因而根据定义 4.2，有 $dis(l_{v_1},l_{v_2})>D$。又因为 $(l_{v_1},s_{v_1})\in N(i)$、$(l_{v_2},s_{v_2})\in N(i)$，所以 $dis(l_{v_1},l_i)\leqslant D$ 且 $dis(l_{v_2},l_i)\leqslant D$。因此，根据正弦定理，有 $\angle 1>\frac{\pi}{3}$。同理，$\angle 2>\frac{\pi}{3},\cdots,\angle 6>\frac{\pi}{3}$，故 $\angle 1+\angle 2+\cdots+\angle 6>2\pi$。然而，如图 4-2 所示，$\sum_{i=1}^{6}\angle i\leqslant 2\pi$。由此可见，我们获得了一个矛盾的结果。因此，假设不成立，即 $|I(N(i))|\leqslant 5$。

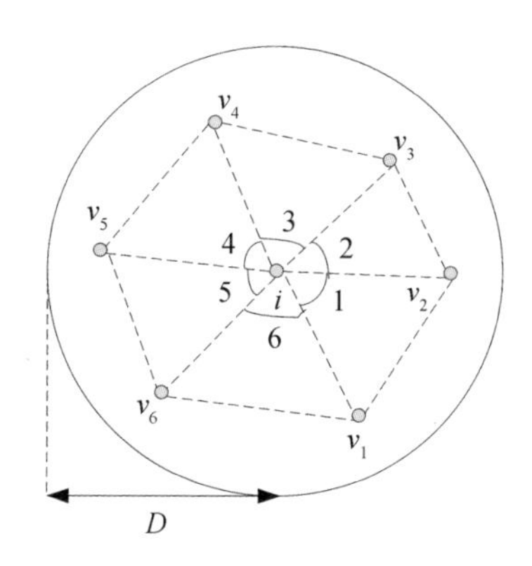

图 4-2　引理 4.1 的一个实例

引理 4.2　设 $S'=\bigcup_{j=1}^{k'}N(v_j)$，$I(S')$ 表示 S' 的一个 D-分离子集，那么 $w(I(S'))\leqslant 5\times w(R_{Dk}^{g})$。

证明： 令 $S'_1=N(v_1)$，且对于任意 $i(2\leqslant i\leqslant k')$，令 $S'_i=N(v_i)\setminus\bigcup_{j=1}^{i-1}N(v_j)$。从而 $S'=\bigcup_{j=1}^{k'}S'_j$，并且对于任意 $1\leqslant i\neq j\leqslant k'$，均有 $S'_i\cap S'_j=\varnothing$。所以，得

$$w(I(S'))=w(I(S')\cap S'_1)+\cdots+w(I(S')\cap S'_{k'})\tag{4-1}$$

由于 $I(S')$ 是 S' 的一个 D-分离子集，那么对于 $I(S')$ 中的任意两个元组来说，它们都是 D-分离的，从而 $I(S')\cap S'_i$ 亦是 S'_i 的一个 D-分离子集，其中 $1\leqslant i\leqslant k'$。由于 $S'_i\subseteq N(v_i)$，所以根据引理 4.1，有

$$|I(S')\cap S'_i|\leqslant 5\tag{4-2}$$

同时，根据集中式贪心算法的贪心选择策略，对于任意 $(l_u,s_u)\in S'_i$ 均有 $s_u\leqslant s_{vi}$。因而，对于任意 $1\leqslant i\leqslant k'$，均有

$$w[I(S')\cap S'_i]=\sum_{(l_u,s_u)\in I(S')\cap S'_i}s_u\leqslant 5\times s_{vi}\tag{4-3}$$

由公式(4-1)和(4-3)可得 $w(I(S'))\leqslant 5\times w(R_{Dk}^{g})$。□

当 $R_{Dk}\subseteq S'$，根据引理 4.2 可知，$w(R_{Dk})\leqslant 5\times w(R_{Dk}^{g})$。而当 $R_{Dk}\not\subset S'$，得如下两个引理：

引理 4.3 当 $R_{Dk}\not\subset S'$时，对于任意$(l_{vi},s_{vi})\in R_{Dk}^{g}$，均有 $N(v_i)\cap R_{Dk}\neq\varnothing$。

证明：利用反证法证明。

假设$\exists(l_{vi},s_{vi})\in R_{Dk}^{g}$满足 $N(v_i)\cap R_{Dk}=\varnothing$。

由于 $R_{Dk}\not\subset S'$，则存在着一个元组(l_u,s_u)，满足$(l_u,s_u)\in R_{Dk}\setminus S'$。令 $R_1=(R_{Dk}\setminus\{(l_u,s_u)\})\cup\{(l_{vi},s_{vi})\}$。

由于 R_{Dk} 是集合 S 的一个 D-分离子集，所以集合 R_{Dk} 中的任意两个元组均是 D-分离的。同时，由于 $N(v_i)\cap R_{Dk}=\varnothing$，故$(l_{vi},s_{vi})$与 R_{Dk} 中的任意一个元组之间都是 D-分离的。因而，$R_1=(R_{Dk}\setminus\{(l_u,s_u)\})\cup\{(l_{vi},s_{vi})\}$也是 S 的一个 D-分离子集。并且，$|R_1|=|R_{Dk}|\leqslant k$，即 R_1 满足定义 4.4 中的条件(1)与(2)。

同时，根据集中式贪心算法的贪心选择策略，有 $s_{vi}\geqslant s_{vk}>s_u$，故 $w(R_1)=s_{vi}+w(R_{Dk}\setminus\{(l_u,s_u)\})>s_u+w(R_{Dk}\setminus\{(l_u,s_u)\})=w(R_{Dk})$，这与 R_{Dk} 是 S 的一个 LAP-(D,k)查询结果相矛盾，所以我们的假设不成立。

因而，当 $R_{Dk}\not\subset S'$时，对于任意$(l_{vi},s_{vi})\in R_{Dk}^{g}$，均有 $N(v_i)\cap R_{Dk}\neq\varnothing$。□

引理 4.4 当 $R_{Dk}\not\subset S'$时，有$|R_{Dk}\cap S'|\geqslant\dfrac{k}{5}$

证明：由 $R_{Dk}\not\subset S'$，我们有$|R_{Dk}^{g}|=k$。因为如果$|R_{Dk}^{g}|<k$ 的话，则根据集中式算法有 $S'=S$，那么 $R_{Dk}\subseteq S'$。

根据定理 4.3，对于$\forall(l_{vi},s_{vi})\in R_{Dk}^{g}$，均有 $N(v_i)\cap R_{Dk}\neq\varnothing$。因为 $N(v_i)\subseteq S'$，故 $N(v_i)\cap(R_{Dk}\cap S')=N(v_i)\cap R_{Dk}\neq\varnothing$。上述结果意味着$\exists(l_w,s_w)\in R_{Dk}\cap S'$满足其与元组$(l_{vi},s_{vi})$的欧拉距离小于等于 D，即$(l_w,s_w)\in N(v_i)$，且$(l_{vi},s_{vi})\in N(w)$。因而，基于上述分析，对于$\forall(l_{vi},s_{vi})\in R_{Dk}^{g}$，$\exists(l_w,s_w)\in R_{Dk}\cap S'$满足$(l_{vi},s_{vi})\in N(w)$。因此，

$$R_{Dk}^{g}\subseteq\bigcup_{(l_w,s_w)\in R_{Dk}\cap S'}N(w)\tag{4-4}$$

即 $R_{Dk}^{g}=R_{Dk}^{g}\cap[\bigcup_{(l_w,s_w)\in R_{Dk}\cap S'}N(w)]=\bigcup_{(l_w,s_w)\in R_{Dk}\cap S'}(N(w)\cap R_{Dk}^{g})$，从而

$$|R_{Dk}^{g}|\leqslant\sum_{(l_w,s_w)\in R_{Dk}\cap S'}|R_{Dk}^{g}\cap N(w)|\tag{4-5}$$

由于 R_{Dk}^{g} 中的任意一对元组都是 D-分离的，所以 $R_{Dk}^{g}\cap N(w)$也是$N(w)$的一个 D-分离子集。根据引理 4.1，有$|R_{Dk}^{g}\cap N(w)|\leqslant 5$。结合公式(4-5)，有$|R_{Dk}^{g}|\leqslant 5\times|R_{Dk}\cap S'|$。

根据前文的分析，有$|R_{Dk}^{g}|=k$，所以$|R_{Dk}\cap S'|\geqslant\dfrac{k}{5}$。□

根据引理 4.1～4.4，得到定理 4.3。

定理 4.3 集中式贪心算法的近似比为 $5+\min\left\{\dfrac{4}{5},\dfrac{n}{k}-1\right\}$。

证明:首先,当 $R_{Dk} \subseteq S'$ 时,我们有 R_{Dk} 是 S' 的一个 D-分离子集,所以根据引理 4.2,有 $w(R_{Dk}) \leqslant 5 \times w(R_{Dk}^g) < \left(5+\min\left\{\frac{4}{5}, \frac{n}{k}-1\right\}\right) \times w(R_{Dk}^g)$。

其次,当 $R_{Dk} \not\subset S'$ 时,根据引理 4.4,得 $|R_{Dk} \cap S'| \geqslant \frac{k}{5}$,即 $|R_{Dk} \backslash S'| \leqslant \frac{4k}{5}$。同时,还有 $|R_{Dk} \backslash S'| \leqslant |S \backslash S'| \leqslant n-k$,所以

$$|R_{Dk} \backslash S'| \leqslant \min\left\{\frac{4k}{5}, n-k\right\} \tag{4-6}$$

根据集中式贪心算法的贪心选择策略,有对于 $\forall (l_u, s_u) \in R_{Dk} \backslash S'$,$(l_u, s_u)$ 满足 $s_u < s_{vk} \leqslant \frac{1}{k} w(R_{Dk}^g)$,因而,结合公式(4-6),有

$$w(R_{Dk} \backslash S') = \sum_{(l_u, s_u) \in R_{Dk} \backslash S'} s_u < \min\left\{\frac{4}{5}, \frac{n}{k}-1\right\} w(R_{Dk}^g) \tag{4-7}$$

同时,由于 $R_{Dk} \cap S'$ 是 S' 的一个 D-分离子集,故根据引理 4.2,得

$$w(R_{Dk} \cap S') \leqslant 5 w(R_{Dk}^g) \tag{4-8}$$

根据公式(4-7)与公式(4-8),得

$$w(R_{Dk}) = w(R_{Dk} \cap S') + w(R_{Dk} \backslash S') < \left(5+\min\left\{\frac{4}{5}, \frac{n}{k}-1\right\}\right) \times w(R_{Dk}^g) \tag{4-9}$$

综上所述,集中式贪心算法的近似比为 $5+\min\left\{\frac{4}{5}, \frac{n}{k}-1\right\}$。□

4.3.2 分布式贪心算法

由于无线传感器网络是一个能源有限的分布式系统,所以集中式算法不适合在其中应用。因而,本节将给出一种分布式贪心算法,用以处理 LAP-(D,k) 查询。

分布式贪心算法包含两个子算法,分别称之为传感器节点标记算法(sensor marking algorithm)、查询结果收集算法(result collecting algorithm)。第一种算法的主要功能是在传感器网络中标记"候选节点";第二种算法的主要功能是在所有"候选节点"的感知数据中选择 k 个最大感知值返回给用户,同时,这些感知值所发生的位置也作为查询结果的一部分返回给用户。下面,我们将详细阐述上述两个子算法。

传感器节点标记算法的有效执行需要网络中每个传感器节点 $i(i \in V)$ 维护两个变量:其一是 mark,其二是 counter。其中,mark 有三个可能的取值,分别为"undecided"、"selected"及"unselected";而 counter 是一个二进制数,用来计算在

节点 i 决定改变其"undecided"之前有多少传感器节点已被标记成"*selected*"。由于 Bloom Filter 技术[299]在无重复计数方面十分有效，所以本章将采用该技术构建 counter。基于上述分析，对于网络中的任意一个传感器节点 $i(i\in V)$，其运行的传感器节点标记算法包含如下 3 步：

第一步，传感器节点 i 首先将 mark 设置为"undecided"，同时将其感知值及所在位置在半径为 D 的范围内进行广播。

第二步，当传感器节点 i 收到来自其 D-相近的节点所发送的感知数据时，它将计算 $G(i)$，具体计算方法为 $G(i)=\{j\,|\,(l_j,s_j)\in N(i)\wedge s_j>s_i\}$。

第三步，根据 $G(i)$，传感器节点 i 按如下方式更新 mark 与 counter：

(1) 当 $G(i)=\varnothing$ 时，这意味着传感器节点在其所有的 D-相近的节点之中拥有最大的感知值。因而，节点 i 首先将 mark 更新为"*selected*"，然后利用 Bloom Filter 技术[299]将其自身 Id 映射成一个二进制数，并令 counter 等于该二进制数。最后，节点 i 将新的 mark 与 counter 在半径为 D 的范围内进行广播。

(2) 当 $G(i)\neq\varnothing$ 时，如果集合 $G(i)$ 中存在着一个节点，其 mark 是"undecided"，那么传感器节点 i 不进行任何操作。否则，节点 i 首先对 $G(i)$ 中节点所返回的 counter 进行"或"操作，并令自身的新 counter 等于上述操作的结果。其次，节点 i 计算新 counter 中"1"的个数，如果该个数大于等于 k，则节点 i 不进行任何操作，否则，节点 i 将根据 $G(i)$ 中节点所返回的 mark 值，决定自身的新 mark：①如果在 $G(i)$ 中存在着一个节点被标记为"selected"，那么节点 i 将自身 mark 设置为"unselected"；②如果 $G(i)$ 中的所有节点均被标记为"unselected"，那么节点 i 将自身 mark 设置为"selected"，并利用 Bloom Filter 技术[299]将自身的 Id 映射成一个二进制数，然后计算 counter 与上述二进制数进行"或"操作的结果，并更新 counter。最后，如果节点 i 的 mark 由"undecided"转变为"selected"或"unselected"，那么节点 i 会将新的 mark 与 counter 在半径为 D 的范围内进行广播。

详细的传感器节点标记算法如算法 4-1 所示。

查询结果收集算法比较简单，包含如下 4 步：首先，传感器网络中的节点被组织成一棵以 Sink 节点为根的生成树；其次，mark 值为"selected"，那些"候选节点"利用基于生成树的聚集算法[155]将自身感知值与所在位置进行传输；第三，上述数据在传输过程中进行聚集直至 Sink；最后，Sink 将所得到的结果信息返回给用户。由于感知数据与位置信息在传输过程中进行了聚集，所以生成树中的每个传感器节点最多传送 k 个感知值及其所在位置至其父节点。生成树的维护算法可见文献[287]。

详细的查询结果收集算法如算法 4-2 所示。

```
   Input: V = {1, 2, ..., n}, S = {(l_1, s_1), (l_2, s_2), . . . , (l_n, s_n)}, k, D
   Output: The marks of sensors
1  for each sensor i in V do
2      Mark itself as "undecided";
3      Broadcast (l_i, s_i) in distance D;
4      Receive the sensed values and locations from the sensors in N(i);
5      G(i) = {j|j ∈ N(i) ∧ s_j > s_i};
6      if G(i) = φ then
7          Mark sensor i as "selected";
8          Counter(i) =Bloom_Fliter(i); /*Bloom_Filter() is in [299]*/
9          Broadcast i's new mark and Counter(i) to the sensors in distance D;
10     end
11     else
12         if none of sensor in G(i) is marked as "undecide" then
13             Counter(i) = OR_{j∈G(i)}Counter(j);
14             c = ∑ b_l; /* b_l =(0 or 1) is l^th bit of Counter(i)*/
15             if c < k then
16                 if all sensors in G(i) is marked as "unselected" then
17                     Mark i as "selected";
18                     h_i =Bloom_Fliter(i);
19                     Counter(i) = Counter(i) OR h_i;
20                 end
21                 else
22                     Mark i as "unselected";
23                 end
24                 Broadcast i's new mark and Counter(i) in distance D;
25             end
26         end
27     end
28 end
```

算法 4-1 传感器节点标记算法

```
Input: S = {(l_1, s_1), (l_2, s_2), ..., (l_n, s_n)}, k
Output: R^{dg}_{Dk}
1  Organize all sensors as a spanning tree rooted at sink;
2  for each sensor i in the network do
3      if Sensor i is marked as "selected" then
4          CData(i) = {(l_i, s_i)};
5      end
6      else
7          CData(i) = φ;
8      end
9      if Sensor i is the leaf and marked as "selected" then
10         Sends CData(i) to its parent;
11     end
12     else
13         Receive {CData(i_v)|1 ≤ v ≤ r} from its sons;
14         CData(i) = CData(i) ∪_{v=1}^{r} CData(i_v);
15         s_k = the k^th largest sensed value in CData(i);
16         for each element (l_v, s_v) in CData(i) do
17             if s_v < s_k then
18                 Delete (l_v, s_v) from CData(i);
19             end
20         end
21         if Sensor i is not the sink then
22             Sends CData(i) to its parent;
23         end
24         else
25             R^{dg}_{Dk} = CData(i);
26             Return R^{dg}_{Dk};
27         end
28     end
29 end
```

算法 4-2　查询结果收集算法

设 t_0 表示距离小于等于 D 的两个节点进行通信所耗的时间。由于无线传感器网络是利用无线电波进行通信，而无线电波的速度等于光速，故 t_0 十分小，$2nt_0$ 也非常小，所以我们可以假设在 $2nt_0$ 时间内感知数据不发生变化。

基于上述分析，分布式贪心算法包含如下两步：第一，Sink 节点利用传感器节点标记算法来标记网络中的“候选节点”；第二，Sink 节点将等待 $2nt_0$，然后调用查询结果收集算法以获取查询结果。详细的分布式贪心算法由算法 4-3 给出。

Input: $V = \{1, 2, ..., n\}, S = \{(l_1, s_1), (l_2, s_2), \ldots, (l_n, s_n)\}, k, D$

Output: R_{Dk}^{dg}

1 **Sensor Marking Algorithm**(V, S, k, D); // in Algorithm 1

2 t_0=the transmission time of two sensors within the range of D;

3 wait($2 \times n \times t_0$);

4 R_{Dk}^{dg}=**Result Collecting Algorithm**(S, k); // in Algorithm 2

5 Return R_{Dk}^{dg};

算法 4-3 分布式贪心算法

Sink 节点之所以需要等待 $2nt_0$ 再调用查询结果收集算法，是由如下两个原因所决定的：其一，在传感器节点标记算法中，网络中的所有传感器节点无冲突地在半径 D 范围内广播自身的感知值与所在位置最多需要 nt_0；其二，在传感器节点标记算法中，网络中最多节点有 n 个节点的 mark 值由最初“undecided”变为“selected”或“unselected”，所以网络中的节点无冲突地在半径 D 范围内广播新的 mark 与 counter 值最多也需要 nt_0。因此，经过 $2nt_0$，传感器节点标记算法可以执行完毕，所以 Sink 节点需要等待 $2nt_0$ 再调用查询结果收集算法。

令 R_{Dk}^{g} 与 R_{Dk}^{dg} 分别表示集中式和分布式贪心算法所返回的结果，V_s 表示被标记为“selected”的传感器节点所构成的集合，且 $T_s = \{(l_i, s_i) \mid i \in V_s\}$。下面的引理与定理证明了 $w(R_{Dk}^{g}) = w(R_{Dk}^{dg})$。

引理 4.5 T_s 构成了 S 的一个 D-分离子集。

证明：利用反证法进行证明。

假设 T_s 中存在两个元组，即 (l_{w_1}, s_{w_1}) 与 (l_{w_2}, s_{w_2})，满足 (l_{w_1}, s_{w_1}) 与 (l_{w_2}, s_{w_2}) 是 D-相近的，那么有 $\mathrm{Dis}(l_{w_1}, l_{w_2}) \leqslant D$，即 $w_1 \in N(w_2)$ 且 $w_2 \in N(w_1)$。

不失一般性，假设 $s_{w_1} > s_{w_2}$，即 $w_1 \in G(w_2)$。根据传感器节点标记算法，当传感器节点 w_1 的 mark 值为“undecided”时，节点 w_2 不做任何操作；而当节点 w_1 的 mark 值已然更新为“selected”时，由于 w_1 属于集合 $G(w_2)$，所以 w_2 的 mark 值只能选择“unselected”或“undecided”。从而可得 $(l_{w_2}, s_{w_2}) \notin T_s$，这与

(l_{w_1},s_{w_1})和(l_{w_2},s_{w_2})是 T_s 中的两个元组相矛盾。所以,我们的假设不成立,即 T_s 中任意两个元组都是 D-分离的。因而,T_s 构成了 S 的一个 D-分离子集。□

引理 4.6 $R_{Dk}^{g} \subseteq T_s$。

证明:令 $R_{Dk}^{g}=\{(l_{v_1},s_{v_1}),(l_{v_2},s_{v_2}),\cdots,(l_{v_{k'}},s_{v_{k'}})\}$表示集中式贪心算法所返回的结果,其中 $s_{v_1}>\cdots>s_{v_{k'}}$ 且 $k'\leqslant k$。只需证明对于任意的 $j(1\leqslant j\leqslant k')$,均有$(l_{v_j},s_{v_j})\in T_s$ 即可。下面利用数学归纳法进行证明。

(1)当 $j=1$ 时,根据集中式贪心算法的贪心选择策略可知,传感器节点 v_1 拥有全网最大的感知值。而根据传感器节点标记算法,节点 v_1 会将其自身的 mark 设置为“selected”,所以$(l_{v_1},s_{v_1})\in T_s$。

(2)假设当 $j=j_0$ 时,引理 4.5 成立,即$(l_{v_1},s_{v_1}),(l_{v_2},s_{v_2}),\cdots,(l_{v_{j_0}},s_{v_{j_0}})$均属于集合 T_s,其中 $j_0\leqslant k'-1$。下面将证明$(l_{v_{j_0+1}},s_{v_{j_0+1}})\in T_s$。

根据集中式贪心算法的贪心选择策略可知,元组$(l_{v_{j_0+1}},s_{v_{j_0+1}})$在集合 $S\backslash\bigcup_{i=1}^{j_0}N(v_i)$之中拥有最大的感知值,即

$$\{w \mid s_w > s_{v_{j_0+1}} \wedge (l_w,s_w) \notin \bigcup_{i=1}^{j_0}N(v_i)\} = \varnothing \tag{4-10}$$

如果 $v_{j_0+1}\notin T_s$,那么节点 v_{j_0+1}的 mark 值只有两个可能的取值“unselected”或“undecided”。

当节点 v_{j_0+1}的 mark 值取“unselected”时,根据传感器节点标记算法可知,$\exists u\in G(v_{j_0+1})$满足节点 u 被标记为“selected”,即$(l_u,s_u)\in T_s$,(l_u,s_u)与$(l_{v_{j_0+1}},s_{v_{j_0+1}})$是 D-相近的,并且 $s_u>s_{v_{j_0+1}}$。如果 $u\in\{v_1,\cdots,v_{j_0}\}$,那么由于$(l_u,s_u)$与$(l_{v_{j_0+1}},s_{v_{j_0+1}})$是 D-相近的,则 R_{Dk}^{g} 将不是 S 的 D-分离子集,这与“集中式算法返回的是 S 的一个 D-分离子集”相矛盾。如果 $u\notin\{v_1,\cdots,v_{j_0}\}$,那么由于$(l_{v_1},s_{v_1})$,$(l_{v_2},s_{v_2}),\cdots,(l_{v_{j_0}},s_{v_{j_0}})$均属于集合 T_s 且$(l_u,s_u)\in T_s$,故根据引理 4.5 有(l_u,s_u)与集合$\{(l_{v_1},s_{v_1}),(l_{v_2},s_{v_2}),\cdots,(l_{v_{j_0}},s_{v_{j_0}})\}$中的任意元组都是 D-分离的,即$(l_u,s_u)\notin\bigcup_{i=1}^{j_0}N(v_i)$。同时,由于 $s_u>s_{v_{j_0+1}}$,有$\{w\mid s_w>s_{v_{j_0+1}}\wedge(l_w,s_w)\notin\bigcup_{i=1}^{j_0}N(v_i)\}\supseteq\{u\}\neq\varnothing$,这与公式(4-10)相矛盾。因此,$v_{j_0+1}$的 mark 值不可能取“unselected”。

当节点 v_{j_0+1}的 mark 值为“undecided”时,令

$$h_i=\begin{cases}\text{Bloom Filter}(i);i\ \text{被标记为“selected”}\\ 0,i\ \text{被标记为“selected”}\end{cases} \tag{4-11}$$

其中,$i(i\in V)$表示网络中的任意节点,*Bloom Filter*(i)表示利用 Bloom Filter 技术[299]将节点 i 的 Id 所映射成的二进制数。

同时,令 $G_{j_0+1}^{1}=G(v_{j_0+1})=\{u\mid s_u>s_{v_{j_0+1}}\wedge(l_u,s_u)\in N(v_{j_0+1})\}$,对于任意

$m \geqslant 2$，令 $G^m_{j_0+1} = \bigcup_{v \in G^{m-1}_{j_0+1}} G(v)$，最后令 $G^*_{j_0+1} = \bigcup_{m \geqslant 1} G^m_{j_0+1}$。根据传感器节点标记算法可知

$$
\begin{aligned}
\text{Counter}(v_{j_0+1}) &= OR_{u \in G^1_{j_0+1}} \text{Counter}(u) \\
&= OR_{u \in G^1_{j_0+1}} \{h_u OR(OR_{q \in G(u)} \text{Counter}(q)]\} \\
&= (OR_{u \in G^1_{j_0+1}} h_u) OR(OR_{q \in G^2_{j_0+1}} \text{Counter}(q)] \\
&= (OR_{v \in G^1_{j+1} \cup G^2_{j_0+1}} h_v) OR(OR_{q' \in G^3_{j_0+1}} \text{Counter}(q')] \\
&\vdots \\
&= OR_{w \in G^*_{j_0+1}} hw
\end{aligned}
\tag{4-12}
$$

由 Bloom Filter 技术[299]、公式(4-11)及(4-12)可知，$\text{Counter}(v_{j_0+1})$中的"1"的个数表示集合 $G^*_{j_0+1}$ 中有多个节点被标记为"selected"。由于节点 v_{j_0+1} 的 mark 值为"undecided"，则根据传感器节点标记算法，$\text{Counter}(v_{j_0+1})$中的"1"的个数大于等于 k，即集合 $G^*_{j_0+1}$ 中至少有 k 个节点被标记为"selected"。

由于 $k \geqslant k' > j_0$，则 $\exists u \in G^*_{j_0+1}$ 满足 u 的 mark 值为"selected"且 $u \notin \{v_1, v_2, \cdots, v_{j_0}\}$。根据引理 4.5，$(l_u, s_u)$与集合$\{(l_{v_1}, s_{v_1}), (l_{v_2}, s_{v_2}), \cdots, (l_{v_{j_0}}, s_{v_{j_0}})\}$中的任意元组都是 D-分离的，即$(l_u, s_u) \notin \bigcup_{i=1}^{j_0} N(v_i)$。同时，由于 $u \in G^*_{j_0+1}$，故 $s_u > s_{v_{j_0+1}}$，即$\{w \mid s_w > s_{v_{j_0+1}} \wedge (l_w, s_w) \notin \bigcup_{i=1}^{j_0} N(v_i)\} \supseteq \{u\} \neq \varnothing$，这依然与公式(4-10)相矛盾。所以，$v_{j_0+1}$ 的 mark 值不可能取"undecided"。

综上，v_{j_0+1} 的 mark 值只能取"selected"，即$(l_{v_{j_0+1}}, s_{v_{j_0+1}}) \in T_s$。

由(1)和(2)可知，对于任意$(l_{v_j}, s_{v_j}) \in R^g_{Dk}$，均有$(l_{v_j}, s_{v_j}) \in T_s$，因而，$R^g_{Dk} \subseteq T_s$。□

定理 4.4 $w(R^g_{Dk}) = w(R^{dg}_{Dk})$。

证明： 根据$|R^g_{Dk}|$的大小可分两种情况进行讨论。

(1) $|R^g_{Dk}| < k$。假设 $T_s \not\subset R^g_{Dk}$，即 $\exists (l_u, s_u) \in T_s$ 满足$(l_u, s_u) \notin R^g_{Dk}$。根据引理 4.5 与引理 4.6 可知，$T_s$ 是 S 的一个 D-分离子集，并且 $R^g_{Dk} \subseteq T_s$，因而，(l_u, s_u)与集合 R^g_{Dk} 中的任意元组都是 D-分离的，即$(l_u, s_u) \notin \bigcup_{(l_{v_j}, s_{v_j}) \in R^g_{Dk}} N(v_j)$。同时，根据 4.3.1 节所介绍的集中式贪心算法，当$|R^g_{Dk}| < k$ 时，有 $S = \bigcup_{(l_{v_j}, s_{v_j}) \in R^g_{Dk}} N(v_j)$。从而，$(l_u, s_u) \notin S$，这与 S 包含网络中所有感知数据及其相应位置相矛盾。因此，当$|R^g_{Dk}| < k$ 时，$T_s \subseteq R^g_{Dk}$ 成立，结合引理 4.6，有 $T_s = R^g_{Dk}$。

由于 $T_s=R_{Dk}^g$，故 $|T_s|=|R_{Dk}^g|<k$，即网络中别标记为“selected”的节点个数小于 k 个，所以根据查询结果收集算法，T_s 中的所有元组都将作为查询结果返回给用户，即 $T_s=R_{Dk}^{dg}$。从而，$w(R_{Dk}^g)=w(T_s)=w(R_{Dk}^{dg})$。

(2) $|R_{Dk}^g|=k$。根据引理 4.6 有 $R_{Dk}^g\subseteq T_s$，故 $|T_s|\geqslant k$。根据查询结果收集算法，R_{Dk}^{dg} 将包含 T_s 中的感知值最大的 k 个元组，所以有 $w(R_{Dk}^{dg})\geqslant w(R_{Dk}^g)$。

假设 $\exists(l_u,s_u)\in T_s\backslash R_{Dk}^g$ 满足 $s_u>s_{v_k}$，其中，$\{(l_{v_1},s_{v_1}),\cdots,(l_{v_k},s_{v_k})\}=R_{Dk}^g$ 且 $s_{v_1}>s_{v_2}>\cdots>s_{v_k}$。与情况(1)中的分析类似，由此可得 (l_u,s_u) 与集合 R_{Dk}^g 中的任意元组都是 D-分离的，即 $(l_u,s_u)\notin\bigcup_{i=1}^{k-1}N(v_i)$。故根据集中式贪心算法的贪心选择策略，元组 (l_u,s_u) 将代替 (l_{v_k},s_{v_k}) 包含于 R_{Dk}^g 之中，即 $(l_{v_k},s_{v_k})\notin R_{Dk}^g$，这与 $R_{Dk}^g=\{(l_{v_1},s_{v_1}),\cdots,(l_{v_k},s_{v_k})\}$ 相矛盾。故对于任意 $(l_u,s_u)\in T_s\backslash R_{Dk}^g$，均有 $s_u\leqslant s_{v_k}$。所以，R_{Dk}^g 也包含 T_s 中的感知值最大的 k 个元组，即 $w(R_{Dk}^g)\geqslant w(R_{Dk}^{dg})$。根据前文的分析，有 $w(R_{Dk}^g)=w(R_{Dk}^{dg})$。

根据(1)与(2)的分析，得 $w(R_{Dk}^g)=w(R_{Dk}^{dg})$。□

由于分布式贪心算法返回的结果的权值与集中式贪心算法返回的结果的权值相等，故分布式贪心算法的近似比亦为 $5+\min\left\{\frac{4}{5},\frac{n}{k}-1\right\}$；当 $k\leqslant\frac{5n}{9}$ 时，该近似比等于 5.8。

4.3.3 算法的复杂性

设 e_1 与 e_2 分别表示一个传感器节点发送和接收 1 个字节数据所消耗的能量，A_l 与 A_w 分别表示监测区域的长度和宽度，$n_{\max}=\max_{i\in V}|N(i)|$。由于传感器网络的寿命取决于能量消耗最大的节点，下面将对节点运行分布式贪心算法所需的最大计算复杂性与通信复杂性进行分析。

在运行传感器节点标记算法的过程中，传感器节点 $i(i\in V)$ 首先需要将自身的感知值及所在位置在半径为 D 的范围内广播，同时节点 i 需收集 D 范围内的邻居节点的感知数据，因而其通信复杂性为 $O(e_1+e_2|N(i)|)$。其次，传感器节点 i 需要计算 $G(i)$，其计算复杂性为 $O(|N(i)|)$。第三，节点 i 需要收集集合 $G(i)$ 中的节点的 mark 值，并根据上述 mark 值来决定自身的标记，在这一过程中节点 i 的通信复杂性为 $O(e_2|G(i)|)$，计算复杂性为 $O(|G(i)|)$。最后，如果节点 i 的 mark 值不再是“undecided”，则节点 i 将在半径为 D 的范围内广播其新的 mark 值与 Counter 值，其通信复杂性为 $O(e_1)$。综上，因为 $|G(i)|\leqslant|N(i)|\leqslant$

$n_{\max}$，故网络中的节点在运行传感器节点标记算法时，所达到的最大通信复杂性与计算复杂性分别为 $O(e_1+n_{\max}e_2)$ 与 $O(n_{\max})$。

在运行查询结果收集算法的过程中，所有被标记为“selected”的传感器节点都会将感知值与所在位置传送至生成树中的父节点。由于任意两个被标记为“selected”的传感器节点之间的距离大于 D，故在直径为 D 的圆中不可能出现两个被标记为“selected”的传感器节点，所以在运行传感器节点标记算法后，网络中最多有 $\left\lceil\frac{(A_l+2D)(A_w+2D)}{\pi(D/2)^2}\right\rceil$ 个节点被标记为“selected”。因而，对于生成树中的任意节点来说，它最多接收来自于 $\left\lceil\frac{(A_l+2D)(A_w+2D)}{\pi(D/2)^2}\right\rceil$ 个节点的数据，所以在此步中，节点的最大通信复杂性为 $Oe_2\left(\frac{(A_l+D)(A_w+D)}{D^2}\right)$。其次，生成树中的中间节点将对收到的数据进行聚集，其将利用文献[300]所介绍的线性算法，选出 k 个感知值最大的元组进行传送。此过程的最大计算复杂性与通信复杂性分别为 $O\left(\frac{(A_l+D)(A_w+D)}{D^2}\right)$ 与 $O(ke_1)$。综上，在运行查询结果收集算法时，网络中的节点所达到的最大通信复杂性与计算复杂性分别为 $O\left(ke_1+e_2\frac{(A_l+D)(A_w+D)}{D^2}\right)$ 与 $O\left(\frac{(A_l+D)(A_w+D)}{D^2}\right)$。

基于上述分析，网络中的传感器节点在运行分布式贪心算法时，所需的最大通信和计算复杂性分别为 $O\left\{ke_1+e_2\left(n_{\max}+\frac{(A_l+D)(A_w+D)}{D^2}\right)\right\}$ 与 $O\left(n_{\max}+\frac{(A_l+D)(A_w+D)}{D^2}\right)$。

4.4　基于区域划分的分布式算法

4.4.1　算法的总体思想

尽管分布式贪心算法比较简单，但是它的近似比较大。同时，该算法需要网络中的一些节点在半径为 D 的范围内广播两次，故当 D 较大时，分布式贪心算法将消耗较多的能量。鉴于上述原因，本节将介绍一种基于区域划分的分布式算法，用以处理 LAP-(D,k) 查询。我们证明了该算法的近似比为 3。

基于区域划分的分布式算法的主要步骤如下：

首先，如图 4-3 所示，利用边长为 D 的正六边形将整个监测区域划分成若干个网格。

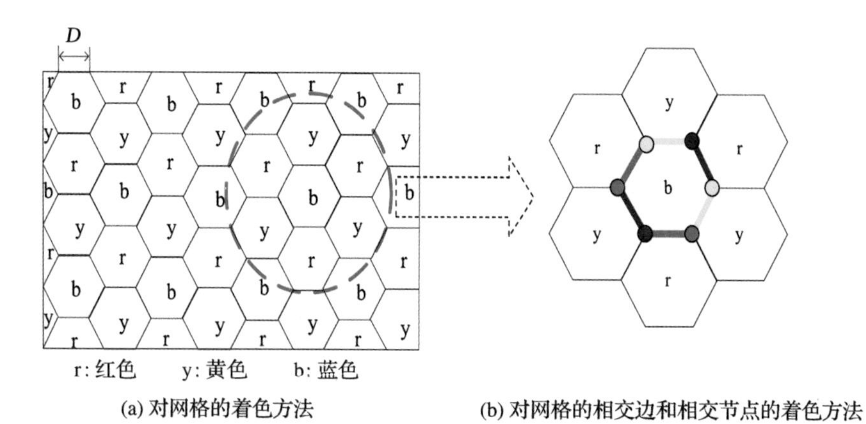

图 4-3 监测区域着色方法

其次，利用红、黄、蓝三种颜色对每个网格进行着色，具体着色方法如图 4-3(a)所示，对于各个网格的相交边和相交节点的着色方法如图 4-3(b)所示。而后，网络中的每个传感器节点选择与其所在网格相同的颜色进行着色。经过上述两步，网络中的传感器节点将被划分成 3 个集合，V_r、V_y 与 V_b，并且这 3 个集合两两相交为空。同样的，S 也被划分为 3 个互不相交的集合，记为 S_r、S_y 与 S_b。根据图 4-3(a)的着色方法可知，两个相同颜色的网格之间的最小距离大于 D，所以我们有如下结论：对于两个着有相同颜色的节点来说，如果它们属于不同的网格，那么它们一定是 D-分离的。

最后，分别计算 S_r、S_y 与 S_b 的精确的 LAP-(D,k)查询结果，记为 R_{Dk}^r、R_{Dk}^y 与 R_{Dk}^b。在 R_{Dk}^r、R_{Dk}^y 与 R_{Dk}^b 中选择一个具有最大权值的集合作为 S 的一个近似 LAP-(D,k)查询结果返回给用户。

详细的基于区域划分的分布式算法由算法 4-4 给出。

令 R_{Dk} 表示 S 的一个精确的 LAP-(D,k)查询结果。下面的定理 4.5 证明了基于区域划分的分布式算法的近似比为 3。

定理 4.5 $w(R_{Dk})\leqslant 3\times\max\{w(R_{Dk}^r),w(R_{Dk}^y),w(R_{Dk}^b)\}$。

证明： 由 $S=S_r\cup S_y\cup S_b$ 及 S_r、S_y、S_b 两两相交为空可知

$$w(R_{Dk})=w(R_{Dk}\cap S_r)+w(R_{Dk}\cap S_y)+w(R_{Dk}\cap S_b) \tag{4-13}$$

根据定义 4.4 可知，R_{Dk} 是 S 的一个 D-分离子集，所以 $R_{Dk}\cap S_r$ 亦是 S_r 的一个 D-分离子集。同时，$|R_{Dk}\cap S_r|\leqslant|R_{Dk}|\leqslant k$，即 $R_{Dk}\cap S_r$ 满足定义 4.4 中的

```
Input: V = {1,2,...,n}, S = {(l_1, s_1), (l_2, s_2), ..., (l_n, s_n)}, k, D
Output: R^c_Dk
1  Color the region as shown in Fig.4-3;
2  Each sensor choose the same color with the cell it is in;
3  V_r, V_y and V_b be the set of red, yellow and blue sensors;
4  S_r = {(l_v, s_v)|v ∈ V_r};
5  S_y = {(l_v, s_v)|v ∈ V_y};
6  S_b = {(l_v, s_v)|v ∈ V_b};
7  R^r_Dk=Find-LAPk(V_r, S_r, k, D); /* in Algorithm 4-5*/
8  R^y_Dk =Find-LAPk(V_y, S_y, k, R);
9  R^b_Dk=Find-LAPk(V_b, S_b, k, R);
10 Find c in {r, b, y} that w(R^c_Dk) = max{w(R^r_Dk), w(R^y_Dk), w(R^b_Dk)};
11 Return R^c_Dk;
```

算法 4-4　基于区域划分的分布式算法

条件(1)与(2)。由于 R^r_{Dk} 是 S_r 的一个精确的 LAP-(D,k)查询结果,故根据定义4.4可知,$w(R_{Dk}\cap S_r)\leqslant w(R^r_{Dk})$。

同理,可证明 $w(R_{Dk}\cap S_y)\leqslant w(R^y_{Dk})$ 与 $w(R_{Dk}\cap S_b)\leqslant w(R^b_{Dk})$。结合公式(4-11),可得 $w(R_{Dk})\leqslant 3\times\max\{w(R^r_{Dk}),w(R^y_{Dk}),w(R^b_{Dk})\}$。□

根据前文的分析,为了使基于区域划分的分布式算法有效地运行,我们需要解决的关键问题是如何计算 R^r_{Dk}、R^y_{Dk} 与 R^b_{Dk}。在下面的章节中,我们将以计算 R^r_{Dk} 为例,给出计算 R^r_{Dk}、R^y_{Dk} 与 R^b_{Dk} 的方法。

4.4.2　R^r_{Dk}的计算方法

由于 R^r_{Dk} 表示 S_r 的一个精确的 LAP-(D,k)查询结果,故计算 R^r_{Dk} 的算法包含如下 3 步:

第一步,根据传感器节点的感知值与所在位置,在每个网格中选出"候选元组",这些"候选元组"对于计算 R^r_{Dk} 是有用的;

第二步,对来自不同网格的"候选元组"进行网内传输,同时在传输过程中进行聚集、删减,直至 Sink 节点收到所需数据;

第三步,Sink 节点根据所收到的数据,利用动态规划算法计算 R^r_{Dk}。

该算法的伪代码由算法 4-5 给出,在下面的章节中,我们将对上述 3 步做详细的解释。

Input: V_r, S_r, k

Output: (R^r_{Dk}, Loc_r, Val_r)

1 **for** each cell i with red color **do**

2 $V_r^{(i)}$ = the set of sensors in Cell i;

3 $S_r^{(i)} = \{(l_u, s_u)|v \in V_r^{(i)}\}$

4 $CT(i)$ =**Finding Candidate Tuples**($k, V_r^{(i)}, S_r^{(i)}, D$); /* in Algorithm 4-6 */

5 **end**

6 CT=**Transmitting Candidate Tuples**($k, \{R^{(i)}_{Dl}|1 \leq l \leq 5, 1 \leq i \leq n_r\}$); /* in Algorithm 4-7*/

7 R^r_{Dk}=**Dynamic-Programming**(k, CT); /* in Algorithm 4-8 */

8 Return R^r_{Dk};

算法 4-5 LAP-(D,k)算法

4.4.2.1 第一步的详细过程

设 n_r 表示网络中红色网格的数量,$V_r^{(i)}$ 表示第 i 个红色网格所包含的节点的集合,其中 $1 \leqslant i \leqslant n_r$。设 $S_r^{(i)} = \{(l_u, s_u) | u \in V_r^{(i)}\}$,$R^{(i)}_{Dl}$ 表示 $S_r^{(i)}$ 的一个精确的 LAP-(D,l)查询结果。下面的引理 4.7 和定理 4.6 表明:对于任何网格 $i(1 \leqslant i \leqslant nr)$,只需传送集合 $\bigcup_{l=1}^{5} R^{(i)}_{Dl}$ 中的元组即可。因而,我们将集合 $\bigcup_{l=1}^{5} R^{(i)}_{Dl}$ 中的元组称作网格 i 的"候选元组"。

引理 4.7 $S_r^{(i)}$ 的任意一个 D-分离子集的大小不超过 5。

证明:利用反证法进行证明。

假设 $S_r^{(i)}$ 存在一个 D-分离子集,其大小超过 5。那么在网格 i 中至少存在 6 个传感器节点,记为 $v_1, v_2, \cdots, v_6$,满足两两之间是 D-分离的。

如图 4-4 所示,设 O 为网格 i 的中心点,则由于 v_1 与 v_2 均在网格 i 内,从而有 $\mathrm{Dis}(O, l_{v_1}) \leqslant D$ 及 $\mathrm{Dis}(O, l_{v_2}) \leqslant D$。同时,由于节点 v_1 与 v_2 是 D-分离的,所以有 $\mathrm{Dis}(l_{v_1}, l_{v_2}) > D$。因此,通过正弦定理可知,如图 4-4 所示,$\angle 1 > \frac{\pi}{3}$。同理,$\angle 2 > \frac{\pi}{3}, \cdots, \angle 6 > \frac{\pi}{3}$,即 $\sum_{i=1}^{6} \angle i > 2\pi$,这与 $\sum_{i=1}^{6} \angle i \leqslant 2\pi$ 相矛盾。因而,假设不成立。所以,$S_r^{(i)}$ 的任意一个 D-分离子集的大小不超过 5。

定理 4.6 存在 S_r 的一个精确的 LAP-(D,k)查询结果,记为 R^r_{Dk},满足 $R^r_{Dk} \subseteq \bigcup_{i=1}^{n_r} [\bigcup_{l=1}^{5} R^{(i)}_{Dl}]$。

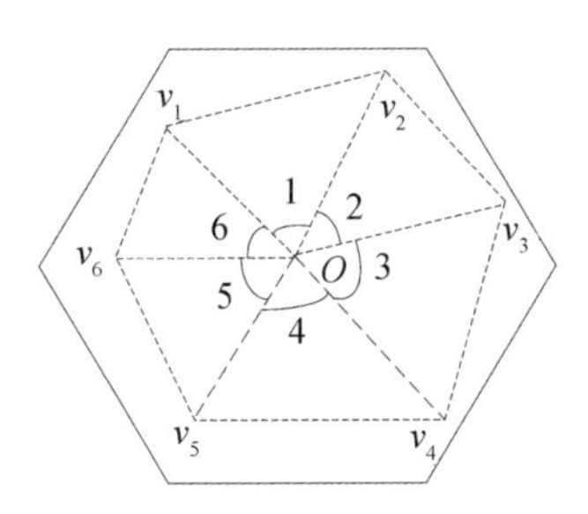

图 4-4 引理 4.7 的一个实例

证明:令 R_1 是 S_r 的一个精确的 LAP-(D,k)查询结果,那么 $R_1 \cap V_r^{(i)}$ 是 $S_r^{(i)}$ 的一个 D-分离子集。根据引理 4.7 可知,$|R_1 \cap V_r^{(i)}| \leqslant 5$。

设 R_1 满足 $|R_1 \cap S_r^{(i)}| = l$,但 $R_1 \cap S^{(i)} \neq R_{Dl}^{(i)}$,其中 $1 \leqslant i \leqslant n_r$ 且 $1 \leqslant l \leqslant 5$。令 $R_{Dk}^r = (R_1 \backslash S_r^{(i)}) \cup R_{Dl}^{(i)}$,下面将证明 R_{Dk}^r 也是 S_r 的一个精确的 LAP-(D,k)查询结果。

首先,根据图 4-3 可知,如果两个拥有同样颜色的传感器节点属于不同网格,那么它们一定是 D-分离的。因此,集合 $R_1 \backslash S_r^{(i)}$ 中的任一元组与 $S_r^{(i)}$ 的任一元组均是 D-分离的。从而,R_{Dk}^r 构成了 $S_r^{(i)}$ 的一个 D-分离子集,并且 $|R_{Dk}^r| = |R_1| - |R_1 \cap S_r^{(i)}| + |R_{Dl}^{(i)}| \leqslant |R_1| \leqslant k$,即 R_{Dk}^r满足定义 4.4 中的条件(1)与(2)。

其次,由于 $R_1 \cap S_r^{(i)}$ 仅是 $S_r^{(i)}$ 的一个大小为 l 的 D-分离子集,而 $R_{Dl}^{(i)}$ 是 $S_r^{(i)}$ 的一个精确的 LAP-(D,l)查询结果,则根据定义 4.4 可知,$w(R_{Dk}^r \cap S_r^{(i)}) \leqslant w(R_{Dl}^{(i)})$,因此

$$w(R_{Dk}^r) = w(R_1 \backslash S_r^{(i)}) + w(R_{Dl}^{(i)}) \geqslant w(R_1 \backslash S_r^{(i)}) + w(R_1 \cap S_r^{(i)}) = w(R_1) \tag{4-14}$$

另一方面,由于 R_1 是 S_r 的一个精确的 LAP-(D,k)查询结果,所以 $w(R_1) \geqslant w(R_{Dk}^r)$。由此可知,只有 $w(R_1) = w(R_{Dk}^r)$成立。

由于 R_{Dk}^r满足定义 4.4 中的条件(1)与(2)且 $w(R_1) = w(R_{Dk}^r)$,因而,R_{Dk}^r 也是 S_r 的一个精确的 LAP-(D,k)查询结果。□

上述分析表明:存在 S_r 的一个精确的 LAP-(D,k)查询结果,R_{Dk}^r,满足:当 $|R_{Dk}^r \cap S_r^{(i)}| = l$ 时,则 $R_{Dk}^r \cap S_r^{(i)} = R_{Dl}^{(i)}$,其中 $1 \leqslant l \leqslant 5$。因而,得出 $R_{Dk}^r \cap S_r^{(i)} \subseteq \bigcup_{l=1}^{5} R_{Dl}^{(i)}$。所以,$R_{Dk}^r = \bigcup_{i=1}^{n_r} [R_{Dk}^r \cap S_r^{(i)}] \subseteq \bigcup_{i=1}^{n_r} [\bigcup_{l=1}^{5} R_{Dl}^{(i)}]$。

基于定理 4.6 与引理 4.7,在第 i 个网格内计算"候选元组"的算法包含如下 2 步:首先,在网格 $i(1 \leqslant i \leqslant nr)$中的所有节点中选出一个节点作为簇头节点,其他非簇头节点将自身感知值与所在位置发送给簇头节点。其次,簇头节点根据所收到的信息,利用枚举法计算$\{R_{Dl}^{(i)} | 1 \leqslant l \leqslant 5\}$,而属于集合$\bigcup_{l=1}^{5} R_{Dl}^{(i)}$之中的元组将

作为“候选元组”进入下一步的网内传输。该算法的伪代码如算法 4-6 所示。

Input: $k, V_r^{(i)}, S_r^{(i)}$

Output: $\{R_{Dl}^{(i)} | 1 \leqslant l \leqslant 5\}$

```
1  Select a sensor in V_r^(i) to be the cluster head;
2  Each sensor in V_r^(i) sends its sensed value and location to the cluster head;
3  m_0 = min{k, 5};
4  The cluster head selects the sensor node, u, that has the largest sensed value;
5  R_Dl^(i) = {(l_u, s_u)};
6  for each 2 ≤ l ≤ m_0 do
7      Compute R_Dl^(i) by enumerating method;
8      if |R_Dl^(i)| < l then
9          R_Dl^(i) = φ;
10     end
11 end
12 Return {R_Dl^(i) | 1 ≤ l ≤ 5};
```

算法 4-6　网格内“候选元组”计算算法

4.4.2.2　第二步的详细过程

如果所有网格均将其“候选元组”传送至 Sink 节点，则网内的数据传输量依然很大。在本节中，我们将给出一个网内“候选元组”的剪切算法，使得网络中最多有 k 个红色网格需要将其“候选元组”传送至 Sink 节点。该剪切算法是基于下面的定理 4.7 及推论 4.1 构建的。

定理 4.7　对于任意的 $i(1 \leqslant i \leqslant n_r)$ 及 $l(1 \leqslant l \leqslant 5)$，有：

(1)如果存在着 $k-l+1$ 个红色网格，记为 $i_1, i_2, \cdots, i_{k-l+1}$，满足 $w(R_{Dl}^{(i_j)}) > w(R_{Dl}^{(i)})$，那么 $|S_r^{(i)} \cap R_{Dk}^r| < l$，其中 $1 \leqslant j \leqslant k-l+1$。

(2)如果存在着两个正整数 h_1 和 h_2，$k-l+1$ 个红色网格，$i_1, i_2, \cdots, i_{k-l+1}$，满足 $i_j \neq i$，$w(R_{Dh_1}^{(i_j)}) + w(R_{Dh_2}^{(i)}) > w(R_{Dl}^{(i)})$ 及 $h_1 + h_2 \leqslant l$，那么 $|S_r^{(i)} \cap R_{Dk}^r| \neq l$，其中 $1 \leqslant j \leqslant k-l+1$。

证明：(1)对于任意 $i(1 \leqslant i \leqslant n_r)$ 及 $l(1 \leqslant l \leqslant 5)$，当定理 4.7 中的第一个条件成立时，假设 $|S_r^{(i)} \cap R_{Dk}^r| \geqslant l$。由于 $|S_r^{(i)} \cap R_{Dk}^r| \geqslant l$，故可设 $|S_r^{(i)} \cap R_{Dk}^r| = l+h$，其中 h 为区间$[0, 5-l]$内的一个正整数。

由于 $|R_{Dk}^r| \leqslant k$，可知在网格 $i_1, i_2, \cdots, i_{k-l+1}$ 之中，至少存在着一个网格 i_j，满足

$S_r^{(i_j)} \cap R_{Dk}^r = \varnothing$。否则，$|R_{Dk}^r|$将大于 k。令 $T=(R_{Dk}^r \backslash S_r^{(i)}) \cup R_{Dl}^{(i_j)} \cup R_{Dh}^{(i)}$（当 $h=0$ 时，$R_{Dh}^{(i)}=\varnothing$）。由于 $1 \leqslant l \leqslant 5$ 且 $|R_{Dh}^{(i)}| \leqslant h$，故 $|T \cap S_r^{(i)}| = |R_{Dh}^{(i)}| \leqslant h < l+h$。

根据定理 4.6 的证明可知，如果两个拥有同样颜色的传感器节点属于不同网格，那么它们是 D-分离的。所以，集合 $S_r^{(i_j)}$ 中的任一元组与集合 $S_r^{(i)}$ 中的任一元组之间是 D-分离的。同理，由于 $S_r^{(i_j)} \cap R_{Dk}^r = \varnothing$，集合 $S_r^{(i_j)}$ 中的任一元组与集合 R_{Dk}^r 中的任一元组之间也是 D-分离的。因此，T 构成了 S_r 的一个 D-分离子集，并且 T 的大小满足 $|T| = |R_{Dk}^r| - (l+h) + |R_{Dl}^{(i_j)}| + |R_{Dh}^{(i)}| \leqslant |R_{Dk}^r| \leqslant k$，即 T 满足定义 4.4 中的条件(1)与(2)。

设 $\{(l_{v_1}, s_{v_1}), \cdots, (l_{v_{l+h}}, s_{v_{l+h}})\} = S_r^{(i)} \cap R_{Dk}^r$，则 $\{(l_{v_1}, s_{v_1}), (l_{v_2}, s_{v_2}), \cdots, (l_{v_h}, s_{v_h})\}$ 构成了 $S_r^{(i)}$ 的一个大小为 h 的 D-分离子集。由于 $R_{Dh}^{(i)}$ 是 $S_r^{(i)}$ 的一个精确的 LAP-(D,h) 查询结果，则根据定义 4.4，有

$$w\{[(l_{v_1}, s_{v_1}), (l_{v_2}, s_{v_2}), \cdots, (l_{v_h}, s_{v_h})]\} \leqslant w[R_{Dh}^{(i)}] \tag{4-15}$$

同理，

$$w\{[(l_{v_{h+1}}, s_{h+1}), (l_{v_{h+2}}, s_{v_{h+2}}), \cdots, (l_{v_{h+l}}, s_{v_{h+l}})]\} \leqslant w[R_{Dl}^{(i)}] < w[R_{Dl}^{(i_j)}] \tag{4-16}$$

根据公式(4-13)与(4-14)，有

$$\begin{aligned} w(R_{Dk}^r) &= w[R_{Dk}^r \backslash S_r^{(i)}] + w[R_{Dk}^r \cap S_r^{(i)}] \\ &= w[R_{Dk}^r \backslash S_r^{(i)}] + w\{[(l_{v_1}, s_{v_1}), (l_{v_2}, s_{v_2}), \cdots, (l_{v_h}, s_{v_h})]\} + \\ &\quad w\{[(l_{v_{h+1}}, s_{h+1}), (l_{v_{h+2}}, s_{v_{h+2}}), \cdots, (l_{v_{h+l}}, s_{v_{h+l}})]\} \\ &< w[R_{Dk}^r \backslash V_r^{(i)}] + w[R_{Dh}^{(i)}] + w[R_{Dl}^{(i_j)}] = w(T) \end{aligned} \tag{4-17}$$

即 $w(T) > w(R_{Dk}^r)$，这与 R_{Dk}^r 是 S_r 的一个精确的 LAP-(D,k) 查询结果相矛盾。所以 $|S_r^{(i)} \cap R_{Dk}^r| \neq l+h$，由于 h 为区间$[0, 5-l]$之中的任一整数，故 $|S_r^{(i)} \cap R_{Dk}^r| < l$，即当定理 4.7 中的第一个条件成立时，有 $|S_r^{(i)} \cap R_{Dk}^r| < l$。

(2)对于任意 $1 \leqslant i \leqslant n_r$，当定理 4.7 中的第二个条件成立时，假设 $|S_r^{(i)} \cap R_{Dk}^r| = l$。令 $T=(R_{Dk}^r \backslash S_r^{(i)}) \cup R_{Dh_1}^{(i_j)} \cup R_{Dh_2}^{(i)}$，则采用与(1)类似的方法，可以证明 T 是 S_r 的一个 D-分离子集，$|T| \leqslant k$，并且 $w(T) > w(R_{Dk}^r)$，这与 R_{Dk}^r 是 S_r 的一个精确的 LAP-(D,k)查询结果相矛盾。故当定理 4.7 中的第二个条件成立时，$|S_r^{(i)} \cap R_{Dk}^r| \neq l$。□

根据定理 4.7，可以很容易地证明下面的推论 4.1。

推论 4.1　如果存在着 k 个红色网格，$i_1, i_2, \cdots, i_k$，满足 $w(R_{D1}^{(i_j)}) > w(R_{D1}^{(i)})$，那么 $S_r^{(i)} \cap R_{Dk}^r = \varnothing$，其中 $1 \leqslant j \leqslant k$。

证明：根据定理 4.7 的条件(1)，取 $l=1$，可知 $|S_r^{(i)} \cap R_{Dk}^r| < 1$，又因为 $|S_r^{(i)} \cap R_{Dk}^r|$表示集合 $S_r^{(i)} \cap R_{Dk}^r$ 中的元组个数，所以 $|S_r^{(i)} \cap R_{Dk}^r|$ 为整数，故 $|S_r^{(i)} \cap R_{Dk}^r| = 0$，即 $S_r^{(i)} \cap R_{Dk}^r = \varnothing$。□

设 $w_{l,q}$ 表示 $w[R_{Dl}^{(1)}], w[R_{Dl}^{(2)}], \cdots, w[R_{Dl}^{(n_r)}]$ 之中第 q 大的值，其中 $1 \leqslant l \leqslant 5$，$1 \leqslant q \leqslant n_r$。那么，推论 4.1 意味着当 $w[R_{Dl}^{(i)}] < w_{l,k}$ 时，红色网格 i 不需要传输任何数据至 Sink 节点。同理，根据定理 4.7，当 $w[R_{Dl}^{(i)}] < w_{l,k-l+1}$，集合 $\bigcup_{j=l}^{5} R_{Dj}^{(i)}$ 所包含的数据不需要传送至 Sink 节点；当存在着两个整数 h_1、h_2 满足 $h_1 + h_2 \leqslant l$ 且 $w[R_{Dh_1}^{(i)}] + w_{h_2,k-l+2} > w[R_{Dl}^{(i)}]$，则集合 $R_{Dl}^{(i)}$ 中的数据不需传送。综上所述，网络中至多有 k 个红色网格需要将其“候选元组”传送至 Sink 节点。

基于上述分析，“候选元组”的网内传输算法如算法 4-7 所示。该算法包含如下 4 步：首先，所有红色网格的簇头节点被组织成一个以 Sink 为根的生成树；其次，生成树中的每个中间节点将从其子节点处收集“候选元组”信息，然后利用文献[300]所介绍的线性算法，来计算用以剪切“候选元组”的阈值；第三，生成树的每个节点根据定理 4.7 与推理 4.1 对所收到的“候选元组”进行剪切，并将所得结果发送给其父节点；第四，重复第二、三两步直至“候选元组”信息传送至 Sink 节点。

4.4.2.3 第三步详细过程

设 $i_1, i_2, \cdots, i_k$ 表示需要向 Sink 节点传送数据的 k 个红色网格。根据前文的分析，存在 S_r 的一个精确的 LAP-(D,k) 查询结果，记为 R_{Dk}^r，满足 $R_{Dk}^r \subseteq \bigcup_{u=1}^{k} S_r^{(i_u)}$。由于 $\bigcup_{u=1}^{k} S_r^{(i_u)} \subseteq S_r$，那么显然 R_{Dk}^r 也是集合 $\bigcup_{u=1}^{k} S_r^{(i_u)}$ 的一个精确的 LAP-(D,k) 查询结果。

设 $R_{j,h}$ 表示 $\bigcup_{u=1}^{j} S_r^{(i_u)}$ 的一个精确的 LAP-(D,h) 查询结果，其中 $1 \leqslant j, h \leqslant k$。那么，可得 $R_{Dk}^r = R_{k,k}$。同时，对于任意的 $1 \leqslant j, h \leqslant k$，定理 4.8 证明 $R_{j,h}$ 满足下面的动态规划方程

$$R_{j,h} = \begin{cases} \varnothing, & h=0 \text{ 或 } j=0 \\ R_{j-1,h-l_0} \cup R_{Dl_0}^{(i_j)}, & h>0 \text{ 且 } j>0 \end{cases} \tag{4-18}$$

其中，$R_{D0}^{(i_j)} = \varnothing$，$l_0[0 \leqslant l_0 \leqslant \min(h,5)]$，并且 l_0 满足 $w(R_{j-1,h-l_0}) + w[R_{Dl_0}^{(i_j)}] = \max_{l=0}^{\min(h,5)} \{w(R_{j-1,h-l}) + w[R_{Dl}^{(i_j)}]\}$。

定理 4.8 设 $R_{j,h}$ 满足公式(4-18)，那么对于任意的 $1 \leqslant j, h \leqslant k$，$R_{j,h}$ 都是 $\bigcup_{u=1}^{j} S_r^{(i_u)}$ 的一个 LAP-(D,h) 查询结果。

证明：利用数学归纳法进行证明。

(1)当 $j=1$ 时，根据引理 4.7，$S_r^{(i_1)}$ 的任何一个 D-分离子集的大小不超过 5，所以根据定义 4.4，当 $1 \leqslant h \leqslant 5$，$R_{Dh}^{(i_1)}$ 为 $S_r^{(i_1)}$ 的一个 LAP-(D,h) 查询结果；

```
    Input: k, {R_{Dl}^{(i)} | 1 ≤ l ≤ 5, 1 ≤ i ≤ n_r}
    Output: CT
1   m_0 = min{5, k};
2   for each sensor j in the spanning tree do
3       if sensor j is not a cluster head of one red cell then
4           CT(j) = φ;
5       else
6           C_1(j) = {R_{D1}^{(j)}}, ..., C_{m_0}(j) = {R_{Dm_0}^{(j)}}, CT(j) = [C_1(j), ..., C_{m_0}(j)];
7       if sensor j is a leaf sensor then
8           Report CT(j) to its parent;
9       else
10          Collect CT(j_1),..., CT(j_s), from its sons;
11          for each 1 ≤ l ≤ m_0 do
12              C_l(j) = C_l(j) ∪ (∪_{v=1}^{s} C_l(j_v)); W_l = {w(R_{Dl}^{(i)}) | R_{Dl}^{(i)} ∈ C_l(j)};
13          for each 1 ≤ l ≤ m_0 do
14              w_{l,k-l+1} = (k - l + 1)^{th} largest weight in w_l;
15              for each (R_{Dl}^{(i)}) ∈ C_l(j) do
16                  if w(R_{Dl}^{(i)}) < w_{l,k-l+1} then
17                      for each h (l ≤ h ≤ k_0) do
18                          Delete R_{Dh}^{(i)} from C_h(j);
19                  for each 1 ≤ h_2 ≤ l do
20                      w_{h_2,k-l+2} = (k - l + 2)^{th} largest weight in w_{h_2};
21                      for each 1 ≤ h_1 ≤ l - h_2 do
22                          if w(R_{Dh_1}^{(i)}) + w_{h_2,k-l+2} > w(R_{Dl}^{(i)}) then
23                              Delete R_{Dl}^{(i)} from C_l(j);
24          CT(j) = [C_1(j), ..., C_{m_0}(j)];
25          if sensor j is not the sink then
26              Report CT(j) to its parent;
27          else
28              CT = CT(j), Return CT;
```

算法 4-7　“候选元组”传输算法

当 $h>5$时，$R_{D5}^{(i_1)}$ 是 $S_r^{(i_1)}$ 的一个 LAP-(D,h)查询结果。对比公式(4-18)可知，当

$1\leqslant h\leqslant 5$ 时，$R_{1,h}=R_{Dh}^{(i_1)}$；当 $h>5$ 时，$R_{1,h}=R_{D5}^{(i_1)}$。因此，对于任意 $h(1\leqslant h\leqslant k)$，$R_{1,h}$ 表示 $S_r^{(i_1)}$ 的一个 LAP-(D,h)查询结果。

(2)对于任意 $h(1\leqslant h\leqslant k)$，设当 $j=j_0(j_0\leqslant k-1)$时，$R_{j_0,h}$ 表示 $\bigcup_{u=1}^{j_0} S_r^{(i_u)}$ 的一个 LAP-(D,h)查询结果。下面证明 $R_{j_0+1,h}$ 是 $\bigcup_{u=1}^{j_0+1} S_r^{(i_u)}$ 的一个 LAP-(D,h)查询结果。

设 R'_h 表示 $\bigcup_{u=1}^{j_0+1} S_r^{(i_u)}$ 的一个 LAP-(D,h)查询结果，那么根据定义 4.4，我们只需证明 $R_{j_0+1,h}$ 是 $\bigcup_{u=1}^{j_0+1} S_r^{(i_u)}$ 的一个 D-分离子集，$|R_{j_0+1,h}|\leqslant h$，并且 $w(R_{j_0+1,h})=w(R'_h)$即可。

首先，根据定理 4.6 的证明可知，如果两个被着成红色的传感器节点属于不同网格，那么它们之间是 D-分离的。所以，集合 $R_{j_0,h-l_0}$ 中的任一元组均与集合 $R_{Dl_0}^{(i_{j_0+1})}$ 中的任一元组是 D-分离的，即 $R_{j_0,h-l_0}\cup R_{Dl_0}^{(i_{j_0+1})}$ 是 $\bigcup_{u=1}^{j_0+1} S_r^{(i_u)}$ 的一个 D-分离子集。

其次，$|R_{j_0+1,h}|=|R_{j_0,h-l_0}|+|R_{Dl_0}^{(i_{j_0+1})}|\leqslant h-l_0+l_0\leqslant h$。

最后，设 $l_1=|R'_h\cap S_r^{(i_{j_0+1})}|$。根据归纳假设，$R_{j,h-l_1}$ 是 $\bigcup_{u=1}^{j_0} S_r^{(i_u)}$ 的一个 LAP-$(D,h-l_1)$查询结果，且 $R_{Dl_0}^{(i_{j_0+1})}$ 是 $S_r^{(j_0+1)}$ 的一个 LAP-(D,l_1)查询结果，所以

$$w\{R'_h\cap[\bigcup_{u=1}^{j_0} S_r^{(i_u)}]\}\leqslant w(R_{j,h-l_1}) \tag{4-19}$$

且

$$w[R'_h\cap S_r^{(j_0+1)}]\leqslant w(R_{Dl_1}^{(j_0+1)}) \tag{4-20}$$

根据公式(4-18)，我们有 $R_{j_0+1,h}=R_{j_0,h-l_0}\cup R_{Dl_0}^{(i_{j_0+1})}$，当且仅当

$$w(R_{j_0,h-l_0})+w[R_{Dl_0}^{(i_{j_0+1})}]=\max_{l=0}^{\min(h,5)}\{w(R_{j_0,h-l})+w[R_{Dl_0}^{(i_{j_0+1})}]\}\geqslant w(R_{j_0,h-l_1})+w[R_{Dl_0}^{(i_{j_0+1})}] \tag{4-21}$$

由公式(4-19)～(4-21)可知

$$\begin{aligned} w(R'_h)&=w\{R'_h\cap[\bigcup_{u=1}^{j_0} S_r^{(i_u)}]\}+w[R'_h\cap S_r^{(j_0+1)}]\\ &\leqslant w(R_{j,h-l_1})+w[R_{Dl_1}^{(i_{j_0+1})}]\leqslant w(R_{j_0+1,h}) \end{aligned} \tag{4-22}$$

同时，由于 R'_h 表示 $\bigcup_{u=1}^{j_0+1} S_r^{(i_u)}$ 的一个 LAP-(D,h)查询结果，故 $w(R'_h)\geqslant w(R_{j_0+1,h})$。所以，$w(R'_h)=w(R_{j_0+1,h})$。

综上所述，当 $j=j_0+1(j_0\leqslant k-1)$，$R_{j_0+1,h}$ 是 $\bigcup_{u=1}^{j_0+1} S_r^{(i_u)}$ 的一个 LAP-(D,h)查询结果。

根据(1)和(2)的证明,定理 4.8 成立。□

根据上述分析,Sink 节点计算 R^r_{Dk} 的算法比较简单。首先,Sink 节点利用所收到的"候选元组"建立动态规划方程(4-18)。然后,Sink 节点可以通过解上述动态规划方程来获得 R^r_{Dk}。具体的动态规划算法由算法 4-8 给出。

```
Input: k, CT
Output: R^r_{Dk}
1  [C_1, ..., C_5] = CT;
2  Id = {i_j | R^{(i_j)}_{D1} ∈ C_1, 1 ≤ j ≤ k}
3  for each h (1 ≤ h ≤ k) do
4      w(R_{0,h}) = 0, w(R_{h,0}) = 0;
5  for each i_j ∈ Id do
6      R^{(i_j)}_{D0} = φ;
7      for l = 2; l ≤ 5; l++ do
8          if R^{(i_j)}_{Dl} ∉ C_l then
9              R^{(i_j)}_{Dl} = R^{(i_j)}_{Dl-1};
10 for j = 1; j ≤ k; j++ do
11     for h = 1; h ≤ k; h++ do
12         W_1 = w(R_{j-1,h}), in = 0;
13         for l = 0; l ≤ min(h, 5); l++ do
14             W_2 = w(R_{j-1,h-l}) + w(R^{(i_j)}_{Dl});
15             if W_2 > W_1 then
16                 W_1 = W_2, in = l;
17         w(R_{j,h}) = W_1;
18         P(j, h) = in;
19 R^r_{Dk} = φ, j = k, h = k
20 while j > 0 and h > 0 do
21     if P(j, h) = 0 then
22         j = j - 1;
23     else
24         l = P(j, h), R^r_{Dk} = R^r_{Dk} ∪ R^{(i_j)}_{Dl};
25         j = j - 1, h = h - l;
26 Return R^r_{Dk};
```

算法 4-8　动态规划算法

根据公式(4-18)，对于任意的 $j,h(1\leqslant j,h\leqslant k)$，计算 $R_{j,h}$ 仅需 6 次比较，因而求解 $R_{Dk}^{r}(=R_{k,k})$ 的计算复杂性为 $O(k^2)$。

4.4.3 算法的复杂性

设 e_1 与 e_2 分别表示一个传感器节点发送和接收 1Byte 数据所消耗的能量，A_l 与 A_w 分别表示监测区域的长度和宽度，g_i 表示第 i 个网格所包含的节点的个数，$g_{\max}=\max_i\{g_i\}$。

在第一步中，每个簇头节点需要从本簇的成员节点处收集感知数据及位置信息，其最大通信复杂性为 $O(e_2\times g_{\max})$。同时，簇头节点需要利用枚举算法计算本簇内的“候选元组”，其最大计算复杂性为 $O(g_{\max}^5)$。

在第二步中，生成树中的每个中间节点需要从其子节点处收集“候选元组”。由于每个网格的面积为$\frac{3\sqrt{3}}{2}D^2$，所以整个监测区域最多有$\left\lceil\frac{2(A_l+4D)(A_w+2\sqrt{3}D)}{3\sqrt{3}D^2}\right\rceil$个网格。同时，由于对于监测区域内的任意网格 i，其所包含的“候选元组”的个数满足 $\left|\bigcup_{l=1}^{5}R_{Dl}^{(i)}\right|\leqslant\sum_{l=1}^{5}\left|R_{Dl}^{(i)}\right|\leqslant\sum_{l=1}^{5}l=O(1)$。因而，对于网络中的任意中间节点，从其子节点收集“候选元组”所需的最大通信复杂性为 $O\left[e_2\,\frac{(A_l+D)(A_w+D)}{D^2}\right]$。当中间节点获取“候选元组”后，它需要对“候选元组”进行剪切，由于中间节点调用文献[300]所介绍的线性算法来计算剪切“候选元组”的阈值，所以在此过程中，中间节点的最大计算复杂性为 $O\left[\frac{(A_l+D)(A_w+D)}{D^2}\right]$。最后，生成树的中间节点需将处理过的“候选元组”发送至其父节点，根据推论 4.1，网络中最多有 k 个网格需要将其“候选元组”传送至 Sink 节点，故在此过程中，中间节点的最大通信复杂性为 $O(ke_1)$。

在第三步中，Sink 节点利用动态规划算法计算 R_{Dk}^{r}、R_{Dk}^{y} 与 R_{Dk}^{b}，其计算复杂性为 $O(k^2)$。

综上所述，运行基于区域划分的分布式算法时，每个节点的最大计算与通信复杂性分别为 $O\left\{\max\left[g_{\max}^5+\frac{(A_l+D)(A_w+D)}{D^2},k^2\right]\right\}$ 与 $O\left[ke_1+e_2\frac{(A_l+D)(A_w+D)}{D^2}+e_2 g_{\max}\right]$。

4.5 实验结果

在本节中，我们利用3个实验平台来测试本章所提出的算法的复杂性。

第一个实验平台是一个室内的真实传感器网络，该网络包含50个TelosB[22]传感器节点。在这50个传感器节点中，46个节点被布置在监测区域用以监测环境的温度、湿度、光强等，1个节点（0号节点）被用作Sink节点，其余3个节点被用作路由以保证网络的连通性，网络的部署方式如图4-5所示。在以下的实验中，我们的查询处理系统是建立在TinyOS 2.1.0[301]之上的，在本组实验中，我们将利用传感器节点所采集的光强数据进行分析。

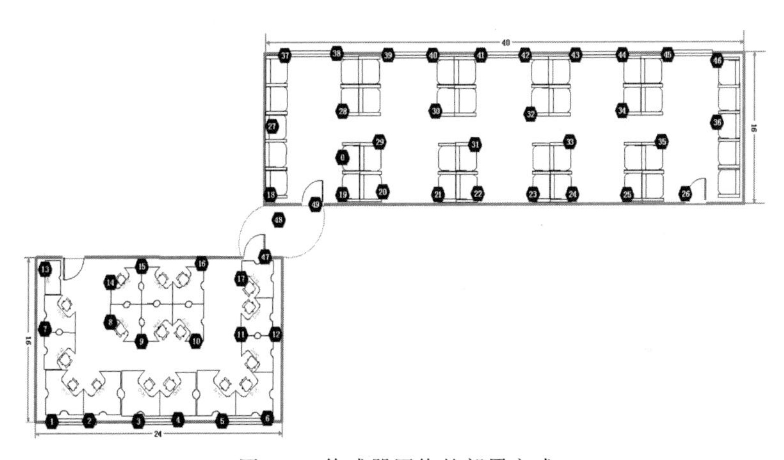

图4-5 传感器网络的部署方式

第二个实验平台是一个模拟的、具有200个节点的传感器网络。我们采用传感器网络领域所公认的Tossim模拟器来构建模拟网络。在该模拟网络中，传感器节点将被随机地放置在一个150m×150m的矩形区域内，其中传感器节点的通信半径被设置为25m。该模拟网络的感知数据来源于GreenOrbs平台[6]，该平台是一个布置在森林里、拥有几百个传感器节点、长期运行的传感器网络平台。在本组实验中，温度数据将被用以分析。

第三个实验平台的搭建是为了考察本章给出的算法在网络中节点密度不同时所能达到的性能。在本组实验中，我们在150m×150m的矩形区域内分别模拟了规模为196,225,256,289,324,361及400的7个传感器网络，传感器节点的通信半径被设置为25m。上述模拟网络的数据是根据文献[249]给出的模型产生的，其中文献[249]给出的模型已经通过了 Intel Berkeley 实验室的真实传感器网络平台[7]的验证。

根据文献[288]，在以下的所有试验中，我们设传感器节点发送、接收 1Byte 的消息所消耗的能量分别为 0.0144mJ 与 0.0057mJ。同时，为了方便讨论，我们利用"Top-k"表示传统 top-k 查询结果，利用"LAP-(D,k)"表示本书提出的 LAP-(D,k)查询结果，利用"G-based"表示分布式贪心算法，利用"R-based"表示基于区域划分的分布式算法。

4.5.1 "Top-k"与"LAP-(D,k)"的比较

第一组实验是用规模为 50 的真实传感器网络对"Top-k"与"LAP-(D,k)"进行比较。

首先，对"Top-k"与"LAP-(D,k)"的离散性进行比较。在实验中，我们计算了传统 top-k 查询所返回的位置之间的两两欧拉距离，并选出最小距离、中位数距离与最大距离来代表"Top-k"的离散性；同样，我们还计算了 LAP-(D,k)查询所返回的位置之间的两两欧拉距离，并选出最小距离、中位数距离与最大距离来代表"LAP-(D,k)"的离散性。实验结果见图 4-6(a)～(c)。由图 4-6(a)可见，"Top-k"的最小距离下降得很快，当 $k>2$ 时，其最小距离已减小至全网络的最小距离。相反，"LAP-(D,k)"的最小距离要大很多，这意味着 LAP-(D,k)查询所返回的结果均能很好地分离，所以每一个属于 LAP-(D,k)查询结果的元组都能够独立地指示一个异常区域。由图 4-6(b)可见，当 $D=12$ 时，"Top-k"的中位数距离依然小于 D。上述结果意味着在传统 top-k 查询结果中，有 50%的元组数据对于用户来说是冗余的，因为这些元组均与一个元组是 D-相近的，用户完全可以利用这一个元组及感知数据的相关性来定位其他元组所指示的异常区域。由图 4-6(c)可见，即使当 k 取值较大时，"Top-k"的最大距离依然很小，这是因为在传统的 top-k 查询处理过程中未考虑感知数据的空间相关性，导致其返回的结果在空间位置上比较集中。因此，即使当用户给定 k 较大时，传统的 top-k 查询也仅能指示很小的异常区域。

其次，比较在给定 k 时，"Top-k"与"LAP-(D,k)"所识别的异常区域的面积的大小。其中，一个传感器节点的感知数据所识别的异常区域为以该传感器的所在位置为圆心、以 D 为半径的圆形区域。根据上述定义，在本组试验中，当 k 由 2 增至 9 时，我们分别计算了"Top-k"与"LAP-(D,k)"所识别的异常区域的面积。实验结果如图 4-6(d)所示。由图 4-6(d)可见，为了定位相同异常区域，利用"Top-k"需要 $k=9$，而利用"LAP-(D,k)"仅需要 $k=3$。上述结果说明，LAP-

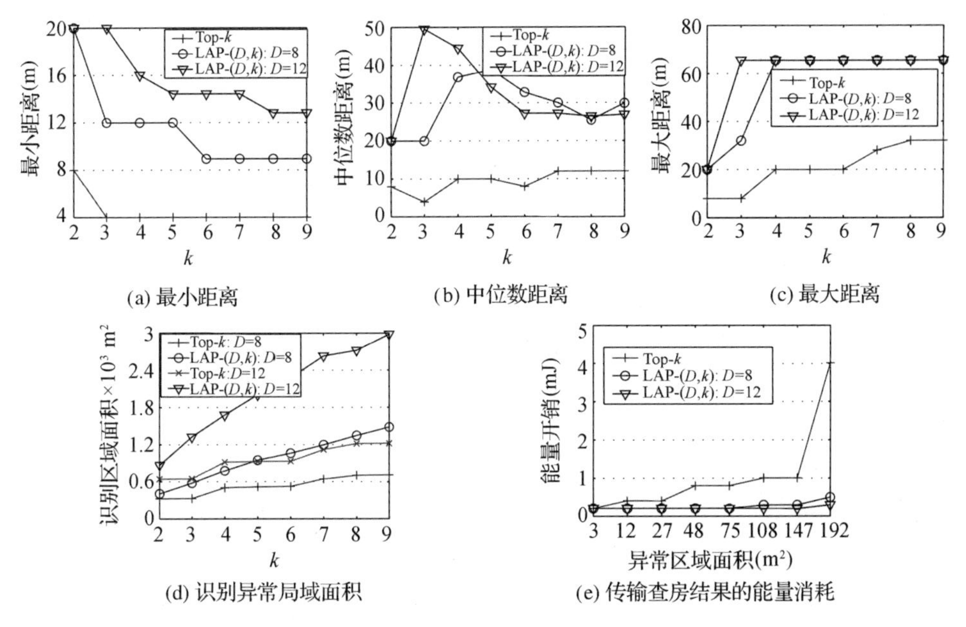

图 4-6 “Top-k”与“LAP-(D,k)”的比较(N=50)

(D,k)查询结果仅利用 33%的感知数据与位置信息就能够在异常区域定位上达到与传统的 top-k 查询结果一样的效果。同时,图 4-6(d)还呈现了如下现象,即随着 k 的增加,“Top-k”与“LAP-(D,k)”在识别异常区域的面积上的差距越来越大。这是因为随着 k 的增加,传统 top-k 查询结果所包含的冗余信息也越来越多,这一切都是由于在传统 top-k 查询处理的过程中,未考虑感知数据的相关性而造成的。

第三,计算在完全覆盖给定异常区域条件下,“Top-k”与“LAP-(D,k)”的传输能量消耗。实验结果如图 4-6(e)所示。由图 4-6(e)可见,当异常区域的面积为 192m² 时,为了完全覆盖该区域,传输“Top-k”的能量消耗是传输“LAP-(D,k)”的能量消耗的 8 倍。在其他情况下,传输“Top-k”的能量消耗也远远大于传输“LAP-(D,k)”的能量消耗。上述情况的出现是因为在传统的 top-k 查询处理的过程中,未考虑感知数据的空间相关性,导致传统的 top-k 查询结果中包含大量的冗余信息,传输这些冗余信息势必要消耗大量的能量。同时,由于大量的冗余信息需要用户人工过滤才能使用,这也无形中增大了用户利用传统的 top-k 查询结果定位异常区域的难度。

第二组实验是在规模为200的模拟传感器网络对“Top-k”与“LAP-(D,k)”进行比较。

首先，比较“Top-k”与“LAP-(D,k)”的最小距离、中位数距离及最大距离，其中k由2增至20。实验结果如图4-7(a)～(c)所示。由图4-7(a)可知，当$k>10$时，“LAP-(D,k)”的最小距离是“Top-k”的最小距离的至少4倍，这说明了LAP-(D,k)查询所返回的任意一对元组都被很好地分离开了，这也决定了LAP-(D,k)查询能够利用较少的数据量来定位较大的异常区域。由图4-7(b)可知，即便当k达到20，D为15时，“Top-k”的中位数距离也不会超过$2\times D$，这说明传统top-k查询结果中有50%感知数据是落入某两个传感器节点的识别区域范围内，即用户完全可以仅利用这两个节点的感知数据及其位置来识别整个异常区域，所以其他的数据对于用户来说是冗余的。由图4-7(c)可知，当$k<16$时，“Top-k”的最大距离是十分小的，这说明当用户给定的k不足够大时，传统top-k查询所返回的结果往往集中于一个小区域内，故该结果仅能帮助用户识别一个很小的异常区域，无法定位所有的异常区域。相反，当$k=12$时，“LAP-(D,k)”的最大距离已然很大了，并超过了$k=20$时“Top-k”的最大距离，这说明本章所提出的LAP-(D,k)查询所返回的结果广泛散布在网络中，它能够在k较小的情况下，帮助用户识别更多的异常区域。

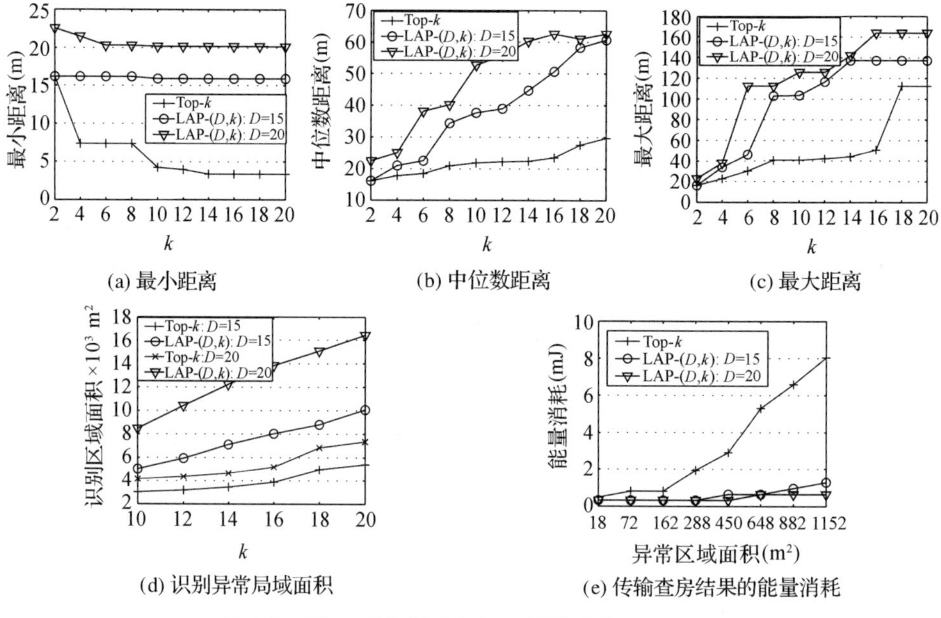

图4-7 “Top-k”与“LAP-(D,k)”的比较($N=200$)

其次，比较给定 k 时，“Top-k”与“LAP-(D,k)”所识别的异常区域的大小。实验结果如图 4-7(d)所示。由图 4-7(d)可知，当 $k=12$ 时，“LAP-(D,k)”所识别的异常区域的面积已超过了 $k=20$ 时“Top-k”所识别的异常区域的面积。所以，“LAP-(D,k)”仅利用了一半左右的感知数据及位置信息就能识别“Top-k”所指示的异常区域。同时，图 4-7(d)还表明，当 D 为 20 时，“*Top-k*”所识别的异常区域的面积比 D 为 15 时“LAP-(D,k)”所识别的异常区域的面积还要小。上述实验结果说明，即使在每个感知数据所能识别的异常区域很大的情况下，传统 top-k 查询结果所能定位的异常区域的面积依然很小，这是因为在传统 top-k 查询处理过程中未考虑感知数据的空间相关性。

第三，考察在完全覆盖给定异常区域的条件下，“Top-k”与“LAP-(D,k)”的传输能量消耗。实验结果如图 4-7(d)所示。根据图 4-7(d)可知，当异常区域的面积为 882m^2 时，传输“Top-k”所需的能量是传输“LAP-(D,k)”的能量消耗的 7 倍。而且，随着异常区域面积的增加，利用“Top-k”来识别、定位该区域所需的能量消耗将会极快地增加，这是因为在“Top-k”之中包含太多的冗余信息，而这些冗余信息的传输将耗费大量能量。

第三组实验将比较“LAP-(D,k)”与“Top-k”在网络密度变化时所表现的性能。在本组实验中，我们在一个 150m×150m 的矩形区域内，分别模拟规模为 196,225,256,289,324,361 和 400 的传感器网络。由于所有传感器网络均被放置在同一个矩形区域内，所以网络规模越大意味着网络中节点密度越大。

首先，比较“LAP-(D,k)”与“Top-k”在不同网络中的最小距离、最大距离与中位数距离。实验结果如图 4-8(a)～(c)所示。由上述 3 图可知，“Top-k”的最小距离、中位数距离与最大距离都随着网络规模（即网络密度）的增加而急剧减小。这是因为在网络密度较大的传感器网络中，相邻节点间距离较小，从而使得相邻节点间感知数据的相关性变得更强。而传统的 top-k 查询处理算法未考虑上述相关性，所以随着网络密度的增加，传统的 top-k 查询所返回的结果将会集中于更小的区域内，该结果所指示的异常区域的范围也越小。相反，即使在比较稠密的网络中，“LAP-(D,k)”的最小距离、中位数距离、最大距离依然很大，这说明了“LAP-(D,k)”在定位、识别异常区域上所表现的性能几乎不受网络密度影响。所以，即使在比较稠密的网络，“LAP-(D,k)”依然能很有效地帮助用户完成异常区域的识别。此外，我们注意到，随着网络密度的增加，“Top-k”所包含的冗余信息也不断增加，这无形中加大了在网内传输“Top-k”的能量消耗。

其次，比较“LAP-(D,k)”与“Top-k”在不同密度的网络中所识别的异常区域的大小。实验结果如图 4-8(d)所示。由图 4-8(d)可知，随着网络规模（网络密度）的增加，“Top-k”所能识别的异常区域的面积显著地减少，并且“Top-k”

与“LAP-(D,k)”在识别异常区域的大小方面差距不断地扩大。上述结果意味着,随着网络密度的增加,传统 top-k 查询结果将会越来越集中于一个小区域内,而 LAP-(D,k)查询结果所受到的影响却比较小。由于在 LAP-(D,k)查询处理过程中充分考虑了感知数据的空间相关性,故即便在比较稠密的网络,LAP-(D,k)查询结果依然能为用户提供比较充足的异常信息。

第三,考察在完全覆盖给定异常区域的条件下,“Top-k”与“LAP-(D,k)”的传输能量消耗。实验结果如图 4-8(e)所示。由图 4-8(e)可知,在异常区域的面积为 1600m^2、网络规模为 256 时,传输“Top-k”的能量消耗是传输“LAP-(D,k)”的能量消耗的 12 倍;而在异常区域的面积不变、网络规模为 400 时,传输“Top-k”的能量消耗是传输“LAP-(D,k)”的能量消耗的 19 倍。上述结果说明,在越稠密的传感器网络中,“Top-k”所包含的冗余信息越多,因而,传输这些冗余信息所消耗的能量也将越大。相反,由于 LAP-(D,k)查询处理过程中充分考虑到感知数据的相关性,因而,即使在比较稠密的网络里,“LAP-(D,k)”所包含的冗余信息也是极少的,故传输“LAP-(D,k)”的能量消耗亦很小。

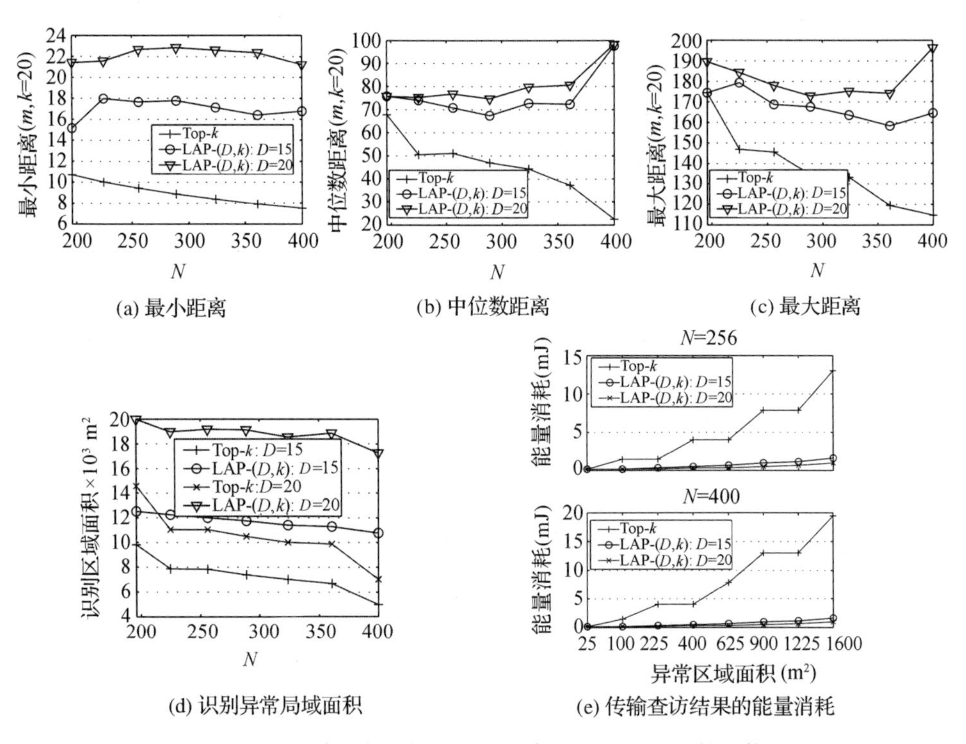

图 4-8　不同网络密度下“Top-k”与“LAP-(D,k)”的比较

4.5.2　不同算法在计算"LAP-(D，k)"时的性能

本节将考察不同算法在计算"LAP-(D,k)"时所表现的性能。根据4.1节的分析，在无线传感器领域，目前没有一个发表的算法能够计算"LAP-(D,k)"结果，所以在本节的实验中，我们只需考察本章所介绍的"G-based"与"R-based"所表现的性能。

根据定义4.4可知，精确"LAP-(D,k)"结果在S的所有大小不超过k的D-分离子集中拥有最大的权值。因而，对于任意的近似"LAP-(D,k)"结果来说，其权值越大，意味着该结果的精度越高。因此，在下面实验中，我们将利用近似算法返回结果的权值来表示该算法的精确性。同时，由于网络中耗能最大的节点直接决定着整个网络的寿命，所以在下面实验中，我们将对网络中节点的最大能量消耗进行考察。

第一组实验将在规模为50的真实传感器网络中，对"G-based"算法与"R-based"算法的性能进行比较。

首先，当k由1增至10，D由4增至10时，我们对"G-based"算法与"R-based"算法所返回的近似结果的权值进行了计算。实验结果如图4-9(a)所示。在图4-9(a)中，折线图表示精确"LAP-(D,k)"结果的权值，我们采用枚举的方法对上述权值进行了计算。由图4-9(a)可见，"G-based"与"R-based"所返回的近似结果的权值十分接近精确"LAP-(D,k)"结果的权值。结合前文的分析，该实验结果表明"G-based"算法与"R-based"算法均可以达到很高的精度。

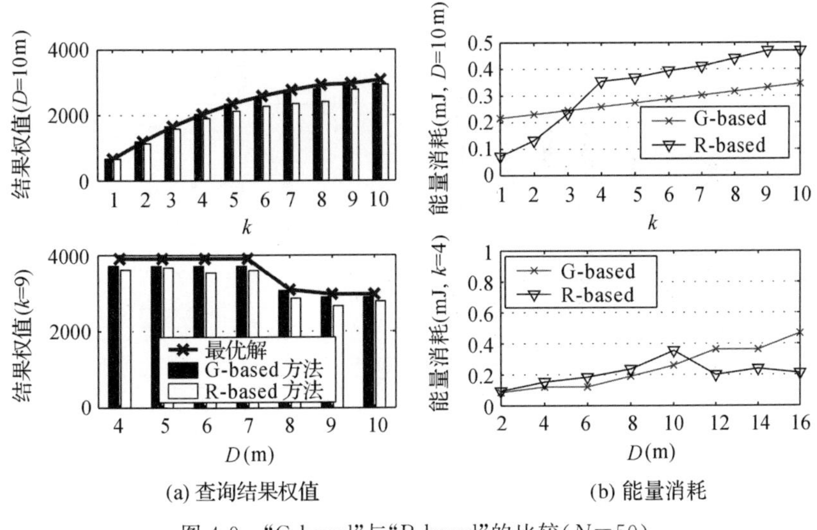

图4-9　"G-based"与"R-based"的比较(N=50)

其次，对运行“G-based”算法与“R-based”算法所消耗的能量进行考察。实验结果如图 4-9(b)所示。由图 4-9(b)可以看出，当 k 较小、D 较大时，“R-based”算法所消耗的能量较少，而当 k 较大、D 较小时，“G-based”算法所消耗的能量较少。产生上述实验结果的原因如下：第一，“G-based”算法需要一些节点进行2 次消息广播，故当 D 较大时，就会有更多的节点收到广播消息，所以运行“G-based”算法的能量消耗要大些。第二，当 k 较大时，“R-based”算法所需传送的“候选元组”的数量要比“G-based”算法的多，故运行“R-based”算法时需要花费更多的能量。综上所述，两种算法分别适用于不同的情况，用户可根据自身的需要来选择合适的算法。

第二组实验将在规模为 200 的模拟传感器网络中，对“G-based”算法与“R-based”算法的性能进行比较。

首先，比较“G-based”算法与“R-based”算法所返回的近似结果的权值。实验结果如图 4-10(a)所示。由于计算精确“LAP-(D,k)”结果是 NP-难的，而且本组实验所用的模拟网络的规模较大，所以未在图 4-10(a)中我们将不给出精确“LAP-(D,k)”结果的权值。由图 4-10(a)可知，“G-based”算法所返回的近似结果的权值要略大于“R-based”算法所返回的近似结果的权值。上述结果说明了“G-based”算法所达到的精度要略高于“R-based”算法的精度。尽管根据前文的分析，“R-based”算法的近似比优于“G-based”算法的近似比，但是近似比只能代表一个算法所能达到的精度的下限，并不能表明该算法在一个特定的网络环境中所能达到的精度。同时，我们注意到“R-based”算法将感知数据与位置信息集合 S 分成 3 个子集，并且它只用了 S 的一个子集进行近似结果的计算，所以，这也可能造成“R-based”算法在此网络中所达到的精度要略小于“G-based”算法的精度。

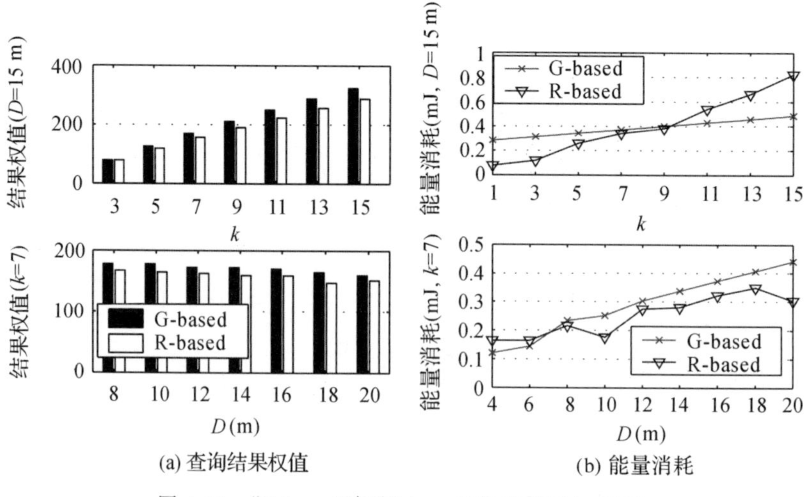

图 4-10 “G-based”与“R-based”的比较(N=200)

其次，考察运行“G-based”算法与“R-based”算法时，节点的能量消耗。实验结果如图 4-10(b)所示。根据图 4-10(b)可知，当 $k \leqslant 9$、$D \geqslant 8\text{m}$ 时，运行“R-based”算法比运行“G-based”算法所消耗的能量要少，而随着 k 的增大、D 的减小，运行“R-based”算法比运行“G-based”算法所消耗的能量多。产生这一结果的原因与第一组相同，在此就不再加以阐述了。

第三组实验比较“G-based”算法与“R-based”算法在网络密度不同时所表现的性能。图 4-11 展现了网络密度对于算法“G-based”与“R-based”的精度、能量消耗的影响。由图 4-11(a)可见，“G-based”算法与“R-based”算法所返回的近似结果的权值几乎相同，这也说明了两种算法所能达到的精度几乎一致。由图 4-11(b)可见，随着网络规模(即网络密度)的增加，“G-based”算法将比“R-based”算法消耗更多的能量，这是因为在稠密的网络中，进行广播的能量消耗多些，而“R-based”算法运行过程中不需要广播，所以其能量消耗小些。

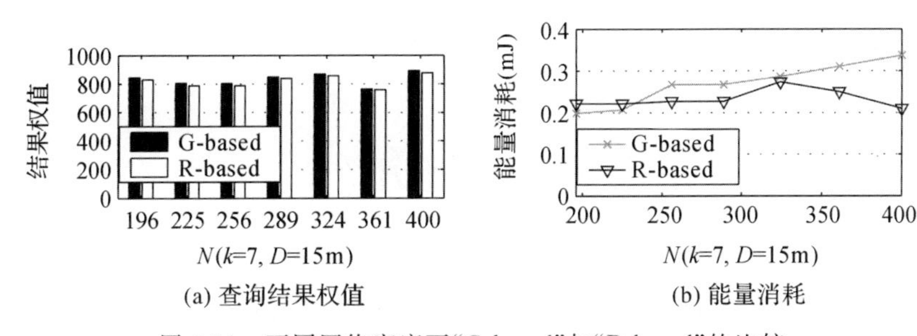

图 4-11 不同网络密度下“G-based”与“R-based”的比较

4.6 相关工作

在其他数据库研究领域，数据自身所具有的相关性已经引起了一些学者的关注，他们提出了一些兼顾结果多样性的排序算法、top-k 查询处理算法。

例如，文献[302-303]针对文本数据库，提出了两种考虑结果多样性的文本排序算法。然而，文献[302-303]所提出的结果的多样性与文本数据的相关性的衡量标准均与本书不同，上述算法无法解决本章讨论的 LAP-(D,k)查询处理问题。同时，由于上述算法均是集中式的，它们也不适合应用于传感器网络中。

文献[304-306]针对空间数据库，提出了集中考虑结果空间分散性的排序算法。但是，上述文献所讨论的问题均是 P-问题，而本章所讨论的 LAP-(D,k)查询处理问题是 NP-难的。同时,上述算法的输入、输出与 LAP-(D,k)查询处理问题均不相同,故它们也无法解决 LAP-(D,k)查询处理问题。最后,由于这些算法未考虑到排序和查询处理过程中的能量消耗,所以它们亦无法应用在能量敏感的传感器网络中。

文献[307]针对 P2P 数据库给出了一种分布式 top-k 查询处理算法,即 SPEERTO 算法。SPEERTO 算法对于 P2P 数据库来说十分有效。但是,在该算法的运行过程中,需要每个超级节点计算并维护一个 skyline 结果。而对于传感器网络来说,计算和维护 skyline 结果都需要消耗大量的能量,所以 SPEERTO 算法也不适合应用于能量有限的传感器网络中。此外,SPEERTO 算法在查询处理过程中未考虑数据的空间相关性,所以它仍不能解决本章所提出的 LAP-(D,k)查询处理问题。

文献[308-309]针对集中式空间数据库,提出了两种 top-k 结果计算算法。上述文献所讨论的问题依然是 P-问题,而本章所讨论的问题是 NP-难的。此外,由于这些算法都是集中式的,因而亦不适合应用于传感器网络中。

4.7 本章小结

由于传感器网络中的感知数据是空间相关的,而传统的 top-k 查询处理过程未考虑上述相关性,所以造成了传统的 top-k 查询结果往往都集中分布于一个小区域内,其结果只能为用户提供极其有限的异常信息。针对这一问题,本章提出了一种新的查询,即地理位置敏感的极值点查询,简记为 LAP-(D,k)查询。由于 LAP-(D,k)查询处理过程充分考虑了感知数据的空间相关性,故其返回的结果能很好地帮助用户完成异常区域的识别、定位工作。然而,由于 LAP-(D,k)查询处理问题是 NP-难的,所以在规模较大的传感器网络中很难计算精确的 LAP-(D,k)查询结果。因而,本章给出了两种近似比为 5.8 和 3 的分布式近似算法,用以解决 LAP-(D,k)查询处理问题。理论分析和实验证明本章所提出的算法在精确性和节能方面均可达到较高的水平。

传感器网络中面向物理过程可重现的感知数据采集算法

5.1 引 言

近年来，随着通信技术、嵌入式计算和传感器技术的飞速发展和日益成熟，具有感知能力、计算能力和通信能力的微型传感器开始走入人们的生活之中。这些传感器具有体积小、价格低廉、易部署、能耗小、适应恶劣环境能力强等优点，因而，由这些微型传感器构成的无线传感器网络为人们监测大规模复杂物理世界提供了一个有效的途径。

一般而言，人们利用传感器网络观测物理过程可分为两个阶段，如图 5-1 所示。第一阶段的任务是数据采集，在这一过程中，每个传感器节点对连续变化的物理过程进行等频数据采集，使之离散化，从而达到利用有限的数据量来描述、表达物理过程的目的。第二阶段的任务是感知数据的网内传输，由于传感器网络的能量有限，因而，在这一过程中，网内节点首先对原始感知数据进行聚集、压缩等网内处理，再将处理后的数据传送至 Sink 节点，用以回答用户查询，并辅助用户作出分析与决策。上述两个阶段都可能产生误差，影响用户对物理过程观测的准确性。首先，在第一阶段中，连续量的离散化将带来关键点（例如极值点、拐点等）的丢失和曲线失真等问题。其次，在第二阶段中，为了尽可能地减少通信量与能量消耗，人们往往乐于采用近似数据处理算法，因而，网内处理算法亦将带来一定的误差。因此，为了使用户从传感器网络获取的信息尽可能地逼近真实物理过程，我们需要有效地降低上述阶段所产生的误差。

现有的大多数研究均假设传感器节点通过等频采样所获得的感知数据能够精准地反映物理过程的变化情况，即第一阶段所产生的误差可以忽略。在此基础上，人们提出了大量能源有效的感知数据近似计算方法，包括网内近似数据收

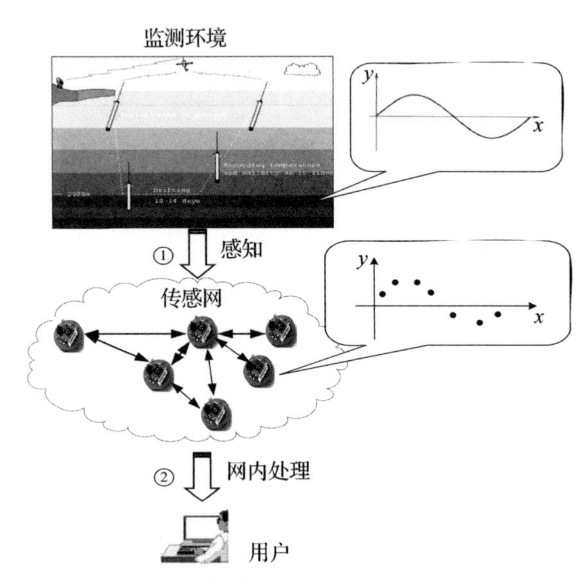

图 5-1 利用传感器网络观测物理过程的两个阶段

集算法[30-40]、网内近似查询处理算法[23-25,41,147-154,164,169]、网内数据压缩算法[23,187-197]、网内近似数据挖掘与分析算法[198-203,206-212,216-217]等。上述算法在第一阶段误差可忽略的条件下,可达到较高的精度,并且消耗较少的能量。然而,在所有应用中第一阶段所产生的误差都可以忽略吗?

如图 5-2 所示的是风速真实曲线与等频数据采集所得的曲线的对比结果,其中图中—线表示黑龙江省某地区连续 100h 的风速变化的真实曲线,图 5-2(a)中的⊖线表示对该地区风速进行周期为 5h 的等频数据采集所绘制的曲线,图 5-2(b)中的⊖线表示对风速进行周期为 3h 的等频采样所绘制的曲线。由图 5-2可见,真实风速在 100h 内出现了 13 个极值点,而以 5h 为周期的等频数据采集仅捕获到了 1 个极值点,以 3h 为周期的等频数据采集也仅捕获到 6 个极值点。因而,传感器节点的等频数据采集会产生关键点丢失和曲线失真等问题。因此,已有研究仅考虑第二阶段的误差是不完整的,尤其当传感器网络所监测的物理过程变化得较为剧烈时,已有算法所给出的误差亦无法表达查询结果与监测物理过程的真实差距。

当然,如果加大传感器网络中的每个传感器节点的数据采集频率,确实能缩小等频数据采集与真实物理过程的差距。然而,加大每个传感器节点的数据采集频率将意味着消耗更多的能量,当物理过程的变化比较缓慢时,这部分能量消耗将毫无意义。例如,如图 5-2 所示,真实风速在 0～15h、80～100h 期间变化得

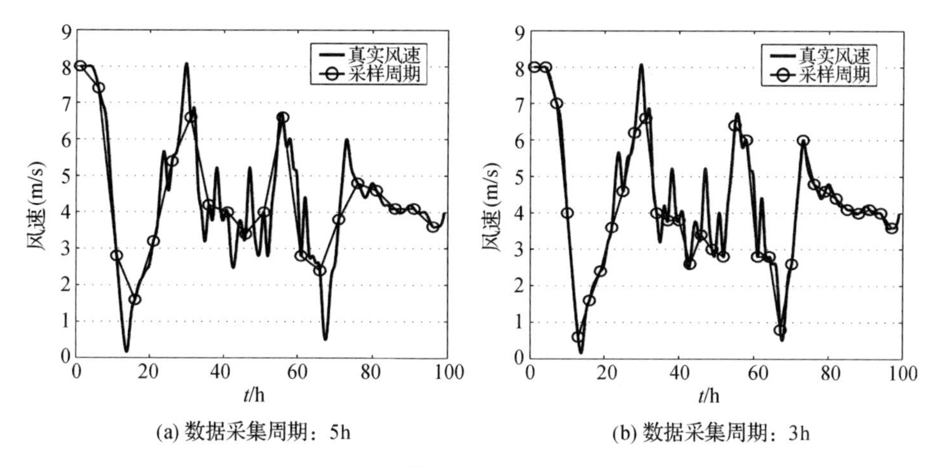

(a) 数据采集周期：5h　　(b) 数据采集周期：3h

图 5-2　等频数据采样的性能

比较缓慢，以 5h 为周期的等频数据采集就能够较为精准地刻画风速在这段时间的变化情况，所以在这个时段我们没有必要加大传感器节点的数据采集频率。另外，如果加大网络中所有节点在所有时段的数据采集频率，也会使得网络中产生大量的感知数据，导致传感器网络陷入感知数据存不下、传不出的困境。例如，在监测桥梁振动的应用中，车流量高峰时桥梁的振动频率可达 1kHz[17]，如果将每个监测桥梁振动的传感器节点在所有时段均以 1kHz 进行等频数据采集，那么整个网络将产生规模庞大的感知数据，这将会给存储和通信能力均有限的传感器网络带来巨大的负担。

鉴于上述原因，本章将在传感器网络中开展面向物理过程可重现的感知数据采集算法的研究。首先，本章基于 Hermit 插值及三次样条插值技术，提出了 2 种面向物理过程可高精度重现的变频数据采集算法，该算法能够根据用户的误差需求及其所监测的物理过程的变化程度，自适应地确定数据采集频率；其次，为了更有效地刻画物理过程的连续性，本章改进了传统意义上感知数据的定义。在此，网络中的传感器节点所采集的数据不再是离散数据点，而是一条随时间连续变化的分段曲线，我们将这条曲线称之为感知曲线；最后，为了使得用户从传感网中获取的查询、分析结果尽可能地逼近真实物理过程，我们将直接在感知曲线上进行操作。由于感知曲线要比离散的数据点更复杂，并且传感器节点在不同位置、不同时段的数据采集频率均不同，故构建在感知曲线之上的计算方法(包括查询、分析、挖掘等)也将不同于现有的研究。鉴于篇幅所限，本章针对最常见的聚集查询进行讨论，其他查询处理与分析算法将在未来的工作中开展研究。

本章的主要贡献如下：

(1)本章首次提出了面向物理过程可高精度重现的变频数据采集问题，完整地考虑了如图 5-1 所示的两个阶段的算法设计与误差分析技术。

(2)本章分别基于 Hermit 插值及三次样条技术提出了两种面向物理过程可高精度重现的变频数据采集算法，用以获取感知曲线。我们对上述两种算法输出感知曲线的光滑性，感知曲线的一阶、二阶导数的误差，算法的数据采集次数及复杂性进行了分析。根据理论分析与实验，我们发现基于 Hermit 插值的变频数据采集算法输出的感知曲线与真实物理过程曲线之间的误差更小；而基于三次样条插值的变频数据采集算法进行的数据采集次数更少，能耗更低，得到的感知曲线也更光滑。

(3)基于上述两种变频数据采集算法，我们提出了感知曲线的聚集算法，并提出了一种优化策略，我们证明了该优化策略能够在满足给定误差预算的前提下，最小化网络的通信开销。

(4)通过真实与模拟实验，我们验证了本章所提出的算法的性能。

本章的内容组织如下：5.2 节给出了问题的形式化定义；5.3 节分别基于 Hermit 插值及三次样条插值提出了两种面向物理过程可高精度重现的变频数据采集算法，并对其性能进行了分析；5.4 节提出了一种分布式的近似物理曲线聚集算法；5.5 节利用真实与模拟实验对本章所提出的算法的性能进行了验证、分析；5.6 节对本章的相关工作进行了分析；5.7 节总结全文。

5.2 问题定义

不失一般性，假设给定传感器网络中有 N 个节点，$V=\{1,2,\cdots,N\}$ 为网络中节点的集合，$i(1\leqslant i\leqslant N)$ 为节点的编号，$Loc=\{loc_1,loc_2,\cdots,loc_N\}$ 为节点位置集合，其中 loc_i 表示第 i 个节点所处的位置。

设 t_s、t_f 分别表示用户利用传感器网络开始和结束观测物理过程的时刻。对于任意 $1\leqslant i\leqslant N$ 及 $t\in[t_s,t_f]$，$s_i(t)$ 表示所监测的物理过程在时刻 t、位置 loc_i 处的真实取值，即 s_i 表示在位置 loc_i 处的真实物理过程曲线。由于物理过程是连续的，故 s_i 应是足够光滑的[28,33]。我们不妨假设 $s_i\in C^4[t_s,t_f]$，即对于任意 $t\in[t_s,t_f]$，$s_i^{(4)}(t)$ 是有界的，其中的 $s_i^{(4)}(t)$ 表示曲线 s_i 在时刻 t 处的四阶导数值，$C^4[t_s,t_f]$ 表示在区间 $[t_s,t_f]$ 之内具有连续 4 阶导数的函数集合。

对于布置在 loc_i 处的节点 $i(1\leqslant i\leqslant N)$ 来说，其目的是在时间区间 $[t_s,t_f]$ 内

测量并绘制 s_i 曲线。然而,要求节点 i 精准地绘制 s_i 曲线几乎是不可能的,除非其数据采集频率是无穷大。因而,本章将开展 s_i 曲线近似绘制技术的研究,并提出两种面向物理过程可高精度重现的变频数据采集算法。上述算法利用节点 i 离散地采集 s_i 曲线上的一些数据点,并根据上述数据点完成 s_i 的近似曲线的绘制。我们将算法输出曲线称为感知曲线。与传统的等频数据采集算法不同,面向物理过程可高精度重现的变频数据采集算法可以根据用户给定的误差界和 s_i 曲线随时间变化的程度自适应地调整节点 i 的数据采集频率。为了更清楚地描述感知曲线的精度,我们给出如下一些定义:

定义 5.1 (ϵ-有效曲线) 曲线$\hat{s}_i$称为 s_i 在区间$[t_s,t_f]$上的 ϵ-有效曲线,当且仅当对于$\forall t\in[t_s,t_f]$均有:$|\hat{s}_i(t)-s_i(t)|\leqslant\epsilon$,其中 $\epsilon>0$。

设 t_c 表示当前数据采集时刻,$t_s<t_c<t_f$。最为理想的情况是,设计一种数据采集与感知曲线的绘制方法,使得无论在区间$[t_s,t_c]$上,还是在区间$[t_c,t_f]$上,感知曲线$\hat{s}_i$均为真实物理过程曲线 s_i 的 ϵ-有效曲线。但是,由于 s_i 在未来(时间区间$[t_c,t_f]$)的变化情况是未知的,如果不利用历史数据的话,很难确定节点 i 在未来何时进行数据采集才能使$\hat{s}_i$与 s_i 之间的误差满足用户给定的误差界 ϵ。考虑到物理过程连续变化的特性,本章将基于后验技术设计面向物理过程可高精度重现的变频数据采集算法,即我们利用时间区间$[t_s,t_c]$内所采集的感知数据来预测未来感知数据的变化程度,并根据该变化程度与用户给定的误差界 ϵ 自适应地调节节点 i 在未来的数据采集频率。在 5.3 节中,我们将对两种面向物理过程可高精度重现的变频数据采集算法进行详细介绍。

同时,为了表达物理过程连续变化的特性,人们往往希望感知曲线$\hat{s}_i$是足够光滑的。为此,下面将给出 n 阶连续曲线的定义。

定义 5.2 (n 阶连续曲线) $\hat{s}_i$在区间$[t_s,t_f]$上被称作 n 阶连续曲线,当且仅当$\hat{s}_i\in C^n[t_s,t_f]$,其中 $C^n[t_s,t_f]$表示在区间$[t_s,t_f]$之内具有 n 阶连续导数的函数集合。

定义 5.3 (n 阶间断点) 设 t 为区间$[t_s,t_f]$内的任意一点,如果对于任意 $m(0\leqslant m<n)$均有$\hat{s}_i^{(m)}(t_+)=\hat{s}_i^{(m)}(t_-)$,但是$\hat{s}_i^{(n)}(t_+)\neq\hat{s}_i^{(n)}(t_-)$,则称 t 为曲线$\hat{s}_i$的 n 阶间断点。其中,$\hat{s}_i^{(m)}$表示$\hat{s}_i$的 m 阶导数,$\hat{s}_i^{(m)}(t_+)=\lim_{\Delta t\to 0}\hat{s}_i^{(m)}(t+\Delta t)$,$\hat{s}_i^{(m)}(t_-)=\lim_{\Delta t\to 0}\hat{s}_i^{(m)}(t-\Delta t)$。

鉴于篇幅所限,本章仅对 3 阶以下连续曲线进行讨论。

最后,由于网络中每个传感器节点所采集的不再是离散的数据点,而是感知曲线,并且在不同位置、不同时刻节点的数据采集频率亦不相同,从而为网内聚集算法设计提出了新的挑战。本章将在 5.4 节对建立在变频数据采集算法基础上的网内聚集算法进行讨论。

5.3 两种变频数据采集算法

5.3.1 基于 Hermit 插值的变频数据采集算法

5.3.1.1 数学基础

对于任意节点 $i(1\leqslant i\leqslant N)$，设 t_c 表示节点 i 当前数据采集时刻，t_{c-1} 表示节点 i 上一次进行数据采集的时刻。在时刻 t_c，节点 i 所需采集并计算的数据为 $s_i(t_c)$ 及 $s_i^{(1)}(t_c)$。其中，$s_i^{(1)}(t_c)$ 表示 s_i 在 t_c 时刻的一阶导数值。同样，在时刻 t_{c-1}，节点 i 所需采集并计算的数据为 $s_i(t_{c-1})$ 及 $s_i^{(1)}(t_{c-1})$。我们利用 $\hat{h}_i$ 表示基于 Hermit 插值的变频数据采集算法所输出的感知曲线，在区间 $[t_{c-1},t_c]$ 上，$\hat{h}_i$ 可计算如下

$$\hat{h}_i(t)=s_i(t_{c-1})\frac{(t_c-t)^2(2t-3t_{c-1}+t_c)}{(t_c-t_{c-1})^3}+s_i(t_c)\frac{(t-t_{c-1})^2(3t_c-2t-t_{c-1})}{(t_c-t_{c-1})^3}$$
$$+s_i^{(1)}(t_{c-1})\frac{(t-t_{c-1})(t-t_c)^2}{(t_{c-1}-t_c)^2}+s_i^{(1)}(t_c)\frac{(t-t_c)(t-t_{c-1})^2}{(t_c-t_{c-1})^2}\qquad(5\text{-}1)$$

其中，t 为区间 $[t_{c-1},t_c]$ 中的任意时刻。按照公式(5-1)计算出的 $\hat{h}_i$ 满足下面的定理 5.1。

定理 5.1 如果 $t_c-t_{c-1}\leqslant\left\{\frac{384\epsilon}{\max\limits_{t_{c-1}\leqslant\xi\leqslant t_c}\{|s_i^{(4)}(\xi)|\}}\right\}^{\frac{1}{4}}$，那么 $\hat{h}_i$ 是 s_i 在区间 $[t_{c-1},t_c]$ 上的 ϵ-有效曲线，即对于 $\forall t\in[t_{c-1},t_c]$，均有 $|s_i(t)-\hat{h}_i(t)|\leqslant\epsilon$，其中 $\epsilon>0$。

证明：

在区间 $[t_{c-1},t_c]$ 上构造如下函数

$$F(x)=s_i(x)-\hat{h}_i(x)-\frac{w(x)}{w(t)}(s_i(t)-\hat{h}_i(t))\qquad(5\text{-}2)$$

其中，$w(t)=(t-t_{c-1})^2(t-t_c)^2$，$t,x\in[t_{c-1},t_c]$。

根据公式(5-1)和(5-2)，有 $F(t_{c-1})=F(t_c)=F(t)=0$。因而，由罗尔定理[310]可知，$\exists\zeta_1\in[t_{c-1},t]$，使得 $F^{(1)}(\zeta_1)=0$，其中 $F^{(1)}(x)$ 表示函数 F 在 x 处的一阶导数值。同理，$\exists\zeta_2\in[t,t_c]$，使得 $F^{(1)}(\zeta_2)=0$。

同时，根据公式(5-1)和(5-2)可知，$F^{(1)}(t_{c-1})=F^{(1)}(t_c)=0$。因此，反复应

用罗尔定理可得∃$\zeta\in[t_{c-1},t_c]$,使得$F^{(4)}(\zeta)=0$,其中$F^{(4)}(\zeta)$表示函数F在ζ处的4阶导数值。所以

$$F^{(4)}(\zeta)=s_i^{(4)}(\zeta)-\frac{24}{w(t)}[s_i(t)-\hat{h}_i(t)]=0 \tag{5-3}$$

从而

$$\begin{aligned}|s_i(t)-\hat{h}_i(t)|&=\frac{1}{24}|(t-t_{c-1})^2(t-t_c)^2||s_i^{(4)}(\zeta)|\\&\leqslant\frac{1}{24}|(t-t_{c-1})^2(t-t_c)^2|\max_{t_{c-1}\leqslant\xi\leqslant t_c}\{|s_i^{(4)}(\xi)|\}\end{aligned} \tag{5-4}$$

由于$t\in(t_{c-1},t_c)$,所以$|(t-t_{c-1})(t-t_c)|\leqslant\frac{1}{4}(t_c-t_{c-1})^2$。因而,

$$|s_i(t)-\hat{h}_i(t)|\leqslant\frac{(t_c-t_{c-1})^4}{384}\max_{t_{c-1}\leqslant\xi\leqslant t_c}\{|s_i^{(4)}(\xi)|\} \tag{5-5}$$

同时,由$t_c-t_{c-1}\leqslant\left\{\frac{384\epsilon}{\max\limits_{t_{c-1}\leqslant\xi\leqslant t_c}[|s_i^{(4)}(\xi)|]}\right\}^{\frac{1}{4}}$,可得$\frac{(t_c-t_{c-1})^4}{384}\max\limits_{t_{c-1}\leqslant\xi\leqslant t_c}\{|s_i^{(4)}(\xi)|\}\leqslant\epsilon$。结合公式(5-4),有$|s_i(t)-\hat{h}_i(t)|\leqslant\epsilon$,即$\hat{h}_i$是$s_i$在区间$[t_{c-1},t_c]$上的$\epsilon$-有效曲线。

根据定理5.1可知,$\hat{h}_i$与s_i在区间$[t_{c-1},t_c]$上的误差与$(t_c-t_{c-1})^4$成正比。同时,根据5.2节的分析,$\max\limits_{t_{c-1}\leqslant\xi\leqslant t_c}\{|s_i^{(4)}(\xi)|\}$是有界的,因而,我们可以通过缩小两次连续数据采集的时间间隔(即增大数据采集频率),使得感知曲线$\hat{h}_i$与真实物理过程曲线s_i之间的误差可以达到任意小值。

5.3.1.2 数据采集算法

设t_c表示节点i当前数据采集发生的时刻,t_{c-1}表示上一次数据采集所发生的时刻,$f_{\min}$表示用户监测物理过程时所允许的最小数据采集频率,$f_{\max}$表示传感器节点硬件所能达到的最大数据采集频率。根据前文所述,节点i将采用后验技术来计算下一次数据采集应发生的时刻,即t_{c+1},并绘制分段曲线$\hat{h}_i$。详细算法包含如下4步:

第一步,传感器节点i需对s_i在区间$[t_{c-1},t_c]$内的近似曲线$\hat{h}_i$进行计算,具体方法如下:首先,其分别在t_{c-1}、$t_{c-1}+\Delta t$、t_c、$t_c+\Delta t$时刻采集感知数据$s_i(t_{c-1})$、$s_i(t_{c-1}+\Delta t)$、$s_i(t_c)$和$s_i(t_c+\Delta t)$,其中$\Delta t=1/f_{\max}$。其次,节点i利用公式$s_i^{(1)}(t_{c-1})=\frac{s_i(t_{c-1}+\Delta t)-s_i(t_{c-1})}{\Delta t}$,$s_i^{(1)}(t_c)=\frac{s_i(t_c+\Delta t)-s_i(t_c)}{\Delta t}$来计算$s_i^{(1)}(t_{c-1})$及$s_i^{(1)}(t_c)$。最后,根据公式(5-1),节点$i$可获得$\hat{h}_i$。

第二步,传感器节点i需按如下方法对$\max\limits_{t_c\leqslant\xi}\{|s_i^{(4)}(\xi)|\}$进行估计:首先,节点$i$

在(0,1)区间内生成一个随机数 r,并令 $t'=r(t_c-t_{c-1}-3\Delta t)+(t_{c-1}+2\Delta t)$,其中 $\Delta t=1/f_{\max}$。其次,节点 i 在时刻 t' 采集感知数据 $s_i(t')$,利用 $s_i(t_{c-1})$、$s_i(t_{c-1}+\Delta t)$、$s_i(t')$、$s_i(t_c)$ 及 $s_i(t_c+\Delta t)$ 计算 s_i 在区间 $[t_{c-1},t_c]$ 内的四次插值曲线[311],并利用该曲线的 4 阶导数值来估计 $\max\limits_{t_{c-1}\leqslant\xi\leqslant t_c}|s_i^{(4)}(\xi)|$。最后,节点 i 基于后验技术、利用 $\max\limits_{t_{c-1}\leqslant\xi\leqslant t_c}|s_i^{(4)}(\xi)|$ 来估计 $\max\limits_{t_c\leqslant\xi}\{|s_i^{(4)}(\xi)|\}$。

第三步,传感器节点 i 需根据 $\max\limits_{t_c\leqslant\xi}\{|s_i^{(4)}(\xi)|\}$ 与用户给定误差 ϵ 确定下一个数据采集时刻 t_{c+1},具体计算方法如下:$t_{c+1}=\min\left\{\left\{\dfrac{384\epsilon}{\max\limits_{t_c\leqslant\xi}\{|s_i^{(4)}(\xi)|\}}\right\}^{\frac{1}{4}},\dfrac{1}{f_{\min}}\right\}+t_c$。

第四步,令 $t_{c-1}=t_c$,$t_c=t_{c+1}$。重复上述 3 步直至 $t_c=t_f$,其中 t_f 为用户利用传感器网络结束监测物理过程的时刻。

综上所述,基于 Hermit 插值的变频数据采集算法如算法 5-1 所示。

5.3.1.3 性能分析

1. $\hat{h}_i$ 的光滑性

设基于 Hermit 插值的变频抽样算法将时间区间 $[t_s,t_f]$ 分成 n 个时间段,分别为 $[t_0,t_1]$,$[t_1,t_2]$,…,$[t_{n-2},t_{n-1}]$,$[t_{n-1},t_n]$,其中 $t_s=t_0<t_1<\cdots<t_n=t_f$。由5.3.1.1节中的分析可知,对于任意 $c(0\leqslant c\leqslant n-1)$,$\hat{h}_i$ 在区间 $[t_c,t_{c+1}]$ 上是一条三次多项式曲线,故可将 $[t_c,t_{c+1}]$ 称为 $\hat{h}_i$ 在 $[t_s,t_f]$ 内的一个分段,将 t_c 称为 $\hat{h}_i$ 的一个分段点。

综上所述,$\hat{h}_i$ 在整个时间区间 $[t_s,t_f]$ 上是一条分段三次多项式曲线,并且 $\hat{h}_i$ 在区间 (t_c,t_{c+1}) 上是 3 阶连续曲线。但是对于每个分段点 $t_c(1\leqslant c\leqslant n-1)$ 来说,$\hat{h}_i$ 在 t_c 处仅有 1 阶连续导数。因而,$\hat{h}_i$ 在整个时间区间 $[t_s,t_f]$ 上的光滑度只能达到 $C^1[t_s,t_f]$,其中分段点 $t_1,t_2,\cdots,t_{n-1}$ 为曲线 $\hat{h}_i$ 的二阶间断点。

2. 一阶、二阶导数的误差

设 t_c 与 t_{c-1} 分别表示当前与上一个数据采集发生的时刻,则对于任意 $t\in[t_{c-1},t_c]$,除了 $s_i(t)$ 之外,$s_i^{(1)}(t)$ 和 $s_i^{(2)}(t)$ 对用户来说也十分重要,因为它们可以指示时刻 t 真实物理过程曲线 s_i 的增减性与凸凹性,其中 $s_i^{(1)}(t)$ 和 $s_i^{(2)}(t)$ 分别表示 s_i 在时刻 t 的一阶、二阶导数值。同时,上述两值也可以帮助用户确定 s_i 曲线上的关键点位置,例如极值点位置、拐点位置等。由于 s_i 曲线是未知的,所以通常我们将用 $\hat{h}_i^{(1)}(t)$ 与 $\hat{h}_i^{(2)}(t)$ 来估计 $s_i^{(1)}(t)$ 与 $s_i^{(2)}(t)$。下面,我们将对 $\hat{h}_i^{(1)}(t)$ 与 $\hat{h}_i^{(2)}(t)$ 的误差进行分析。

定理 5.2 如果 $\hat{h}_i$ 是 s_i 在 $[t_{c-1},t_c]$ 上的 ϵ-有效曲线,那么 $\hat{h}_i^{(1)}$ 是 $s_i^{(1)}$ 在

Input: $t_0\ (= t_s), t_1$: The time when the first and second data sampling happens; $f_{\min}, f_{\max}, \epsilon, t_f$

Output: The Hermit Interpolation Curve $\widehat{h_i}$

1 $t_{c-1} = t_0, t_c = t_1$;

2 $\Delta t = \frac{1}{f_{\max}}$;

3 **while** $t_c \le t_f$ **do**

4 　/*Sampling sensed data*/

5 　Generate a random number r in $(0, 1)$;

6 　$t' = r(t_c - t_{c-1} - 3\Delta t) + (t_{c-1} + 2\Delta t)$;

7 　Sampling sensed data at $t_{c-1}, t_{c-1} + \Delta t, t', t_c, t_c + \Delta t$;

8 　/*Computing $\widehat{h_i}$ in range $[t_{c-1}, t_c]$*/

9 　$s_i^{(1)}(t_{c-1}) = \frac{s_i(t_{c-1}+\Delta t) - s_i(t_{c-1})}{\Delta t}$;

10 　$s_i^{(1)}(t_c) = \frac{s_i(t_c+\Delta t) - s_i(t_c)}{\Delta t}$;

11 　Let t be a independent variable in range $[t_{c-1}, t_c]$;

12 　$\phi_1(t) = \frac{(t_c - t)^2(2t - 3t_{c-1} + t_c)}{(t_c - t_{c-1})^3}$;

13 　$\phi_2(t) = \frac{(t - t_{c-1})^2(3t_c - 2t - t_{c-1})}{(t_c - t_{c-1})^3}$;

14 　$\phi_3(t) = \frac{(t - t_{c-1})(t - t_c)^2}{(t_{c-1} - t_c)^2}$;

15 　$\phi_4(t) = \frac{(t - t_c)(t - t_{c-1})^2}{(t_c - t_{c-1})^2}$;

16 　$\widehat{h_i}(t) = s_i(t_{c-1})\phi_1(t) + s_i(t_c)\phi_2(t) + s_i^{(1)}(t_{c-1})\phi_3(t) + s_i^{(1)}(t_c)\phi_4(t)$;

17 　Return $\widehat{h_i}$;

18 　/*Computing t_{c+1}*/

19 　$$\boldsymbol{A} = \begin{bmatrix} t_{c-1}^4 & t_{c-1}^3 & t_{c-1}^2 & t_{c-1} & 1 \\ (t_{c-1}+\Delta t)^4 & (t_{c-1}+\Delta t)^3 & (t_{c-1}+\Delta t)^2 & (t_{c-1}+\Delta t) & 1 \\ t'^4 & t'^3 & t'^2 & t' & 1 \\ t_c^4 & t_c^3 & t_c^2 & t_c & 1 \\ (t_c+\Delta t)^4 & (t_c+\Delta t)^3 & (t_c+\Delta t)^2 & (t_c+\Delta t) & 1 \end{bmatrix}, \boldsymbol{S} = \begin{bmatrix} s_i(t_{c-1}) \\ s_i(t_{c-1}+\Delta t) \\ s_i(t') \\ s_i(t_c) \\ s_i(t_c+\Delta t) \end{bmatrix};$$

20 　$\boldsymbol{C} = \boldsymbol{A}^{-1}\boldsymbol{S}, \max\limits_{t_c \le \xi}\{|s_i^{(4)}(\xi)|\} = \max\limits_{t_{c-1} \le \xi \le t_c}\{|s_i^{(4)}(\xi)|\} = 24 \times \boldsymbol{C}[1]$;

21 　$t_{c+1} = \min\left\{\left\{\frac{384\epsilon}{\max_{t_c \le \xi}\{|s_i^{(4)}(\xi)|\}}\right\}^{\frac{1}{4}}, \frac{1}{f_{\min}}\right\} + t_c$,

22 　**if** $t_{c+1} > t_f$ **then**

23 　　$t_{c+1} = t_f$;

24 　$t_{c-1} = t_c, t_c = t_{c+1}$;

算法 5-1　基于 Hermit 插值的变频数据采集算法

$[t_{c-1}, t_c]$上的$\frac{16\epsilon}{3\sqrt{3}(t_c - t_{c-1})}$-有效曲线，即对于$\forall t \in [t_c, t_{c-1}]$，均可得$|s_i^{(1)}(t) - \hat{h}_i^{(1)}(t)| \leqslant \frac{16\epsilon}{3\sqrt{3}(t_c - t_{c-1})}$，其中$\epsilon > 0$。

证明：根据定理5.1的证明，可知对于$\forall t \in [t_{c-1}, t_c]$，存在$\zeta \in [t_{c-1}, t_c]$满足

$$s_i(t) - \hat{h}_i(t) = \frac{1}{24}(t - t_{c-1})^2 (t - t_c)^2 s_i^{(4)}(\zeta) \tag{5-6}$$

对于公式(5-6)两边关于t计算一阶导数，可得

$$s_i^{(1)}(t) - \hat{h}_i^{(1)}(t) = \frac{1}{24} s_i^{(4)}(\zeta)\{2(t - t_{c-1})(t_c - t)(t_c + t_{c-1} - 2t)\} \tag{5-7}$$

令$\rho = \frac{t - t_{c-1}}{t_c - t_{c-1}}$，由于$t \in [t_{c-1}, t_c]$，故$0 \leqslant \rho \leqslant 1$。利用$\rho$，公式(5-7)可化简为

$$s_i^{(1)}(t) - \hat{h}_i^{(1)}(t) = \frac{1}{24} s_i^{(4)}(\zeta)(t_c - t_{c-1})^3 \{2\rho(1-\rho)(1-2\rho)\} \tag{5-8}$$

由于$0 \leqslant \rho \leqslant 1$，故函数$2\rho(1-\rho)(1-2\rho)$在$\rho = \frac{1}{2} - \frac{\sqrt{3}}{6}$时取最大值，其最大值为$\frac{\sqrt{3}}{9}$；在$\rho = \frac{1}{2} + \frac{\sqrt{3}}{6}$时取最小值，其最小值为$\frac{-\sqrt{3}}{9}$，故$|2\rho(1-\rho)(1-2\rho)| \leqslant \frac{\sqrt{3}}{9}$。结合公式(5-8)可知

$$\begin{aligned} |s_i^{(1)}(t) - \hat{h}_i^{(1)}(t)| &\leqslant \frac{\sqrt{3}}{9 \times 24}(t_c - t_{c-1})^3 |s_i^{(4)}(\zeta)| \\ &\leqslant \frac{\sqrt{3}}{9 \times 24}(t_c - t_{c-1})^3 \max_{t_{c-1} \leqslant \xi \leqslant t_c} \{|s_i^{(4)}(\xi)|\} \end{aligned} \tag{5-9}$$

同时，由于$\hat{h}_i$是s_i在区间$[t_{c-1}, t_c]$上的ϵ-有效曲线，故根据定理5.1证明可得$\frac{1}{384} \max_{t_{c-1} \leqslant \xi \leqslant t_c} |s_i^{(4)}(\xi)| (t_c - t_{c-1})^4 \leqslant \epsilon$，结合公式(5-9)可知

$$|s_i^{(1)}(t) - \hat{h}_i^{(1)}(t)| \leqslant \frac{16\epsilon}{3\sqrt{3}(t_c - t_{c-1})} \tag{5-10}$$

即$\hat{h}_i^{(1)}$是$s_i^{(1)}$在$[t_{c-1}, t_c]$上的$\frac{16\epsilon}{3\sqrt{3}(t_c - t_{c-1})}$-有效曲线。

定理5.3 如果$\hat{h}_i$是s_i在$[t_{c-1}, t_c]$上的ϵ-有效曲线，那么$\hat{h}_i^{(2)}$是$s_i^{(2)}$在$[t_{c-1}, t_c]$上的$\frac{32\epsilon}{(t_c - t_{c-1})^2}$-有效曲线，即对于任意$t \in [t_c, t_{c-1}]$，均有$|s_i^{(2)}(t) - \hat{h}_i^{(2)}(t)| \leqslant \frac{32\epsilon}{(t_c - t_{c-1})^2}$，其中$\epsilon > 0$。

证明：根据定理5.1的证明，可知对于$\forall t \in [t_{c-1}, t_c]$，存在$\zeta \in [t_{c-1}, t_c]$满足

$$s_i(t)-\hat{h}_i(t)=\frac{1}{24}(t-t_{c-1})^2(t-t_c)^2 s_i^{(4)}(\zeta) \tag{5-11}$$

对于公式(5-11)两边关于 t 计算二阶导数，可得

$$s_i^{(2)}(t)-\hat{h}_i^{(2)}(t)=\frac{1}{12}s_i^{(4)}(\zeta)\{(t_c+t_{c-1}-2t)^2-2(t-t_{c-1})(t_c-t)\} \tag{5-12}$$

令 $\rho=\frac{t-t_{c-1}}{t_c-t_{c-1}}$，由于 $t\in[t_{c-1},t_c]$，故 $0\leqslant\rho\leqslant 1$。结合公式(5-12)可得

$$s_i^{(2)}(t)-\hat{h}_i^{(2)}(t)=\frac{1}{12}s_i^{(4)}(\zeta)(t_c-t_{c-1})^2(6\rho^2-6\rho+1) \tag{5-13}$$

由于 $0\leqslant\rho\leqslant 1$，故函数 $6\rho^2-6\rho+1$ 的最大值为 1，最小值为 $-\frac{1}{2}$，即 $|6\rho^2-6\rho+1|\leqslant 1$。结合公式(5-13)可知

$$\begin{aligned}|s_i^{(2)}(t)-\hat{h}_i^{(2)}(t)| &\leqslant \frac{1}{12}(t_c-t_{c-1})^2|s_i^{(4)}(\zeta)| \\ &\leqslant \frac{1}{12}(t_c-t_{c-1})^2 \max_{t_{c-1}\leqslant\xi\leqslant t_c}\{|s_i^{(4)}(\xi)|\}\end{aligned} \tag{5-14}$$

同时，由于 $\hat{h}_i$ 是 s_i 在区间 $[t_{c-1},t_c]$ 上的 ϵ-有效曲线，故根据定理 5.1 证明得知 $\frac{1}{384}\max\limits_{t_{c-1}\leqslant\xi\leqslant t_c}|s_i^{(4)}(\xi)|(t_c-t_{c-1})^4\leqslant\epsilon$，结合公式(5-14)可得

$$|s_i^{(2)}(t)-\hat{h}_i^{(2)}(t)|\leqslant\frac{32\epsilon}{(t_c-t_{c-1})^2} \tag{5-15}$$

即 $\hat{h}_i^{(2)}$ 是 $s_i^{(2)}$ 在区间 $[t_{c-1},t_c]$ 上的 $\frac{32\epsilon}{(t_c-t_{c-1})^2}$-有效曲线。□

根据定理 5.2 与 5.3，我们可以利用感知曲线 $\hat{h}_i$ 描述真实物理过程时所产生的误差，来确定 $\hat{h}_i^{(1)}$ 与 $\hat{h}_i^{(2)}$ 与真实物理过程曲线的一阶、二阶导数之间的误差。同时，利用上述误差、$\hat{h}_i^{(1)}$ 及 $\hat{h}_i^{(2)}$，用户可方便地确定真实物理过程曲线的极值点和拐点出现的范围，这对分析和掌握真实物理过程的变化规律十分重要。

3. 数据采集次数与算法复杂性

设 ϵ 表示用户给定的误差界、$M=\max\limits_{t_s\leqslant\xi\leqslant t_f}|s_i^{(4)}(\xi)|$，则根据定理 5.1，基于 Hermit 插值的变频数据采集算法最多将时间区间 $[t_s,t_f]$ 分成 $\left\lceil\frac{(t_f-t_s)M^{1/4}}{(384\epsilon)^{1/4}}\right\rceil$ 个时间段。同时，根据算法 5-1，对于每一个分段 $[t_{c-1},t_c)$，该算法将采集 3 个感知数据。从而，在区间 $[t_s,t_f)$ 内，基于 Hermit 插值的变频数据采集算法进行数据采集的次数上界为 $3\times\left\lceil\frac{(t_f-t_s)M^{1/4}}{(384\epsilon)^{1/4}}\right\rceil\leqslant\frac{3(t_f-t_s)M^{1/4}}{(384\epsilon)^{1/4}}+3$。同时，在时刻 t_f，节点还需采集并计算 $s_i(t_f)$ 与 $s_i^{(1)}(t_f)$，因而节点 i 在整个时间区间 $[t_s,t_f]$ 上的数据采集次数

不超过$\frac{3(t_f-t_s)M^{1/4}}{(384\epsilon)^{1/4}}+5$。

根据算法5-1，基于Hermit插值的变频数据采集算法的计算复杂性取决于其$[t_s,t_f]$内进行数据采集的次数，即该算法的计算复杂性为$O\left[\frac{(t_f-t_s)M^{1/4}}{(\epsilon)^{1/4}}\right]$。

5.3.2 基于三次样条插值的变频数据采集算法

虽然基于Hermit插值的变频数据采集算法较为简单，并且近似效果很好，但其面临着一些问题。首先，其输出曲线$\hat{h}_i$的光滑度不高。设基于Hermit插值的变频抽样算法将时间区间$[t_s,t_f]$分成n个时间段，$t_s=t_0<t_1<\cdots<t_n=t_f$表示$n$个分段点，则根据5.3.1节的分析，对于任意$c(1\leqslant c\leqslant n-1)$，感知曲线$\hat{h}_i$在分段点$t_c$处只能达到一阶连续，即$t_1,t_2,\cdots,t_{n-1}$均是$\hat{h}_i$的二阶间断点，所以$\hat{h}_i$的二阶间断点较多。其次，该算法需要频繁地调整节点数据采集频率，其所需进行的数据采集次数也较多。鉴于上述原因，为了获得更为光滑的感知曲线，并且有效地减少数据采集次数，本章将给出另一种变频数据采集算法，即基于三次样条插值的变频数据采集算法。

5.3.2.1 数学基础

设$\hat{s}_i$表示基于三次样条插值的变频数据采集算法所输出的感知曲线。设区间$[t_s,t_f]$被分成m时间窗口，T_k表示第k个时间窗口的起始时刻，其中$1\leqslant k\leqslant m$。节点i在时间窗口$[T_k,T_{k+1}]$内的进行周期为hk_i的等频数据采集。令$l_{ki}\left(=\frac{T_{k+1}-T_k}{h_{ki}}\right)$表示时间窗口$[T_k,T_{k+1}]$内数据采集周期的个数，则节点$i$需要采集并计算如下数据：$s_i(T_k),s_i^{(1)}(T_k)s_i(T_k+h_{ki}),s_i(T_k+2h_{ki}),\cdots,s_i(T_{k+1}),s_i^{(1)}(T_{k+1})$。利用上述数据，在时间窗口$[T_k,T_{k+1}]$内的感知曲线$\hat{s}_i$可按如下方式进行计算：

对于$\forall t\in[T_k,T_{k+1}]$，若$t$满足$T_k+(j-1)h_{ki}\leqslant t\leqslant T_k+jh_{ki}(1\leqslant j\leqslant l_{ki})$，那么$\hat{s}_i(t)$满足下式

$$\begin{aligned}\hat{s}_i(t)=&q_{j-1}\frac{(T_k+jh_{ki}-t)^2\{t-[T_k+(j-1)h_{ki}]\}}{h_{ki}^2}\\&-q_j\frac{(T_k+jh_{ki}-t)\{t-[T_k+(j-1)h_{ki}]\}^2}{h_{ki}^2}\\&+s_i[T_k+(j-1)h_{ki}]\frac{(T_k+jh_{ki}-t)^2\{2\{t-[T_k+(j-1)h_{ki}]\}+h_{ki}\}}{h_{ki}^3}\end{aligned}$$

$$+s_i(T_k+jh_{ki})\frac{\{t-[T_k+(j-1)h_{ki}]\}^2[2(T_k+jh_{ki}-t)+h_{ki}]}{h_{ki}^3} \quad (5\text{-}16)$$

其中,$Q=[q_0,q_1,\cdots,q_{l_{ki}}]^{\mathrm{T}}$ 满足下式

$$AQ=D \quad (5\text{-}17)$$

其中,

$$A=\begin{bmatrix}1&0&0&0&0&\cdots&0\\1&4&1&0&0&\cdots&0\\0&1&4&1&0&\cdots&0\\\vdots&\ddots&\ddots&\ddots&&&\vdots\\\vdots&&\ddots&\ddots&\ddots&&\vdots\\0&\cdots&0&0&1&4&1\\0&0&\cdots&0&0&0&1\end{bmatrix},$$

$$D=\begin{bmatrix}s_i^{(1)}(T_k)\\3\dfrac{s_i(T_k+2h_{ki})-s_i(T_k)}{h_{ki}}\\\vdots\\3\dfrac{s_i[T_k+(j+1)h_{ki}]-s_i[T_k+(j-1)h_{ki}]}{h_{ki}}\\\vdots\\3\dfrac{s_i(T_{k+1})-s_i[T_k+(l_{ki}-2)h_{ki}]}{h_{ki}}\\s_i^{(1)}(T_{k+1})\end{bmatrix}。$$

按照公式(5-16)所计算出的$\hat{s}_i$满足定理 5.4。

定理 5.4 如果 $h_{ki}\leqslant\left\{\dfrac{384\epsilon}{5\max\limits_{T_k\leqslant\xi\leqslant T_{k+1}}\{|s_i^{(4)}(\xi)|\}}\right\}^{\frac{1}{4}}$,那么$\hat{s}_i$是 s_i 在区间$[T_k,T_{k+1}]$上的ϵ有效曲线,即对于$\forall t\in[T_k,T_{k+1}]$,均有$|s_i(t)-\hat{s}_i(t)|\leqslant\epsilon$,其中$\epsilon>0$且 $1\leqslant k\leqslant m$。

为了证明定理 5.4,我们需要证明如下两个引理。

引理 5.1 设矩阵 $\boldsymbol{B}=[b_{ij}]_{1\leqslant i,j\leqslant n}$为线性方程组 $\sum\limits_{j=1}^{n}b_{ij}x_j=c_i(i=1,2,\cdots,n)$ 的系数矩阵,v 是满足$|x_v|=\max\limits_{1\leqslant j\leqslant n}|x_j|$的整数,如果 $|b_{vv}|-\sum\limits_{j\neq v}|b_{vj}|\geqslant r$,则 $r|x_v|\leqslant|c_v|$。

证明:根据线性方程组可知 $c_v=b_{vv}x_v+\sum\limits_{j\neq v}b_{vj}x_j$,故

$$|c_v| \geqslant |b_{vv}x_v| - \sum_{j\neq v}|b_{vj}||x_j| \tag{5-18}$$

同时，由 $|b_{vv}| - \sum_{j\neq v}|b_{vj}| \geqslant r$ 可知

$$|b_{vv}||x_v| - \sum_{j\neq v}|b_{vj}||x_v| \geqslant r|x_v| \tag{5-19}$$

由于 $|x_v| = \max_{1\leqslant j\leqslant n}|x_j|$，所以 $\sum_{j\neq v}|b_{vj}||x_v| \geqslant \sum_{j\neq v}|b_{vj}||x_j|$。结合公式(5-19)可知

$$|b_{vv}||x_v| - \sum_{j\neq v}|b_{vj}||x_j| \geqslant |b_{vv}||x_v| - \sum_{j\neq v}|b_{vj}||x_v| \geqslant r|x_v| \tag{5-20}$$

根据公式(5-18)与(5-20)可知 $r|x_v| \leqslant |c_v|$。

引理 5.2 设 $Q=[q_0, q_1, \cdots, q_{l_{ki}}]^{\mathrm{T}}$ 满足公式(5-14)的向量，$h_{ki} \leqslant \left\{\frac{384\epsilon}{5\max\limits_{T_k\leqslant\xi\leqslant T_{k+1}}\{|s_i^{(4)}(\xi)|\}}\right\}^{\frac{1}{4}}$，则对于任意 $j(0\leqslant j\leqslant l_{ki})$，均有 $|q_j - s_i^{(1)}(T_k + jh_{ki})| \leqslant \frac{16\epsilon}{5h_{ki}}$。

证明：根据公式(5-17)可知

$$\begin{bmatrix} 1 & 0 & 0 & 0 & 0 & \cdots & 0 \\ 1 & 4 & 1 & 0 & 0 & \cdots & 0 \\ 0 & 1 & 4 & 1 & 0 & \cdots & 0 \\ \vdots & \ddots & \ddots & \ddots & & & \vdots \\ \vdots & & \ddots & \ddots & \ddots & & \vdots \\ 0 & \cdots & 0 & 0 & 1 & 4 & 1 \\ 0 & 0 & \cdots & 0 & 0 & 0 & 1 \end{bmatrix} \times \begin{bmatrix} q_0 \\ q_1 \\ \vdots \\ q_j \\ \vdots \\ q_{l_{ki}-1} \\ q_{l_{ki}} \end{bmatrix} = \begin{bmatrix} s_i^{(1)}(T_k) \\ 3\,\dfrac{s_i(T_k+2h_{ki}) - s_i(T_k)}{h_{ki}} \\ \vdots \\ 3\,\dfrac{s_i[T_k+(j+1)h_{ki}] - s_i[T_k+(j-1)h_{ki}]}{h_{ki}} \\ \vdots \\ 3\,\dfrac{s_i(T_{k+1}) - s_i[T_k+(l_{ki}-2)h_{ki}]}{h_{ki}} \\ s_i^{(1)}(T_{k+1}) \end{bmatrix} \tag{5-21}$$

所以有

$$\begin{bmatrix} 1 & 0 & 0 & 0 & 0 & \cdots & 0 \\ 1 & 4 & 1 & 0 & 0 & \cdots & 0 \\ 0 & 1 & 4 & 1 & 0 & \cdots & 0 \\ \vdots & \ddots & \ddots & \ddots & & & \vdots \\ \vdots & & \ddots & \ddots & \ddots & & \vdots \\ 0 & \cdots & 0 & 0 & 1 & 4 & 1 \\ 0 & 0 & \cdots & 0 & 0 & 0 & 1 \end{bmatrix} \times \begin{bmatrix} q_0 - s_i^{(1)}(T_k) \\ q_1 - s_i^{(1)}(T_k + h_{ki}) \\ \vdots \\ q_j - s_i^{(1)}(T_k + jh_{ki}) \\ \vdots \\ q_{l_{ki}-1} - s_i^{(1)}[T_k + (l_{ki}-1)h_{ki}] \\ q_{l_{ki}} - s_i^{(1)}(T_{k+1}) \end{bmatrix}$$

$$= \begin{bmatrix} 0 \\ 3\dfrac{s_i(T_k+2h_{ki})-s_i(T_k)}{h_{ki}} - \dfrac{[s_i^{(1)}(T_k)+4s_i^{(1)}(T_k+h_{ki})+s_i^{(1)}(T_k+2h_{ki})]}{1} \\ \vdots \\ 3\dfrac{s_i[T_k+(j+1)h_{ki}]-s_i[T_k+(j-1)h_{ki}]}{h_{ki}} - \dfrac{s_i^{(1)}[T_k+(j-1)h_{ki}]+4s_i^{(1)}(T_k+jh_{ki})+s_i^{(1)}[T_k+(j+1)h_{ki}]}{1} \\ \vdots \\ 3\dfrac{s_i(T_{k+1})-s_i[T_k+(l_{ki}-2)h_{ki}]}{h_{ki}} - \dfrac{s_i^{(1)}[T_k+(l_{ki}-2)h_{ki}]+4s_i^{(1)}[T_k+(l_{ki}-1)h_{ki}]+s_i^{(1)}(T_k+l_{ki}h_{ki})}{1} \\ 0 \end{bmatrix} \tag{5-22}$$

由公式(5-22)可见，$q_0 - s_i^{(1)}(T_k) = 0$ 且 $q_{l_{ki}} - s_i^{(1)}(T_{k+1}) = 0$。

设整数 v 满足 $|q_v - s_i^{(1)}(T_k + vh_{ki})| = \max\limits_{0 \leqslant j \leqslant l_{ki}} |q_j - s_i^{(1)}(T_k + jh_{ki})|$，则如果 $v=0$或 $v=l_{ki}$，那么对于 $\forall j(0 \leqslant j \leqslant l_{ki})$，均有 $|q_j - s_i^{(1)}(T_k + jh_{ki})| \leqslant |q_v - s_i^{(1)}(T_k + vh_{ki})| = 0 \leqslant \dfrac{16\epsilon}{5h_{ki}}$，即引理 5.2 成立。

如果 $1 \leqslant v \leqslant l_{ki} - 1$，那么根据矩阵 $\boldsymbol{A}$ 的构造有：$|\boldsymbol{A}_{vv}| - \sum\limits_{j \neq v} |\boldsymbol{A}_{ij}| = 2$，故根据引理 5.1 和公式(5-22)可知

$$|q_v - s_i^{(1)}(T_k + vh_{ki})| \leqslant \frac{1}{2} \left| 3\frac{s_i[T_k+(v+1)h_{ki}] - s_i[T_k+(v-1)h_{ki}]}{h_{ki}} - \{s_i^{(1)}[T_k+(v-1)h_{ki}] + 4s_i^{(1)}(T_k+vh_{ki}) + s_i^{(1)}[T_k+(v+1)h_{ki}]\} \right| \tag{5-23}$$

对于公式(5-23)中的 $s_i[T_k+(v+1)h_{ki}]$、$s_i[T_k+(v-1)h_{ki}]$、$s_i^{(1)}[T_k+(v+1)h_{ki}]$与 $s_i^{(1)}[T_k+(v-1)h_{ki}]$，用泰勒公式[312]展开可得

$$s_i[T_k+(v+1)h_{ki}] = s_i(T_k+vh_{ki}) + h_{ki}s_i^{(1)}(T_k+vh_{ki}) + \frac{h_{ki}^2}{2}s_i^{(2)}(T_k+vh_{ki}) + \frac{h_{ki}^3}{6}s_i^{(3)}(T_k+vh_{ki}) + \frac{h_{ki}^4}{24}s_i^{(4)}(\zeta_1) \tag{5-24}$$

$$s_i^{(1)}[T_k+(v+1)h_{ki}] = s_i^{(1)}(T_k+vh_{ki}) + h_{ki}s_i^{(2)}(T_k+vh_{ki}) + \frac{h_{ki}^2}{2}s_i^{(3)}(T_k+vh_{ki}) + \frac{h_{ki}^3}{6}s_i^{(4)}(\zeta_1) \tag{5-25}$$

$$s_i[T_k+(v-1)h_{ki}] = s_i(T_k+vh_{ki}) - h_{ki}s_i^{(1)}(T_k+vh_{ki})$$

$$+\frac{h_{ki}^2}{2}s_i^{(2)}(T_k+vh_{ki})-\frac{h_{ki}^3}{6}s_i^{(3)}(T_k+vh_{ki})+\frac{h_{ki}^4}{24}s_i^{(4)}(\zeta_2) \quad (5\text{-}26)$$

$$s_i^{(1)}[T_k+(v-1)h_{ki}]=s_i^{(1)}(T_k+vh_{ki})-h_{ki}s_i^{(2)}(T_k+vh_{ki})+\frac{h_{ki}^2}{2}s_i^{(3)}(T_k+vh_{ki})-\frac{h_{ki}^3}{6}s_i^{(4)}(\zeta_2) \quad (5\text{-}27)$$

其中，$\zeta_1\in[T_k+vh_{ki},T_k+(v+1)h_{ki}]$，$\zeta_2\in[T_k+(v-1)h_{ki},T_k+vh_{ki}]$。根据公式(5-24)～(5-27)可得

$$\left|3\frac{s_i[T_k+(v+1)h_{ki}]-s_i[T_k+(v-1)h_{ki}]}{h_{ki}}-\{s_i^{(1)}[T_k+(v-1)h_{ki}]+4s_i^{(1)}(T_k+vh_{ki})+s_i^{(1)}[T_k+(v+1)h_{ki}]\}\right|$$
$$=\left|-\frac{h_{ki}^3}{24}[s_i^{(4)}(\zeta_1)-s_i^{(4)}(\zeta_2)]\right|\leqslant\frac{h_{ki}^3}{12}\max_{T_k\leqslant\xi\leqslant T_{k+1}}\{|s_i^{(4)}(\xi)|\} \quad (5\text{-}28)$$

结合公式(5-23)可知

$$|q_v-s_i^{(1)}(T_k+vh_{ki})|\leqslant\frac{h_{ki}^3}{24}\max_{T_k\leqslant\xi\leqslant T_{k+1}}\{|s_i^{(4)}(\xi)|\} \quad (5\text{-}29)$$

又因为 $h_{ki}\leqslant\left\{\frac{384\epsilon}{5\max\limits_{T_k\leqslant\xi\leqslant T_{k+1}}\{|s_i^{(4)}(\xi)|\}}\right\}^{\frac{1}{4}}$，即 $h_{ki}^3\max\limits_{T_k\leqslant\xi\leqslant T_{k+1}}\{|s_i^{(4)}(\xi)|\}\leqslant\frac{384\epsilon}{5h_{ki}}$，故根据公式(5-29)可知

$$|q_v-s_i^{(1)}(T_k+vh_{ki})|\leqslant\frac{16\epsilon}{5h_{ki}} \quad (5\text{-}30)$$

同时，由于 $|q_v-s_i^{(1)}(T_k+vh_{ki})|=\max\limits_{0\leqslant j\leqslant l_{ki}}|q_j-s_i^{(1)}(T_k+jh_{ki})|$，所以对于任意 $j(0\leqslant j\leqslant l_{ki})$，仍然有 $|q_j-s_i^{(1)}(T_k+jh_{ki})|\leqslant\frac{16\epsilon}{5h_{ki}}$，所以引理 5.2 成立。□

证明：(定理 5.4)设 $\hat{h}_i$ 表示曲线 s_i 在区间 $[T_k,T_{k+1}]$ 的 Hermit 插值曲线，则对于 $\forall j(1\leqslant j\leqslant l_{ki})$，$\forall t\in[T_k+(j-1)h_{ki}\leqslant t\leqslant T_k+jh_{ki}]$，均有：

$$|s_i(t)-\hat{s}_i(t)|=|s_i(t)-\hat{h}_i(t)+\hat{h}_i(t)-\hat{s}_i(t)|$$
$$\leqslant|s_i(t)-\hat{h}_i(t)|+|\hat{h}_i(t)-\hat{s}_i(t)| \quad (5\text{-}31)$$

根据 5.3.1 节的介绍，$\hat{h}_i(t)$ 可按如下方法进行计算：

$$\hat{h}_i(t)=s_i^{(1)}(T_k+(j-1)h_{ki})\frac{(T_k+jh_{ki}-t)^2\{t-[T_k+(j-1)h_{ki}]\}}{h_{ki}^2}$$
$$-s_i^{(1)}(T_k+jh_{ki})\frac{(T_k+jh_{ki}-t)\{t-[T_k+(j-1)h_{ki}]\}^2}{h_{ki}^2}$$
$$+s_i(T_k+(j-1)h_{ki})\frac{(T_k+jh_{ki}-t)^2\{2\{t-[T_k+(j-1)h_{ki}]\}+h_{ki}\}}{h_{ki}^3}$$

$$+s_i(T_k+jh_{ki})\frac{\{t-[T_k+(j-1)h_{ki}]\}^2[2(T_k+jh_{ki}-t)+h_{ki}]}{h_{ki}^3} \tag{5-32}$$

其中，$s_i^{(1)}(T_k+(j-1)h_{ki})$与$s_i^{(1)}(T_k+jh_{ki})$分别为$s_i$在$T_k+(j-1)h_{ki}$与$T_k+jh_{ki}$处的一阶导数值。结合本节中的公式(5-16)可知

$$\hat{h}_i(t)-\hat{s}_i(t)=\{s_i^{(1)}[T_k+(j-1)h_{ki}]-q_{j-1}\}\frac{(T_k+jh_{ki}-t)^2\{t-[T_k+(j-1)h_{ki}]\}}{h_{ki}^2}$$

$$-[s_i^{(1)}(T_k+jh_{ki})-q_j]\frac{(T_k+jh_{ki}-t)\{t-[T_k+(j-1)h_{ki}]\}^2}{h_{ki}^2} \tag{5-33}$$

同时，由引理5.2可知，当$h_{ki}\leqslant\left\{\frac{384\epsilon}{5\max\limits_{T_k\leqslant\xi\leqslant T_{k+1}}\{|s_i^{(4)}(\xi)|\}}\right\}^{\frac{1}{4}}$时，对于任意$j(0\leqslant j\leqslant l_{ki})$均有$|q_j-s_i^{(1)}(T_k+jh_{ki})|\leqslant\frac{16\epsilon}{5h_{ki}}$，故结合公式(5-33)可知

$$|\hat{h}_i(t)-\hat{s}_i(t)|\leqslant\frac{16\epsilon}{5h_{ki}}\left|\frac{(T_k+jh_{ki}-t)^2(t-(T_k+(j-1)h_{ki}))}{h_{ki}^2}\right|$$

$$+\frac{16\epsilon}{5h_{ki}}\left|\frac{(T_k+jh_{ki}-t)(t-(T_k+(j-1)h_{ki}))^2}{h_{ki}^2}\right)\right| \tag{5-34}$$

同时，亦可知

$$|(T_k+jh_{ki}-t)^2\{t-[T_k+(j-1)h_{ki}]\}|+|(T_k+jh_{ki}-t)\times$$
$$\{t-[T_k+(j-1)h_{ki}]\}^2|=(T_k+jh_{ki}-t)\{t-[T_k+(j-1)h_{ki}]\}h_{ki} \tag{5-35}$$

由于$t\in[T_k+(j-1)h_{ki},T_k+jh_{ki}]$，所以$(T_k+jh_{ki}-t)\{t-[T_k+(j-1)h_{ki}]\}\leqslant\frac{h_{ki}^2}{4}$，将此结果代入公式(5-34)与(5-35)中可得

$$|\hat{h}_i(t)-\hat{s}_i(t)|\leqslant\frac{4\epsilon}{5} \tag{5-36}$$

根据5.3.1节的定理5.1的证明可知，$|s_i(t)-\hat{h}_i(t)|\leqslant\frac{h_{ki}^4}{384}\max\limits_{T_k\leqslant\xi\leqslant T_{k+1}}\{|s_i^{(4)}(\xi)|\}$，由于$h_{ki}\leqslant\left\{\frac{384\epsilon}{5\max\limits_{T_k\leqslant\xi\leqslant T_{k+1}}\{|s_i^{(4)}(\xi)|\}}\right\}^{\frac{1}{4}}$，即$h_{ki}^4\frac{\max\limits_{T_k\leqslant\xi\leqslant T_{k+1}}\{|s_i^{(4)}(\xi)|\}}{384}\leqslant\frac{\epsilon}{5}$，所以

$$|s_i(t)-\hat{h}_i(t)|\leqslant\frac{\epsilon}{5} \tag{5-37}$$

由公式(5-31)、(5-36)与(5-37)可得$|s_i(t)-\hat{s}_i(t)|\leqslant\epsilon$，所以$\hat{s}_i$是$s_i$在区间$[T_k,T_{k+1}]$上的$\epsilon$-有效曲线。□

5.3.2.2 基于三次样条插值的变频数据采集算法

设$[T_k,T_{k+1}]$表示当前的时间窗口，h_{ki}表示节点i在此时间窗口的数据采集周期，$f_{\min}$表示用户监测物理过程时所允许的最小数据采集频率，$f_{\max}$表示传感器

节点硬件所能达到的最大数据采集频率。则根据 5.3.2.1 节的分析，节点 i 按如下方式计算时间窗口$[T_k, T_{k+1}]$内的感知曲线$\hat{s}_i$，并自适应地调整下个时间窗口的数据采集周期：

首先，节点 i 计算数据采集时刻，并在 $T_k, T_k+\Delta t, T_k+h_{ki}, T_k+2h_{ki}, \cdots, T_k+(l_{ki}-1)h_{ki}, T_{k+1}, T_{k+1}+\Delta t$ 进行感知数据采集。利用$\frac{s_i(T_k+\Delta t)-s_i(T_k)}{\Delta t}$来计算 $s_i^{(1)}(T_k)$，利用$\frac{s_i(T_{k+1}+\Delta t)-s_i(T_{k+1})}{\Delta t}$来计算 $s_i^{(1)}(T_{k+1})$，其中，$\Delta t=\frac{1}{f_{\max}}$。

其次，根据 5.3.2.1 节的公式(5-14)，节点 i 可利用所采集的感知数据$s_i(T_k)$，$s_i(T_k+h_{ki}), s_i(T_k+2h_{ki}), \cdots, s_i(T_{k+1})$及 $s_i^{(1)}(T_k)$与 $s_i^{(1)}(T_{k+1})$来计算矩阵 $\boldsymbol{Q}=[q_0, q_1, \cdots, q_{l_{ki}}]^{\mathrm{T}}$。由于公式(5-17)中的系数矩阵 $\mathbf{A}$ 是严格主对角占优的三对角线矩阵，故节点 i 可采用追赶法[313]完成对于 $\boldsymbol{Q}$ 的计算。而后，根据 5.3.2.1 节的公式(5-16)，节点 i 可计算出曲线 s_i 在时间窗口$[T_k, T_{k+1}]$内的近似曲线$\hat{s}_i$。

第三，利用所采集的感知数据，节点 i 可计算出 s_i 的分段四次插值曲线[311]，并利用该插值曲线来估计 $\max\limits_{T_k\leqslant\xi\leqslant T_{k+1}}\{|s_i^{(4)}(\xi)|$。同时，根据 $\max\limits_{T_k\leqslant\xi\leqslant T_{k+1}}\{|s_i^{(4)}(\xi)|\}$预测 $\max\limits_{T_{k+1}\leqslant\xi}\{|s_i^{(4)}(\xi)|\}$。根据定理 5.4，节点 i 首先确定一个时间窗口($[T_{k+1}, T_{k+2}]$)的数据采集周期的个数 l_{ki}，即 $l_{(k+1)i}=\left\lceil\frac{T_{k+1}-T_k}{h}\right\rceil$，其中 $h=\min\left\{\left\{\frac{384\epsilon}{5\max\limits_{T_{k+1}\leqslant\xi}\{|s_i^{(4)}(\xi)|\}}\right\}^{\frac{1}{4}}, \frac{1}{f_{\min}}\right\}$。而后，节点 i 可利用 $l_{(k+1)i}$ 计算出其在时间窗口$[T_{k+1}, T_k]$的数据采集周期 $h_{(k+1)i}$，即 $h_{(k+1)i}=\frac{T_{k+1}-T_k}{l_{(k+1)i}}$。

第四，重复上述 3 步，直至 $T_k=t_f$ 为止。

综上所述，基于三次样条插值的变频数据采集算法如算法 5-2 所示。

5.3.2.3 性能分析

1. $\hat{s}_i$的光滑性

设时间区间$[t_s, t_f]$被分成 m 个时间窗口，$T_k(1\leqslant k\leqslant m)$表示第 k 个时间窗口的起始时刻，h_{ki}表示节点 i 在时间窗口$[T_k, T_{k+1}]$内的数据采集周期。则基于三次样条插值的变频数据采集算法所输出的感知曲线$\hat{s}_i$亦是一条分段三次多项式曲线。在每个时间窗口(T_k, T_{k+1})，$\hat{s}_i$是二阶连续的，其中，$T_k+h_{ki}, T_k+2h_{ki}, \cdots, T_k+(l_{ki}-1)h_{ki}$是$\hat{s}_i$的三阶间断点，其中 $l_{ki}=\frac{T_{k+1}-T_k}{h_{ki}}$。在相邻时间窗口的分割点 $T_k(2\leqslant k\leqslant m)$，曲线$\hat{s}_i$仅有一阶连续导数，所以每个时间窗口的分割点是曲线$\hat{s}_i$的二阶间断点。

Input: $\{T_k|1 \leqslant k \leqslant m\}$, $f_{\min}$, $f_{\max}$, ϵ, h_{1i}: the data sampling cycle in the first widow

Output: The Cubic Spline Interpolation Curve $\widehat{s_i}$

1 $k = 1, \Delta t = \frac{1}{f_{\max}}$;

2 **while** $k \leqslant m$ **do**

3 /*Sampling sensed data*/

4 Sampling the sensed data at T_k, $T_k + \Delta t$, $l_{ki} = \frac{T_{k+1}-T_k}{h_{ki}}$;

5 **for** $1 \leqslant j \leqslant l_{ki} - 1$ **do**

6 Sampling the sensed data at $T_k + jh_{ki}$;

7 **end**

8 Sampling the sensed data at T_{k+1}, $T_{k+1} + \Delta t$;

9 /*Computing $\widehat{s_i}$ in range $[T_k, T_{k+1}]$*/

10 $s_i^{(1)}(T_k) = \frac{s_i(T_k+\Delta t)-s_i(T_k)}{\Delta t}$, $s_i^{(1)}(T_{k+1}) = \frac{s_i(T_{k+1}+\Delta t)-s_i(T_k)}{\Delta t}$;

11
$$A = \begin{bmatrix} 1 & 0 & 0 & 0 & 0 & \cdots & 0 \\ 1 & 4 & 1 & 0 & 0 & \cdots & 0 \\ \vdots & \ddots & \ddots & \ddots & & & \vdots \\ 0 & \cdots & 0 & 0 & 1 & 4 & 1 \\ 0 & 0 & \cdots & 0 & 0 & 0 & 1 \end{bmatrix}, D = \begin{bmatrix} s_i^{(1)}(T_k) \\ 3\frac{s_i(T_k+2h_{ki})-s_i(T_k)}{h_{ki}} \\ \vdots \\ 3\frac{s_i(T_{k+1})-s_i(T_k+(l_{ki}-2)h_{ki})}{h_{ki}} \\ s_i^{(1)}(T_{k+1}) \end{bmatrix};$$

12 Compute $\boldsymbol{Q} = [q_0, q_1, ..., q_{l_{ki}}]^{\mathrm{T}}$ with $\boldsymbol{A}$ and $\boldsymbol{D}$ by chasing method[313];

13 **for** $1 \leqslant j \leqslant l_{ki}$ **do**

14 Let t be independent variable in range $[T_k + (j-1)h_{ki}, T_k + jh_{ki}]$

15 $s_1(t) = \frac{(T_k+jh_{ki}-t)^2(t-(T_k+(j-1)h_{ki}))}{h_{ki}^2}$, $s_2(t) = \frac{(T_k+jh_{ki}-t)(t-(T_k+(j-1)h_{ki}))^2}{h_{ki}^2}$;

16 $s_3(t) = \frac{(T_k+jh_{ki}-t)^2[2(t-(T_k+(j-1)h_{ki}))+h_{ki}]}{h_{ki}^3}$, $s_4(t) = \frac{(t-(T_k+(j-1)h_{ki}))^2[2(T_k+jh_{ki}-t)+h_{ki}]}{h_{ki}^3}$;

17 $\widehat{s_i}(t) = q_{j-1}s_1(t) - q_js_2(t) + s_i(T_k + (j-1)h_{ki})s_3(t) + s_i(T_k + jh_{ki})s_4(t)$;

18 **end**

19 Return $\widehat{s_i}$;

20 /*Computing $h_{(k+1)i}$*/

21 Compute a piecewise quartic interpolation curve g by Lagrange Interpolation[311] using the sampled sensed values $\{s_i(T_k + jh_{ki})|0 \leqslant j \leqslant l_{ki}\}$, $s(T_k + \Delta t)$ and $s(T_{k+1} + \Delta t)$;

22 Estimate $\max\limits_{T_k \leqslant \xi \leqslant T_{k+1}} \{|s_i^{(4)}(\xi)|\}$ using g, and let $\max\limits_{T_{k+1} \leqslant \xi} \{|s_i^{(4)}(\xi)|\} = \max\limits_{T_k \leqslant \xi \leqslant T_{k+1}} \{|s_i^{(4)}(\xi)|\}$;

23 $h = \min\left\{\left\{\frac{384\epsilon}{5\max_{T_{k+1}\leqslant\xi}\{|s_i^{(4)}(\xi)|\}}\right\}^{\frac{1}{4}}, \frac{1}{f_{min}}\right\}$, $l_{(k+1)i} = \left\lceil\frac{T_{k+1}-T_k}{h}\right\rceil$, $h_{(k+1)i} = \frac{T_{k+1}-T_k}{l_{(k+1)i}}$, $k = k+1$;

24 **end**

算法 5-2 基于三次样条插值的变频数据采集算法

与基于 Hermit 插值的变频数据采集算法所输出的感知曲线$\hat{h}_i$相比，只要一个时间窗口包含的数据采集周期的个数超过 2，那么$\hat{s}_i$的二阶间断点就会更少。鉴于在实际应用中，一个时间窗口通常包含着十几个甚至更多的数据采集周期，所以感知曲线$\hat{s}_i$要比$\hat{h}_i$更光滑。

2. 一阶、二阶导数的误差

下面将对感知曲线$\hat{s}_i$的一阶、二阶导数的误差进行分析。

定理 5.5 如果$\hat{s}_i$是s_i在区间$[T_k, T_{k+1}]$上的ϵ-有效曲线，那么$\hat{s}_i^{(1)}$是$s_i^{(1)}$在$[T_k, T_{k+1}]$上的$\frac{16\epsilon}{5h_{ki}}$-有效曲线，即对于$\forall t \in [T_k, T_{k+1}]$，均有$|s_i^{(1)}(t) - \hat{s}_i^{(1)}(t)| \leqslant \frac{16\epsilon}{5h_{ki}}$，其中$\epsilon > 0$。

证明：设$\hat{h}_i$表示曲线s_i的近似 Hermit 插值曲线，则对于$\forall j(1 \leqslant j \leqslant l_{ki})$，$\forall t \in [T_k + (j-1)h_{ki}, T_k + jh_{ki}]$，均有

$$s_i(t) - \hat{s}_i(t) = s_i(t) - \hat{h}_i(t) + \hat{h}_i(t) - \hat{s}_i(t) \tag{5-38}$$

对于公式(5-38)的左右两边计算关于t的一阶导数可得$s_i^{(1)}(t) - \hat{s}_i^{(1)}(t) = s_i^{(1)}(t) - \hat{h}_i^{(1)}(t) + \hat{h}_i^{(1)}(t) - \hat{s}_i^{(1)}(t)$，所以

$$|s_i^{(1)}(t) - \hat{s}_i^{(1)}(t)| \leqslant |s_i^{(1)}(t) - \hat{h}_i^{(1)}(t)| + |\hat{h}_i^{(1)}(t) - \hat{s}_i^{(1)}(t)| \tag{5-39}$$

根据定理 5.4 的证明可知

$$\begin{aligned}\hat{h}_i(t) - \hat{s}_i(t) = &\{s_i^{(1)}[T_k + (j-1)h_{ki}] - q_{j-1}\}\frac{(T_k + jh_{ki} - t)^2\{t - [T_k + (j-1)h_{ki}]\}}{h_{ki}^2} \\ &- [s_i^{(1)}(T_k + jh_{ki}) - q_j]\frac{(T_k + jh_{ki} - t)\{t - [T_k + (j-1)h_{ki}]\}^2}{h_{ki}^2}\end{aligned} \tag{5-40}$$

对公式(5-40)的左右两边计算关于t的一阶导数可得

$$\begin{aligned}\hat{h}_i^{(1)}(t) - \hat{s}_i^{(1)}(t) = &(s_i^{(1)}(T_k + (j-1)h_{ki}) - q_{j-1}) \\ &\frac{(T_k + jh_{ki} - t)\{T_k + jh_{ki} + 2[T_k + (j-1)h_{ki}] - 3t\}}{h_{ki}^2} - [s_i^{(1)}(T_k + jh_{ki}) - q_j] \\ &\frac{\{t - [T_k + (j-1)h_{ki}]\}\{2(T_k + jh_{ki}) + [T_k + (j-1)h_{ki}] - 3t\}}{h_{ki}^2}\end{aligned} \tag{5-41}$$

由定理 5.4 的证明可知，要使得$\hat{s}_i$是s_i在区间内$[T_k, T_{k+1}]$的ϵ-有效曲线，h_{ki}需满足$h_{ki} \leqslant \left\{\frac{384\epsilon}{5\max\limits_{T_k \leqslant \xi \leqslant T_{k+1}}\{|s_i^{(4)}(\xi)|\}}\right\}^{\frac{1}{4}}$。同时，根据引理 5.2 的证明可知，$|q_j - s_i^{(1)}(T_k + jh_{ki})| \leqslant \frac{16\epsilon}{5h_{ki}}$且$|q_{j-1} - s_i^{(1)}(T_k + (j-1)h_{ki})| \leqslant \frac{16\epsilon}{5h_{ki}}$，故结合公式(5-41)可知

$$|\hat{h}_i^{(1)}(t)-\hat{s}_i^{(1)}(t)|\leqslant\frac{16\epsilon}{5h_{ki}}\left|\frac{(T_k+jh_{ki}-t)\{T_k+jh_{ki}+2[T_k+(j-1)h_{ki}]-3t\}}{h_{ki}^2}\right|$$
$$+\frac{16\epsilon}{5h_{ki}}\left|\frac{(t-[T_k+(j-1)h_{ki}]\}\{2(T_k+jh_{ki})+[T_k+(j-1)h_{ki}]-3t\}}{h_{ki}^2}\right| \tag{5-42}$$

令 $\rho=\frac{t-[T_k+(j-1)h_{ki}]}{h_{ki}}$。由于 $t\in[T_k+(j-1)h_{ki},T_k+jh_{ki}]$,显然有 $0\leqslant\rho\leqslant1$。利用 ρ,公式(5-42)可简化为

$$|\hat{h}_i^{(1)}(t)-\hat{s}_i^{(1)}(t)|\leqslant\frac{16\epsilon}{5h_{ki}}\{|(1-\rho)(1-3\rho)|+|\rho(2-3\rho)|\} \tag{5-43}$$

同时,根据定理5.2中的公式(5-8)可知,$\exists\zeta\in[T_k+(j-1)h_{ki},T_k+jh_{ki}]$满足

$$s_i^{(1)}(t)-\hat{h}_i^{(1)}(t)=\frac{1}{24}s_i^{(4)}(\zeta)h_{ki}^3\{2\rho(1-\rho)(1-2\rho)\} \tag{5-44}$$

由于 $h_{ki}\leqslant\left\{\frac{384\epsilon}{5\max\limits_{T_k\leqslant\xi\leqslant T_{k+1}}\{|s_i^{(4)}(\xi)|\}}\right\}^{\frac{1}{4}}$,即 $\frac{h_{ki}^3}{24}\max\limits_{T_k\leqslant\xi\leqslant T_{k+1}}\{|s_i^{(4)}(\xi)|\}\leqslant\frac{16\epsilon}{5h_{ki}}$,因而根据公式(5-44)可知

$$|s_i^{(1)}(t)-\hat{h}_i^{(1)}(t)|\leqslant\frac{16\epsilon}{5h_{ki}}|2\rho(1-\rho)(1-2\rho)| \tag{5-45}$$

根据公式(5-39)、(5-43)与(5-45)可得

$$|s_i^{(1)}(t)-\hat{s}_i^{(1)}(t)|\leqslant\frac{16\epsilon}{5h_{ki}}\{|2\rho(1-\rho)(1-2\rho)|$$
$$+|(1-\rho)(1-3\rho)|+|\rho(2-3\rho)|\} \tag{5-46}$$

当 $\rho=0$ 或 $\rho=1$ 时,$|2\rho(1-\rho)(1-2\rho)|+|(1-\rho)(1-3\rho)|+|\rho(2-3\rho)|$ 取最大值,其最大值为1,所以 $|s_i^{(1)}(t)-\hat{s}_i^{(1)}(t)|\leqslant\frac{16\epsilon}{5h_{ki}}$,即 $\hat{s}_i^{(1)}$ 是 $s_i^{(1)}$ 在区间 $[T_k,T_{k+1}]$ 上的 $\frac{16\epsilon}{5h_{ki}}$ 有效曲线。

定理5.6 如果 $\hat{s}_i$ 是 s_i 在区间 $[T_k,T_{k+1}]$ 上的 ϵ 有效曲线,那么 $\hat{s}_i^{(2)}$ 是 $s_i^{(2)}$ 在区间 $[T_k,T_{k+1}]$ 上的 $\frac{128\epsilon}{5h_{ki}^2}$ 有效曲线,即对于 $\forall t\in[T_k,T_{k+1}]$,均有 $|s_i^{(2)}(t)-\hat{s}_i^{(2)}(t)|\leqslant\frac{128\epsilon}{5h_{ki}^2}$,其中 $\epsilon>0$。

证明:设 $\hat{h}_i$ 表示曲线 s_i 的近似 Hermit 插值曲线,则对于 $\forall j(1\leqslant j\leqslant l_{ki})$,$\forall t\in[T_k+(j-1)h_{ki},T_k+jh_{ki}]$,均有

$$s_i(t)-\hat{s}_i(t)=s_i(t)-\hat{h}_i(t)+\hat{h}_i(t)-\hat{s}_i(t) \tag{5-47}$$

对于公式(5-47)的左右两边计算关于 t 的二阶导数可得 $s_i^{(2)}(t)-\hat{s}_i^{(2)}(t)=s_i^{(2)}(t)-\hat{h}_i^{(2)}(t)+\hat{h}_i^{(2)}(t)-\hat{s}_i^{(2)}(t)$，所以

$$|s_i^{(2)}(t)-\hat{s}_i^{(2)}(t)|\leqslant|s_i^{(2)}(t)-\hat{h}_i^{(2)}(t)|+|\hat{h}_i^{(2)}(t)-\hat{s}_i^{(2)}(t)| \tag{5-48}$$

令 $\rho=\dfrac{t-[T_k+(j-1)h_{ki}]}{h_{ki}}$，显然 $0\leqslant\rho\leqslant1$。根据定理 5.3 中的公式(5-11)可知，$\exists\,\zeta\in[T_k+(j-1)h_{ki},T_k+jh_{ki}]$满足 $s_i^{(2)}(t)-\hat{h}_i^{(2)}(t)=\dfrac{1}{12}s_i^{(4)}(\zeta)h_{ki}^2(6\rho^2-6\rho+1)$，由于 $h_{ki}\leqslant\left\{\dfrac{384\epsilon}{5\max\limits_{T_k\leqslant\xi\leqslant T_{k+1}}\{|s_i^{(4)}(\xi)|\}}\right\}^{\frac{1}{4}}$，所以

$$|s_i^{(2)}(t)-\hat{h}_i^{(2)}(t)|\leqslant\frac{32\epsilon}{5h_{ki}^2}|(6\rho^2-6\rho+1)| \tag{5-49}$$

同时，根据定理 5.5 的证明可知

$$\begin{aligned}\hat{h}_i^{(1)}(t)-\hat{s}_i^{(1)}(t)=&\{s_i^{(1)}[T_k+(j-1)h_{ki}]-q_{j-1}\}\times\\&(1-\rho)(1-3\rho)-[s_i^{(1)}(T_k+jh_{ki})-q_j]\rho(2-3\rho)\end{aligned} \tag{5-50}$$

公式(5-46)的左右两边计算关于 t 的导数可得

$$\begin{aligned}\hat{h}_i^{(2)}(t)-\hat{s}_i^{(2)}(t)=&\{s_i^{(1)}[T_k+(j-1)h_{ki}]-q_{j-1}\}\frac{6\rho-4}{h_{ki}}\\&-[s_i^{(1)}(T_k+jh_{ki})-q_j]\frac{2-6\rho}{h_{ki}}\end{aligned} \tag{5-51}$$

根据引理 5.2，当 $h_{ki}\leqslant\left\{\dfrac{384\epsilon}{5\max\limits_{T_k\leqslant\xi\leqslant T_{k+1}}\{|s_i^{(4)}(\xi)|\}}\right\}^{\frac{1}{4}}$ 时，$|q_j-s_i^{(1)}(T_k+jh_{ki})|\leqslant\dfrac{16\epsilon}{5h_{ki}}$且$|q_{j-1}-s_i^{(1)}(T_k+(j-1)h_{ki})|\leqslant\dfrac{16\epsilon}{5h_{ki}}$，所以根据公式(5-51)可知

$$|\hat{h}_i^{(2)}(t)-\hat{s}_i^{(2)}(t)|\leqslant\frac{16\epsilon}{5h_{ki}^2}(|6\rho-4|+|2-6\rho|) \tag{5-52}$$

由公式(5-48)、(5-49)和(5-52)可知

$$|s_i^{(2)}(t)-\hat{s}_i^{(2)}(t)|\leqslant\frac{16\epsilon}{5h_{ki}^2}\{2|(6\rho^2-6\rho+1)|+|6\rho-4|+|2-6\rho|\}\leqslant\frac{128\epsilon}{5h_{ki}^2} \tag{5-53}$$

即$\hat{s}_i^{(2)}$是 $s_i^{(2)}$ 在区间$[T_k,T_{k+1}]$上的$\dfrac{128\epsilon}{5h_{ki}^2}$有效曲线。□

结合前文分析结果，当$\hat{s}_i$与$\hat{h}_i$均是 s_i 在区间$[T_k,T_{k+1}]$上的 ϵ-有效曲线时，(t_c-t_{c-1})约是 h_{ki} 的 $5^{\frac{1}{4}}$倍。此时，将定理 5.5、5.6 与定理 5.2、5.3 进行比较可得：$\hat{s}_i$的一阶导数、二阶导数的误差上界略大于$\hat{h}_i$的一、二阶导数的误差上界，这是因为计算$\hat{h}_i$时采集了更多的感知数据。

3.数据采集次数与算法复杂性

设 ϵ 表示用户给定的误差界，m 为时间区间$[t_s,t_f]$内的时间窗口的个数，$M=\max\limits_{t_s\leqslant\xi\leqslant t_f}|s_i^{(4)}(\xi)|$，则根据算法 5-2，对于任意时间窗口$[T_k,T_{k+1}](1\leqslant k\leqslant m)$，节点 i 在该时间窗口的数据采集周期个数 l_{ki} 不超过$\left\lceil\frac{(T_{k+1}-T_k)(5M)^{1/4}}{(384\epsilon)^{1/4}}\right\rceil$。同时，根据 5.3.2.2 节的分析，节点 i 在区间$[T_k,T_{k+1})$需要采集 $l_{ki}+1$ 个感知数据，分别是 $s_i(T_k)$，$s_i(T_k+\Delta t)$，$s_i(T_k+h_{ki})$，$s_i(T_k+2h_{ki})$，…，$s_i(T_k+(l_{ki}-1)h_{ki})$，其中 $\Delta t=\frac{1}{f_{\max}}$，$f_{\max}$为硬件允许的最大数据采集频率。所以，节点 i 在区间$[T_k,T_{k+1})$的最大数据采集次数为$\left\lceil\frac{(T_{k+1}-T_k)(5M)^{1/4}}{(384\epsilon)^{1/4}}\right\rceil+1\leqslant\frac{(T_{k+1}-T_k)(5M)^{1/4}}{(384\epsilon)^{1/4}}+2$。因而，在区间$[t_s,t_f)$内，节点 i 的最大数据采集次数为$\frac{(t_s-t_f)(5M)^{1/4}}{(384\epsilon)^{1/4}}+2m$。同时，在时刻 t_f，节点还需采集并计算 $s_i(t_f)$与 $s_i^{(1)}(t_f)$，因而节点 i 在整个时间区间$[t_s,t_f]$上的数据采集次数不超过$\frac{(t_s-t_f)(5M)^{1/4}}{(384\epsilon)^{1/4}}+2m+2$。可见，当每个时间窗口包含的数据采集周期个数大于 2 时，即 $m\leqslant\frac{(t_s-t_f)(5M)^{1/4}}{2\times(384\epsilon)^{1/4}}$，算法 5-2 所进行的数据采集次数要比算法 5-1 的数据采集次数少。考虑到一个时间窗口通常包含十几个甚至更多的数据采集周期，此时算法 5-2 所需要的数据采集次数要比算法 5-1 小很多。由于传感器节点的主要能量消耗来自于感知和通信，所以算法 5-2 更加节省能量。

此外，算法 5-2 的计算复杂性同样取决于时间区间$[t_s,t_f]$内的分段个数，故其复杂度为 $O(\sum\limits_{k=1}^{m}l_{ki})=O\left[\frac{(t_f-t_s)M^{1/4}}{(\epsilon)^{1/4}}\right]$。

5.4 感知曲线聚集算法

根据前文的分析，与离散的数据点相比，感知曲线能够更好地描述真实物理过程，并且便于用户定位关键点（如极值点、拐点）的位置。因而，在未来的应用中，传感器节点所采集的数据将是感知曲线，而非离散的数据点。而感知数据表达方式的变化亦将为传感器网络数据计算方法的设计提出许多挑战。鉴于目前大多数感知数据计算方法是针对离散数据点设计的，故它们不适合处理连续的感知曲线。因而，对于感知曲线的计算方法（包括查询、分析、挖掘等）的研究十分必要，并且该研究在理论与实际应用中均具有重要的意义。鉴于篇幅所限，本章仅针对传感器网络中最基本，亦是最重要的查询，即聚集查询，进行讨论。

5.4.1 问题的定义

鉴于传感器节点具有一定的存储能力，本节将研究基于时间窗口的感知曲线的聚集算法，其定义如下：

输入：

(1)时间窗口的起始与终止时刻：T_k，T_{k+1}；

(2)N 个传感器节点在$[T_k, T_{k+1}]$内所采集的 N 条感知曲线：$\{\hat{s}_i \mid 1 \leqslant i \leqslant N\}$。

输出：Sum。

其中，Sum 为$[T_k, T_{k+1}]$上的一条曲线，且对于$\forall t \in [T_k, T_{k+1}]$，均有 $\text{Sum}(t) = \sum_{i=1}^{N} \hat{s}_i(t)$。

不失一般性，我们假设传感器节点采用基于三次样条插值的变频数据采集算法来获取感知曲线。若传感器节点采用基于 Hermit 插值的变频数据采集算法获取感知曲线，下述算法同样适用。

5.4.2 感知曲线聚集算法

要计算 N 条感知曲线在时间窗口$[T_k, T_{k+1}]$内的聚集和，首先需要给出 2 条感知曲线的聚集和的计算方法。

5.4.2.1 $\hat{s}_i$与$\hat{s}_v$的聚集算法

设 $i(1 \leqslant i \leqslant N)$表示网络中的一个传感器节点，$h_{ki}$ 表示节点 i 在时间窗口$[T_k, T_{k+1}]$内的数据采集周期，$l_{ki} = \dfrac{T_{k+1} - T_k}{h_{ki}}$。

根据 5.3.2 节的分析，节点 $i(1 \leqslant i \leqslant N)$将时间窗口$[T_k, T_{k+1}]$划分成 l_{ki} 个时间段。为了便于表示，下文将利用 t_{ji} 表示第 $j(1 \leqslant j \leqslant l_{ki})$个分段的起始时刻，即 $t_{ji} = T_k + (j-1)h_{ki}$，且令 $t_{(l_{ki}+1)i} = T_{k+1}$。则对于$\forall j(1 \leqslant j \leqslant l_{ki})$，$\hat{s}_i$在分段$[t_{ji}, t_{(j+1)i}]$上是一条三次多项式曲线，即对于$\forall t \in [t_{ji}, t_{(j+1)i}]$，$\hat{s}_i(t)$满足

$$\hat{s}_i(t) = a_{ji}t^3 + b_{ji}t^2 + c_{ji}t + d_{ji} = \frac{\hat{s}_i^{(3)}(t_{ji})}{6}t^3 + \frac{\hat{s}_i^{(2)}(t_{ji}) - t_{ji}\hat{s}_i^{(3)}(t_{ji})}{2}t^2$$

$$+ \left[\hat{s}_i^{(1)}(t_{ji}) - t_{ji}\hat{s}_i^{(2)}(t_{ji}) + t_{ji}^2\frac{\hat{s}_i^{(3)}(t_{ji})}{2}\right]t$$

$$+\left[\hat{s}_i(t_{ji})-\frac{1}{6}t_{ji}^3\hat{s}_i^{(3)}(t_{ji})+\frac{1}{2}t_{ji}^2\hat{s}_i^{(2)}(t_{ji})-t_{ji}\hat{s}_i^{(1)}(t_{ji})\right] \quad (5\text{-}54)$$

其中，$\hat{s}_i(t_{ji})$，$\hat{s}_i^{(1)}(t_{ji})$，$\hat{s}_i^{(2)}(t_{ji})$，$\hat{s}_i^{(3)}(t_{ji})$分别表示曲线$\hat{s}_i$在t_{ji}处的函数值，一阶、二阶、三阶导数值。

根据5.3.2节的分析，在一个时间窗口内的曲线$\hat{s}_i$是2阶连续的，故当$j>1$时，$\hat{s}_i(t_{ji})$，$\hat{s}_i^{(1)}(t_{ji})$与$\hat{s}_i^{(2)}(t_{ji})$可通过$\hat{s}_i$在分段$[t_{(j-1)i},t_{ji}]$上的函数来计算。综上，在时间窗口$[T_k,T_{k+1}]$的第一个分段$[t_{1i},t_{2i}]$，节点i需要利用一个五元组来表示该分段内的曲线，即$[t_{1i},\hat{s}_i(t_{1i}),\hat{s}_i^{(1)}(t_{1i}),\hat{s}_i^{(2)}(t_{1i}),\hat{s}_i^{(3)}(t_{1i})]$，在其他分段$[t_{ji},t_{(j+1)i}]$($2\leqslant j\leqslant l_{ki}$)，节点$i$仅需要利用一个二元组来表示该分段内的曲线，即$[t_{ji},\hat{s}_i^{(3)}(t_{ji})]$。因此，在整个时间窗口$[T_k,T_{k+1}]$内的感知曲线$\hat{s}_i$可以表示为$\{[t_{1i},\hat{s}_i(t_{1i}),\hat{s}_i^{(1)}(t_{1i}),\hat{s}_i^{(2)}(t_{1i}),\hat{s}_i^{(3)}(t_{1i})],[t_{2i},\hat{s}_i^{(3)}(t_{2i})],\cdots,[t_{l_{ki}i},\hat{s}_i^{(3)}(t_{l_{ki}i})]\}$。同理，节点$v$($1\leqslant v\leqslant N$)在时间窗口$[T_k,T_{k+1}]$内的感知曲线$\hat{s}_v$亦可表示为$\{[t_{1v},\hat{s}_v(t_{1v}),\hat{s}_v^{(1)}(t_{1v}),\hat{s}_v^{(2)}(t_{1v}),\hat{s}_v^{(3)}(t_{1v})],[t_{2v},\hat{s}_v^{(3)}(t_{2v})],\cdots,[t_{l_{kv}v},\hat{s}_v^{(3)}(t_{l_{kv}v})]\}$。

Input: $\left\{\left(t_{1i},\widehat{s_i}(t_{1i}),\widehat{s_i}^{(1)}(t_{1i}),\widehat{s_i}^{(2)}(t_{1i}),\widehat{s_i}^{(3)}(t_{1i})\right),\left(t_{2i},\widehat{s_i}^{(3)}(t_{2i})\right),\ldots,\left(t_{l_{ki}i},\widehat{s_i}^{(3)}(t_{l_{ki}i})\right)\right\}$,
$\left\{\left(t_{1v},\widehat{s_v}(t_{1v}),\widehat{s_v}^{(1)}(t_{1v}),\widehat{s_v}^{(2)}(t_{1v}),\widehat{s_v}^{(3)}(t_{1v})\right),\left(t_{2v},\widehat{s_v}^{(3)}(t_{2v})\right),\ldots,\left(t_{l_{kv}v},\widehat{s_v}^{(3)}(t_{l_{kv}v})\right)\right\}$, T_k, T_{k+1}

Output: $\{(t'_j,a'_j,b'_j,c'_j,d'_j)|1\leqslant j\leqslant l_{ki}+l_{kv}\}$

1 Compute $\{(t_{ji},a_{ji},b_{ji},c_{ji},d_{ji})|1\leqslant j\leqslant l_{ki}\}$ using $\left\{\left(t_{1i},\widehat{s_i}(t_{1i}),\widehat{s_i}^{(1)}(t_{1i}),\widehat{s_i}^{(2)}(t_{1i}),\widehat{s_i}^{(3)}(t_{1i})\right),\left(t_{2i},\widehat{s_i}^{(3)}(t_{2i})\right),\ldots,\left(t_{l_{ki}i},\widehat{s_i}^{(3)}(t_{l_{ki}i})\right)\right\}$ and formula (5-48);
2 Compute $\{(t_{jv},a_{jv},b_{jv},c_{jv},d_{jv})|1\leqslant j\leqslant l_{kv}\}$ using $\left\{\left(t_{1v},\widehat{s_v}(t_{1v}),\widehat{s_v}^{(1)}(t_{1v}),\widehat{s_v}^{(2)}(t_{1v}),\widehat{s_v}^{(3)}(t_{1v})\right),\left(t_{2v},\widehat{s_v}^{(3)}(t_{2v})\right),\ldots,\left(t_{l_{kv}v},\widehat{s_v}^{(3)}(t_{l_{kv}v})\right)\right\}$ and formula (5-48);
3 $r_i=1,r_v=1,j=1,t'_1=T_k$;
4 **while** $r_i\leqslant l_{ki}$ *or* $r_v\leqslant l_{kv}$ **do**
5 $\quad a'_j=a_{r_ii}+a_{r_vv},b'_j=b_{r_ii}+b_{r_vv},c'_j=c_{r_ii}+c_{r_vv},d'_j=d_{r_ii}+d_{r_vv}$;
6 $\quad$ Generate the tuple $(t'_j,a'_j,b'_j,c'_j,d'_j)$;
7 $\quad j=j+1$;
8 $\quad$ **if** $t_{(r_i+1)i}==t_{(r_v+1)v}$ **then**
9 $\quad\quad t'_j=t_{(r_i+1)i},r_i=r_i+1,r_v=r_v+1$;
10 $\quad$ **if** $t_{(r_i+1)i}>t_{(r_v+1)v}$ **then**
11 $\quad\quad t'_j=t_{(r_v+1)v},r_v=r_v+1$;
12 $\quad$ **if** $t_{(r_i+1)i}<t_{(r_v+1)v}$ **then**
13 $\quad\quad t'_j=t_{(r_i+1)i},r_i=r_i+1$;
14 Return $\{(t'_j,a'_j,b'_j,c'_j,d'_j)|1\leqslant j\leqslant l_{ki}+l_{kv}\}$;

算法5-3 计算$\hat{s}_i$与$\hat{s}_v$的聚集和(Sum(i,v))

基于上述分析，感知曲线$\hat{s}_i$与$\hat{s}_v$的聚集算法可描述如下：

首先，根据感知曲线$\hat{s}_i$的表示方式，利用公式(5-49)计算系数集合$\{(a_{ji},b_{ji},c_{ji},d_{ji})\mid 1\leqslant j\leqslant l_{ki}\}$，其中，$a_{ji},b_{ji},c_{ji},d_{ji}$表示$\hat{s}_i$在分段$[t_{ji},t_{(j+1)i}]$内的三次多项式系数。同理，对于感知曲线$\hat{s}_v$，采用同样的方式计算系数集合$\{(a_{jv},b_{jv},c_{jv},d_{jv})\mid 1\leqslant j\leqslant l_{kv}\}$。

其次，将有序集合$\{t_{ji}\mid 1\leqslant j\leqslant l_{ki}+1\}$与$\{t_{jv}\mid 1\leqslant v\leqslant l_{kv}+1\}$进行合并，并获得新的有序集合$\{t'_j\mid 1\leqslant j\leqslant l_{ki}+l_{kv}+1\}$。其中，$t'_{l_{ki}+l_{kv}+1}=t_{(l_{ki}+1)i}=t_{(l_{kv}+1)v}=T_{k+1}$。

第三，对于$\forall j(1\leqslant j\leqslant l_{ki}+l_{kv})$，获取$\hat{s}_i$与$\hat{s}_v$在分段$[t'_j,t'_{j+1}]$上的三次多项式系数，将其对应相加，并创建新的元组。

感知曲线$\hat{s}_i$与$\hat{s}_v$的聚集算法的伪代码由算法 5-3 给出。图 5-3 给出了 2 条感知曲线聚集的一个简单例子。

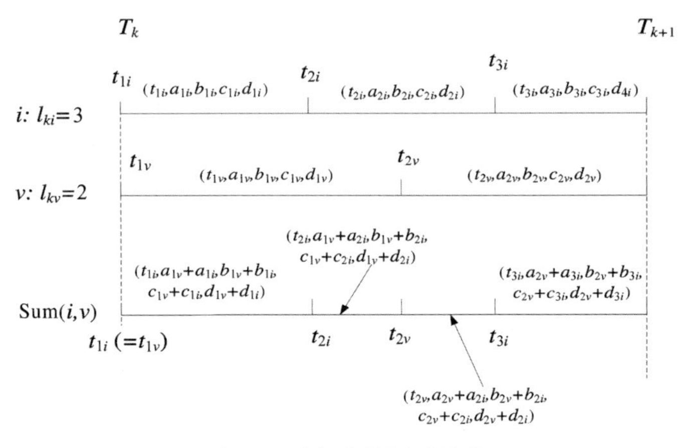

图 5-3　感知曲线$\hat{s}_i$与$\hat{s}_v$聚集

5.4.2.2　感知曲线聚集算法

根据 5.3 节的分析，传感器节点的数据采集频率取决于其所监测的物理过程的变化程度，而通常物理过程是空间相关的，故地理位置相近的传感器节点，其数据采集频率也是相近的。鉴于上述原因，我们将整个监测区域分成若干个网格，处于每个网格中的传感器节点形成一个簇。同时，将所有簇头节点组织成一个以 Sink 为根的生成树，其中每个簇头节点按照“地理位置相近者优先”的原则选择其父节点。生成树的建立与维护算法可见文献[287]。

基于上述网络结构，感知数据的聚集算法可描述如下：

首先，在每个簇中选举出处于不同位置的 m 个节点按照 5.3.2 节介绍的算法对未来的数据采集频率进行计算。簇内的其他节点按照 m 个频率的最大值在时间窗口$[T_k, T_{k+1}]$进行数据采集，并根据 5.3.2 节介绍的方法，利用所采集的数据计算分段感知曲线。

其次，每个簇的成员节点利用 5.4.2.1 节中所介绍的方法，将时间窗口$[T_k, T_{k+1}]$内的分段曲线整理成系数集合的形式，并将上述系数集合发送至簇头节点。

第三，簇头节点利用算法 5-3 对所收到的感知曲线进行聚集，并将聚集后的结果传送至其在生成树中的父节点。

第四，生成树的任意中间节点同样利用算法 5-3 对其子节点发送的感知曲线进行聚集，并将聚集结果延生成树传送，直至 Sink 节点。

上述算法的计算和通信复杂性取决于 N 条感知曲线聚集后的分段个数。设 $M=\max\limits_{1\leqslant i\leqslant N}\{\max\limits_{T_k\leqslant\xi\leqslant T_{k+1}}|s_i^{(4)}(\xi)|\}$，则根据 5.3.2 节的分析，对于任意传感器节点 $i(1\leqslant i\leqslant N)$，其感知曲线的分段数 l_{ki} 满足 $l_{ki}=O\left[\frac{(T_{k+1}-T_k)^{M^{1/4}}}{(\epsilon)^{1/4}}\right]$。$N$ 条感知曲线聚集后的分段个数 l 满足 $l\leqslant\sum\limits_{i=1}^{N}l_{ki}=O\left[N\frac{(T_{k+1}-T_k)(M)^{1/4}}{(\epsilon)^{1/4}}\right]$，因而，在时间窗口$[T_k, T_{k+1}]$内，感知曲线聚集算法的计算与通信复杂度为 $O\left[\frac{N(T_{k+1}-T_k)(M)^{1/4}}{(\epsilon)^{1/4}}\right]$。

5.4.3　聚集算法的优化策略——曲线合并算法

在 5.4.2 节中，我们介绍了感知曲线的聚集算法，该算法较为简单。但是，由于网络中处于不同位置的传感器节点的数据采集频率存在着差异，使得若干条感知曲线的聚集和产生的分段数较多，从而加大了生成树的中间节点的传输和通信开销。

图 5-4 给出了一个简单的例子。在该例子中，节点 i,v,u 在时间窗口$[T_k, T_{k+1}]$内的数据采集周期的个数分别为 3,4,5，则曲线$\hat{s}_i,\hat{s}_v,\hat{s}_u$的聚集结果将把整个时间窗口$[T_k, T_{k+1}]$分成 10 个时间段。根据 5.4.2 节的分析，为了表达$\hat{s}_i,\hat{s}_v,\hat{s}_u$的聚集结果，中间节点需要传送 23 个数据。随着节点数目的增加及数据采集频率的多样化，生成树的中间节点的传输与通信开销将会越来越大。

此时，用户可以考虑在牺牲一部分精度的前提下，使中间节点所需传送的分段尽可能地小。为此，本节将介绍一种优化策略，即曲线合并算法，并证明该策略的最优性。

设 u 为生成树中的一个中间节点，$\hat{s}_u$为节点 u 完成感知曲线聚集运算后得到

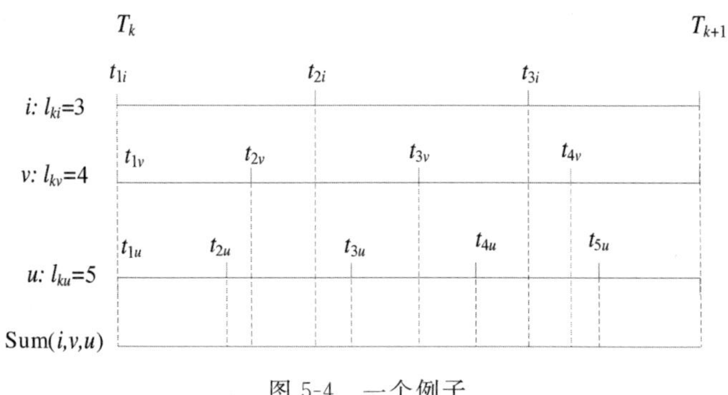

图 5-4 一个例子

的曲线，l_{ku} 为$\hat{s}_u$在时间窗口$[T_k, T_{k+1}]$内的分段个数。对于任意 $j(1\leqslant j\leqslant l_{ku})$，$t_{ju}$ 表示第 j 个分段的起始时刻，且 $t_{(l_{ku}+1)u}=T_{k+1}$，则根据前文分析，曲线$\hat{s}_u$在分段$[t_{ju}, t_{(j+1)u}]$内是一条三次多项式曲线。

在前文的分析中，我们指出了导致节点 u 的通信代价过大的原因是 l_{ku} 过大。因而，如果我们能在误差 $\epsilon^{(b)}$ 的允许范围内，尽可能地减少$\hat{s}_u$的分段数，则会有效地降低节点 u 的数据传输量与通信代价。为了与前文中 ϵ 相区分，我们将 $\epsilon^{(b)}$ 称为节点 u 的误差预算。

为了减少$\hat{s}_u$的分段数，我们需要对$\hat{s}_u$进行曲线合并。所谓曲线合并，即从分段点集合$\{t_{ju}\mid 1\leqslant j\leqslant l_{ku}+1\}$中去掉一些分段点，并将其间的分段曲线合并成一条三次多项式曲线，其中 $t_{1u}=T_k$，$t_{(l_{ku}+1)u}=T_{k+1}$为两个不能去掉的分段点。

设$\tilde{s}_u$表示进行曲线合并后得到的曲线，则$\tilde{s}_u$依然是一条分段三次多项式曲线。令$\tilde{l}_{ku}$表示$\tilde{s}_u$在时间窗口$[T_k, T_{k+1}]$内的分段个数，$\tilde{t}_{ju}$表示第 j 分段的起始时刻，其中 $1\leqslant j\leqslant \tilde{l}_{ku}$。我们利用 L_2 范数来衡量$\tilde{s}_u$与$\hat{s}_u$在每个分段$[\tilde{t}_{ju}, \tilde{t}_{(j+1)u}]$内的误差，而$\tilde{s}_u$与$\hat{s}_u$在整个时间窗口$[T_k, T_{k+1}]$内的误差可定义如下：

定义 5.4 （$\tilde{s}_u$与$\hat{s}_u$的误差） 对于任意 $j(1\leqslant j\leqslant \tilde{l}_{ku})$，$\tilde{s}_u$与$\hat{s}_u$在分段$[\tilde{t}_{ju}, \tilde{t}_{(j+1)u}]$内的误差记为 $er(\tilde{s}_u, \tilde{t}_{ju}, \tilde{t}_{(j+1)u})$，且 $er(\tilde{s}_u, \tilde{t}_{ju}, \tilde{t}_{(j+1)u})$满足

$$er[\tilde{s}_u, \tilde{t}_{ju}, \tilde{t}_{(j+1)u}] = \| \tilde{s}_u - \hat{s}_u \| 2 = \left[\int_{\tilde{t}_{ju}}^{\tilde{t}_{(j+1)u}} | \tilde{s}_u(t) - \hat{s}_u(t) |^2 \mathrm{d}t \right]^{1/2} \tag{5-55}$$

而$\tilde{s}_u$与$\hat{s}_u$在整个时间窗口$[T_k, T_{k+1}]$的误差记为 $Er_{[T_k, T_{k+1}]}(\tilde{s}_u)$，且 $Er_{[T_k, T_{k+1}]}(\tilde{s}_u)$ 满足

$$Er_{[T_k, T_{k+1}]}(\tilde{s}_u) = \max_{1\leqslant j\leqslant \tilde{l}_{ku}} \{er(\tilde{s}_u, \tilde{t}_{ju}, \tilde{t}_{(j+1)u}\} \tag{5-56}$$

定义 5.5　$\widetilde{s_u}$被称作是满足误差预算的，当且仅当 $Er_{[T_k,T_{k+1}]}(\widetilde{s_u})\leqslant\epsilon^{(b)}$。

在满足误差预算 $\epsilon^{(b)}$ 的条件下，为了使$\widetilde{s_u}$的分段数最少，需要解决如下两个问题：

(1)如何计算若干个连续分段合并后所得到的曲线？

(2)选择哪些分段进行曲线合并？

下面将对上述 2 个问题逐一回答。

1. 计算若干个连续分段合并后的曲线

设$[t_{ju},t_{(j+1)u}]$，$[t_{(j+1)u},t_{(j+2)u}]$，…，$[t_{(j+r-1)u},t_{(j+r)u}]$为曲线$\hat{s}_u$的连续 r 个分段，则所谓连续 r 个分段的合并，就是在时间区间$[t_{ju},t_{(j+r)u}]$内找到一条三次多项式曲线 s^* 在区间$[t_{ju},t_{(j+r)u}]$上代替$\hat{s}_u$。我们计算 s^* 的具体方法如下：对于 $\forall t\in[t_{ju},t_{(j+r)u}]$，$s^*(t)$满足

$$s^*(t)=\sum_{i=0}^{3}a_iP_i\left[\frac{2t-t_{ju}-t_{(j+r)}u}{t_{(j+r)u}-t_{ju}}\right] \tag{5-57}$$

其中，$a_i=\dfrac{2i+1}{2}\int_{-1}^{1}\hat{s}_u\left[\dfrac{t_{(j+r)u}-t_{ju}}{2}x+\dfrac{t_{(j+r)u}+t_{ju}}{2}\right]P_i(x)\mathrm{d}x$，$P_i(x)(0\leqslant i\leqslant 3)$为 Legendre 多项式[314]，且 $P_0(x)=1$，$P_1(x)=x$，$P_2(x)=\dfrac{1}{2}(3x^2-1)$，$P_3(x)=\dfrac{1}{2}(5x^3-3x)$。

文献[314]证明了公式(5-52)所给出的 s^* 是$\hat{s}_u$在区间$[t_{ju},t_{(j+r)u}]$上的三次最优平方逼近多项式，即对于区间$[t_{ju},t_{(j+r)u}]$上的任意三次多项式曲线 f，均有 $er(f,t_{ju},t_{(j+r)u})=(\int_{t_{ju}}^{t_{(j+r)u}}|f(t)-\hat{s}_u(t)|^2\mathrm{d}t)^{1/2}\geqslant er(s^*,t_{ju},t_{(j+r)u})$。因而，我们将 $er(s^*,t_{ju},t_{(j+r)u})$称为$\hat{s}_u$在区间$[t_{ju},t_{(j+r)u}]$上的最优合并误差，简记为 $\text{opt\_er}(t_{ju},t_{(j+r)u})$，并且 $\text{opt_er}(t_{ju},t_{(j+r)u})$满足

$$\begin{aligned}\text{opt\_er}(t_{ju},t_{(j+r)u})&=er[s^*,t_{ju},t_{(j+r)u}]=\|s^*-\hat{s}_u\|^2\\&=\sqrt{\int_{t_{ju}}^{t_{(j+r)u}}[\hat{s}_u(t)]^2\mathrm{d}t-\frac{t_{(j+r)u}-t_ju}{2}\sum_{i=0}^{3}\frac{2}{2i+1}a_i^2}\end{aligned} \tag{5-58}$$

基于上述分析，算法 5-4 给出了计算曲线$\hat{s}_u$在区间$[t_{ju},t_{(j+r)u}]$上的最优合并误差的算法。

2. 选择哪些分段进行曲线合并，怎样合并

基于算法 5-4，分段曲线合并算法可描述如下：

首先，令 $i=1$，利用算法 5-4 与折半查找的方式找到满足公式(5-59)的 $j(1\leqslant j\leqslant l_{ku}+1)$：

```
Input: j, j + r, \widehat{s_u}
Output: opt_er(t_{ju}, t_{(j+r)u})
1 P_0(x) = 1, P_1(x) = x, P_2(x) = 1/2(3x^2 − 1), P_3(x) = 1/2(5x^3 − 3x);
2 e = 0;
3 for 0 ≤ i ≤ 3 do
4     a_i = (2i+1)/2 ∫_{-1}^{1} \widehat{s_u}[(t_{(j+r)u} − t_{ju})/2 x + (t_{(j+r)u} + t_{ju})/2] P_i(x)dx;
5     e = e + 2/(2i+1) a_i^2;
6 Er = ∫_{t_{ju}}^{t_{(j+r)u}} [\widehat{s_u}(t)]^2 dt − (t_{(j+r)u} − t_{ju})/2 e;
7 opt_er[t_{ju}, t_{(j+r)u}] = √Er, Return opt_er[t_{ju}, t_{(j+r)u}];
```

算法 5-4　最优合并误差计算算法

$$\mathrm{opt\_er}(t_{iu},t_{ju})\leqslant\epsilon^{(b)}\text{，且 }\mathrm{opt\_er}(t_{iu},t_{(j+1)u})>\epsilon^{(b)} \tag{5-59}$$

其次，将分段$[t_{iu},t_{(i+1)u}]$，…，$[t_{(j-1)u},t_{ju}]$中的曲线利用公式(5-57)进行合并，得到$\hat{s}_u$在区间$[t_{iu},t_{ju}]$上的一条三次最优平方逼近多项式曲线。

第三，令 $i=j$，重复上述两步，直至 $t_{iu}=T_{k+1}$。

详细的合并算法由算法 5-5 给出。

```
Input: T_k, T_{k+1}, l_{ku}, \widehat{s_u}, {t_{ju} | 1 ≤ j ≤ l_{ku}}, ε^{(b)}
Output: \widetilde{s_u}
1 i = 1, r = 1, \widetilde{l}_{ku} = 0;
2 while t_{iu} ≤ T_{k+1} do
3     \widetilde{t}_{ru} = t_{iu}, \widetilde{l}_{ku} = \widetilde{l}_{ku} + 1;
4     Find j which satisfied that opt_er(t_{iu}, t_{ju}) ≤ ε^{(b)} and opt_er(t_{iu}, t_{(j+1)u}) > ε^{(b)};
5     Computer \widetilde{s_u} in range [\widetilde{t}_{iu}, \widetilde{t}_{ju}] according to formula (5-57);
6     i = j, r = r + 1;
7 Return \widetilde{s_u};
```

算法 5-5　曲线合并算法

下面对上述算法的最优性进行证明。

定理 5.7　设$\widetilde{s}_u$为算法 5-5 所返回的曲线，s'为利用任意曲线合并算法得到的、满足误差预算 $\epsilon^{(b)}$ 的分段三次多项式曲线，$\widetilde{l}_{ku}$ 及 l' 分别表示曲线$\widetilde{s}_u$、s'在时间窗口$[T_k,T_{k+1}]$内的分段数，则$\widetilde{l}_{ku}\leqslant l'$。

为了证明上述定理，首先我们证明如下两个引理：

引理 5.3　如果整数 j_1, j_2, j_3, j_4 满足 $1 \leqslant j_1 \leqslant j_2 < j_3 \leqslant j_4 \leqslant l_{ku}+1$，即 $[t_{j_2 u}, t_{j_3 u}] \subseteq [t_{j_1 u}, t_{j_4 u}]$，则 $opt\_er(t_{j_1 u}, t_{j_4 u}) \geqslant opt\_er(t_{j_2 u}, t_{j_3 u})$。

证明：

设 s_1^*、s_2^* 分别表示 $\hat{s}_u$ 在区间 $[t_{j_1 u}, t_{j_4 u}]$ 与 $[t_{j_2 u}, t_{j_3 u}]$ 上的三次最优平方逼近多项式，其中 s_1^*、s_2^* 可按照公式(5-57)进行计算。

首先，根据定义 5.4 可知

$$
\begin{aligned}
&\{opt\_er(t_{j_1 u}, t_{j_4 u})\}^2 - \{opt\_er(t_{j_2 u}, t_{j_3 u})\}^2 \\
&= \int_{t_{j_1 u}}^{t_{j_4 u}} [s_1^*(t) - \hat{s}_u(t)]^2 \mathrm{d}t - \int_{t_{j_2 u}}^{t_{j_3 u}} (s_2^*(t) - \hat{s}_u(t))^2 \mathrm{d}t \\
&= \int_{t_{j_1 u}}^{t_{j_2 u}} [s_1^*(t) - \hat{s}_u(t)]^2 \mathrm{d}t + \int_{t_{j_2 u}}^{t_{j_3 u}} \{(s_1^*(t) - \hat{s}_u(t))^2 - (s_2^*(t) - \hat{s}_u(t))^2\} \mathrm{d}t \\
&+ \int_{t_{j_3 u}}^{t_{j_4 u}} [s_1^*(t) - \hat{s}_u(t)]^2 \mathrm{d}t \geqslant \int_{t_{j_2 u}}^{t_{j_3 u}} \{(s_1^*(t) - \hat{s}_u(t))^2 - (s_2^*(t) - \hat{s}_u(t))^2\} \mathrm{d}t
\end{aligned} \tag{5-60}
$$

由于 s_2^* 是 $\hat{s}_u$ 在区间 $[t_{j2u}, t_{j3u}]$ 内的三次最优平方逼近多项式，而 s_1^* 仅是区间 $[t_{j_2 u}, t_{j_3 u}]$ 内的一个普通三次多项式，故

$$
\begin{aligned}
&\int_{t_{j_2 u}}^{t_{j_3 u}} \{[s_1^*(t) - \hat{s}_u(t)]^2 - [s_2^*(t) - \hat{s}_u(t)]^2\} \mathrm{d}t \\
&= \int_{t_{j_2 u}}^{t_{j_3 u}} [s_1^*(t) - \hat{s}_u(t)]^2 \mathrm{d}t - \int_{t_{j_2 u}}^{t_{j_3 u}} [s_2^*(t) - \hat{s}_u(t)]^2 \mathrm{d}t \\
&= \{er(s_1^*, t_{j_2 u}, t_{j_3 u})\}^2 - \{opt\_er(t_{j_2 u}, t_{j_3 u})\}^2 \geqslant 0
\end{aligned} \tag{5-61}
$$

根据公式(5-58)与(5-59)可知

$$
\{opt\_er(t_{j_1 u}, t_{j_4 u})\}^2 - \{opt\_er(t_{j_2 u}, t_{j_3 u})\}^2 \geqslant 0 \tag{5-62}
$$

根据定义 5.4 中的公式(5-55)，有 $opt\_er(t_{j_1 u}, t_{j_4 u}) \geqslant 0$ 及 $opt\_er(t_{j_2 u}, t_{j_3 u}) \geqslant 0$。因而，要使得公式(5-62)为真，只能有 $opt\_er(t_{j_1 u}, t_{j_4 u}) \geqslant opt\_er(t_{j_2 u}, t_{j_3 u})$。因此，引理 5.3 中的结论成立。□

引理 5.4　设 $\tilde{s}_u$ 为算法 5-5 所返回的曲线，s' 为利用任意曲线合并算法得到的、满足误差预算 $\epsilon^{(b)}$ 的分段三次多项式曲线，$\tilde{l}_{ku}$ 和 l' 分别表示曲线 $\tilde{s}_u$ 及 s' 在时间窗口 $[T_k, T_{k+1}]$ 内的分段数，$\tilde{t}_{ju}$ 和 t'_j 分别表示曲线 $\tilde{s}_u$ 及 s' 的第 j 个分段的起始时刻，则 $\tilde{t}_{ju} \geqslant t'_j$，其中 $1 \leqslant j \leqslant \min\{\tilde{l}_{ku}, l'\}$。

证明:利用数学归纳法进行证明。

(1)当 $j=1$ 时,$\tilde{t}_{1u}=t'_1=T_k$,故引理 5.4 成立。

(2)假设对于 $\forall j\leqslant j_0$,均有 $\tilde{t}_{ju}\geqslant t'_j$,下面证明 $\tilde{t}_{(j_0+1)u}\geqslant t'_{j_0+1}$,其中 $1\leqslant j_0\leqslant \min\{\tilde{l}_{ku},l'\}-1$。

首先,根据前文关于最优合并误差的分析,有

$$er(s',t'_{j_0u},t'_{(j_0+1)u})\geqslant opt\_er(t'_{j_0u},t'_{(j_0+1)u}) \tag{5-63}$$

并且,由于分段曲线合并算法是在 $\hat{s}_u$ 的分段点集合 $\{t_{ju}\mid 1\leqslant j\leqslant l_{ku}\}$ 中去除一些分段点,并将其间的分段曲线合并成一条三次多项式曲线。因而,t'_{j_0+1} 与 $\tilde{t}_{(j_0+1)u}$ 均属于曲线 $\hat{s}_u$ 的分段点集合 $\{t_{ju}\mid 1\leqslant j\leqslant l_{ku}+1\}$。

因而,如果 $\tilde{t}_{(j_0+1)u}<t'_{j_0+1}$,那么在区间 $(\tilde{t}_{(j_0+1)u},t'_{j_0+1}]$ 中至少存在一个 $\hat{s}_u$ 曲线的分段点,不妨设 t_{ru} 是 $\hat{s}_u$ 曲线在区间 $(\tilde{t}_{(j_0+1)u},t'_{j_0+1}]$ 上离 $\tilde{t}_{(j_0+1)u}$ 最近的分段点。根据算法 5-5 的第 4 步可知,$opt\_er(\tilde{t}_{j_0u},t_{ru})>\epsilon^{(b)}$。

同时根据归纳假设 $\tilde{t}_{j_0u}\geqslant t'_{j_0}$,故 $t'_{j_0}\leqslant\tilde{t}_{j_0u}<t_{ru}\leqslant t'_{j_0+1}$,即 $[\tilde{t}_{j_0u},t_{ru}]\subseteq[t'_{j_0},t'_{j_0+1}]$。根据引理 5.3,有

$$opt\_er(t'_{j_0},t'_{j_0+1})\geqslant opt\_er(\tilde{t}_{j_0u},t_{ru})>\epsilon^{(b)} \tag{5-64}$$

由公式(5-63)与(5-64)可知,$er(s',t'_{j_0u},t'_{(j_0+1)u})>\epsilon^{(b)}$。同时,根据定义 5.4,$Er_{[T_k,T_{k+1}]}(s')\geqslant er(s',t'_{j0},t'_{j_0+1})>\epsilon^{(b)}$,这与"$s'$ 满足误差预算 $\epsilon^{(b)}$"相矛盾。因而,假设不成立,即 $\tilde{t}_{(j_0+1)u}\geqslant t'_{j_0+1}$。

根据(1)和(2),对于任意 $j(1\leqslant j\leqslant\min\{\tilde{l}_{ku},l'\})$ 均有 $\tilde{t}_{ju}\geqslant t'_j$。□

证明:(定理 5.7)利用反证法证明。

假设 $l'<\tilde{l}_{ku}$。设 $t'_{l'}$ 表示曲线 s' 的最后一个分段的起始时刻,而 $\tilde{t}_{l'u}$ 表示曲线 $\tilde{s}_u$ 的第 l' 分段的起始时刻,则根据引理 5.4,可知 $t'_{l'}\leqslant\tilde{t}_{l'u}$。

同时,由于 $l'<\tilde{l}_{ku}$,且 l' 与 $\tilde{l}_{ku}$ 均为整数,则 $\tilde{s}_u$ 在时间窗口 $[T_k,T_{k+1}]$ 内至少存在着 $l'+1$ 个分段。令 $\tilde{t}_{(l'+1)u}$ 表示 $\tilde{s}_u$ 第 $l'+1$ 个分段的起始时刻。由于 $\tilde{s}_u$ 在时间窗口 $[T_k,T_{k+1}]$ 内至少存在着 $l'+1$ 个分段,故 $\tilde{t}_{(l'+1)u}<T_{k+1}$。令 t_{ru} 为感知曲线 $\hat{s}_u$ 在时间区间 $(\tilde{t}_{(l'+1)u},T_{k+1}]$ 上距离 $\tilde{t}_{(l'+1)u}$ 最近的分段点(其中,T_{k+1} 亦是 $\hat{s}_u$ 的一个分段点)。则根据算法 5-5 第 4 步可知,$opt\_er(\tilde{t}_{l'u},t_{ru})>\epsilon^{(b)}$。

同时,由于 $t'_{l'}\leqslant\tilde{t}_{l'u}<t_{ru}\leqslant T_{k+1}$,故根据引理 5.3 可知,$opt\_er(t'_{l'},T_{k+1})\geqslant opt\_er(\tilde{t}_{l'u},t_{ru})>\epsilon^{(b)}$。由于 $t'_{l'}$ 为曲线 s' 的最后一个分段的起始时刻,故根据定义 5.4 与引理 5.4 的证明可知,$Er_{[T_k,T_{k+1}]}(s')\geqslant er(s',t'_{l'},T_{k+1})\geqslant opt\_er(t'_{l'},T_{k+1})>\epsilon^{(b)}$,这与"$s'$ 满足误差预算 $\epsilon^{(b)}$"相矛盾。因此,假设不成立,$l'\geqslant\tilde{l}_{ku}$。□

定理 5.7 说明了在所有满足误差预算 $\epsilon^{(b)}$ 的分段三次曲线之中,由算法 5-5 确

定的$\tilde{s}_u$拥有最少的分段数。由于生成树的中间节点的通信代价取决于时间窗口$[T_k, T_{k+1}]$内聚集曲线的分段数，因而利用算法5-5进行曲线合并，可以在满足误差预算的前提下，最小化中间节点的通信代价与传输能量消耗，即算法5-5是最优的。因此，将算法5-5应用到感知曲线的聚集算法之中，可以获得很好的效果。

5.5　实验结果

本节将对本章所介绍的算法性能进行考察。

第一，为了衡量变频数据采集算法的性能，我们利用TeloB[22]传感器节点对室内环境的温度、湿度、光强等数据进行连续采集。数据采集系统是建立在TinyOS 2.1.0[301]之上的。在实验中，我们利用光强数据进行分析。我们的对比算法来源于文献[28]，该算法是目前关于变频数据采集的最新研究成果。

第二，为了衡量感知曲线聚集算法的性能，我们利用Tossim模拟器模拟了具有180个节点的传感器网络，该网络被随机放置在150m×150m的矩形区域内；我们将此矩形区域划分成9个网格，落入同一网格内的节点形成一个簇。在模拟网络中，传感器节点的通信半径设置为25m，感知数据来源于真实传感器节点所采集的光强数据。

根据文献[288]，在模拟网络中，我们设传感器节点发送、接收1Byte消息所消耗的能量分别为0.0144mJ与0.0057mJ。同时，由于对于一个传感器节点来说，发送1bit数据的能量消耗相当于执行1000条指令的能量消耗，所以在衡量感知曲线聚集算法性能的实验中，我们主要考察算法的通信开销。

为了便于讨论，在下文中我们使用H-Based表示基于Herimit插值的变频数据采集算法，利用S-Based表示基于三次样条插值的变频数据采集算法，利用EDSAS表示文献[28]所介绍的算法。

5.5.1　变频数据采集算法的性能

5.5.1.1　算法的性能与ϵ的关系

本节将分析变频数据采集算法的性能与ϵ的关系。

第一组实验将考察3种变频数据采集算法的数据采集次数与ϵ的关系。在实验中，ϵ由0.03增至1，对于每个ϵ取值，我们计算了3种变频数据采集算法的数据采集次数。实验结果如图5-5所示。根据图5-5可知，对于相同的ϵ，ED-

SAS 算法所需的数据采集次数几乎是算法 H-Based 与 S-Based 的 2 倍。同时，随着 ϵ 减小，EDSAS 算法的数据采集次数快速增加，而算法 H-Based 与 S-Based 的数据采集次数增加得较为缓慢。上述情况的出现是因为几乎所有的变频数据采集算法（包括 EDSAS 算法）所需的数据采集次数是 $O\left(\frac{1}{\epsilon}\right)$阶的，而算法 H-Based 与 S-Based 的数据采集次数为 $O\left(\frac{1}{\epsilon^{1/4}}\right)$阶。因而，即使在 ϵ 较小时，算法 H-Based 与 S-Based 所需进行的数据采集的次数依然较少。由于数据采集次数直接影响着传感器节点的能量消耗，所以利用算法 H-Based 与 S-Based 进行感知数据的采集将节省大量的能量。同时，图 5-5 还显示算法 S-Based 的数据采集次数比算法 H-Based 的小，这与我们在 5.3.2 节的理论分析相吻合。

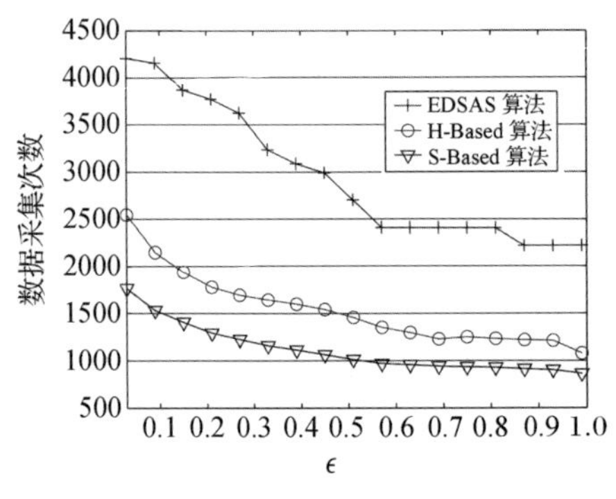

图 5-5　数据采集次数与 ϵ 的关系

第二组实验将考察三种变频数据采集算法的精度与 ϵ 的关系。在实验中，ϵ 由 0.03 增至 1，对于每个 ϵ 取值，我们计算了三种变频数据采集算法的最大误差、平均误差与 0.9 分位数误差。实验结果如图 5-6～5-8 所示。由图 5-6 可知，EDSAS 算法所给出的曲线与真实物理过程曲线的最大误差很大；相反，尽管算法 H-Based 与 S-Based 所进行的数据采集次数较少，其与真实物理过程的最大偏差却较小。出现上述情况的原因如下：首先，EDSAS 算法是建立在等频数据采集基础之上的，其给出的误差也是与等频数据采集相比的误差，并不是与真实物理过程之间的误差。并且，与等频数据采集方法相似，在 EDSAS 算法的设计过程中并未考虑如何逼近和恢复物理过程，所以该算法同样面临着曲线失真和关键点丢失等问题；相反，算法 H-Based 与 S-Based 并非依托某个等频采样过程而建立的，并且在上述算法设计过程中，我们所考查的误差也是算法输出曲线与真实物理过程曲线之间的偏差，所以算法 H-Based 与 S-Based 所产生的误差较小。由图 5-7 可知，算法 H-Based 与 S-Based 的平均误差亦远小于 EDSAS 算法的平均误差，其原因如上所述。图 5-8 给出了三种变频数据采集算法的0.9 分位数误差，由该图可知当 $\epsilon>0.3$ 时，三种变频数据采集算法的 0.9 分位数误差均小于给定的 ϵ，这说明感知曲线上超过 90% 的节点满足用户给定的误差需求。同时，图 5-6～5-8 还表明算法 H-Based 的误差比算法 S-Based 的误差小，这亦与我们理论分析的结果相同。

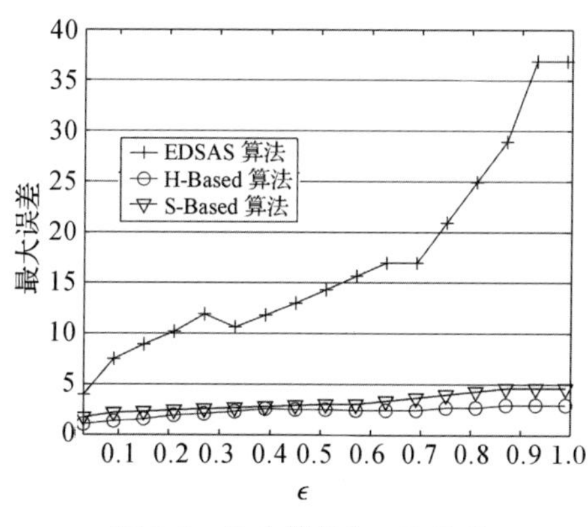

图 5-6 最大误差与 ϵ 的关系

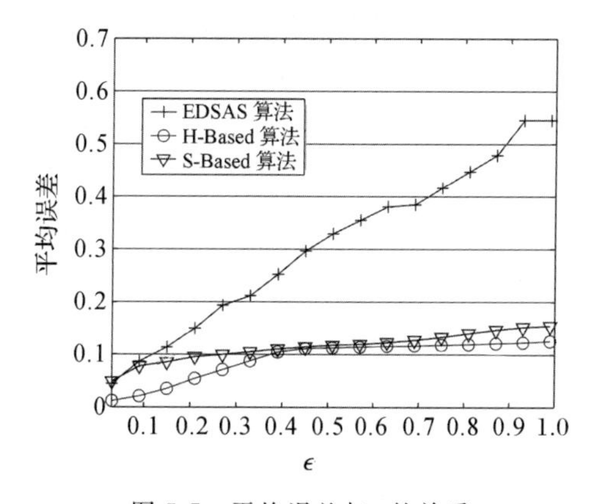

图 5-7 平均误差与 ϵ 的关系

由于如果不利用历史数据的话，我们无法预知未来真实物理过程的变化情况。所以，本书采用了后验的技术设计算法 H-Based 与 S-Based。故如图 5-6 所示，算法 H-Based 与 S-Based 的最大误差不小于用户给定的 ϵ。那么，在上述两种算法的输出曲线上，有多少数据点能够满足其误差小于 ϵ 呢？于是，我们做了第三组实验。在本组实验中，当 ϵ 由 0.03 增至 1 时，我们分别计算了三种变频数据采集算法所输出的曲线上满足误差小于 ϵ 的数据点的比率。实验结果如图 5-9 所示。由图 5-9 可见，当 $\epsilon=1$ 时，算法 S-Based 所产生的感知曲线上有超过 95% 的数据点的误差小于 ϵ，而算法 H-Based 的输出曲线上接近 99% 的数据点的误差

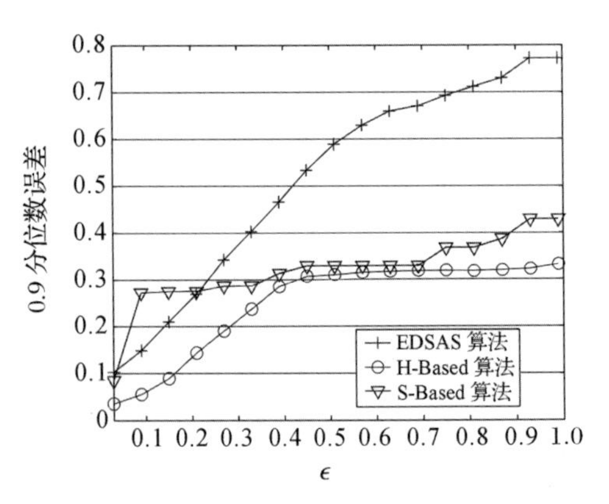

图 5-8　0.9 分位数误差与 ϵ 的关系

小于 ϵ。故尽管算法 H-Based 与 S-Based 无法保证整条输出曲线的最大误差小于给定的 ϵ，但是它们能够保证绝大多数的数据点满足用户给定的误差需求，所以上述感知曲线能够较为精确地恢复真实物理过程。同时，根据图5-9还可知，尽管 EDSAS 算法采集感知数据的次数是算法 H-Based 与 S-Based 的 2 倍，但是它无法保证输出曲线上有更多的数据点满足误差小于 ϵ，这也是在 EDSAS 算法的设计过程中未考虑物理过程恢复问题的缘故。最后，我们注意到当 $\epsilon<0.2$ 时，在本组实验所考察的指标上，算法 S-Based 要略差于 EDSAS 算法，这是因为此时 EDSAS 算法采集的数据点个数几乎是 S-Based 算法的 3 倍，而这些来自于真实物理过程曲线上的数据点的误差为 0，所以增加了 EDSAS 算法的输出曲线上满足误差小于 ϵ 的数据点的比率。

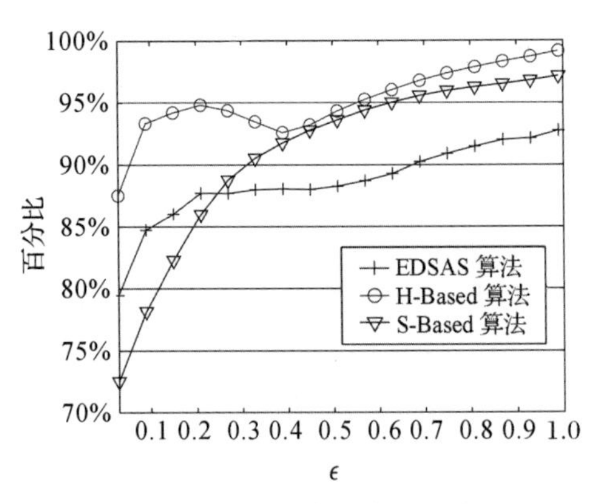

图 5-9　满足 ϵ 的数据点的百分比

第四组实验将考察感知曲线一阶导数的误差与 ϵ 的关系。由于目前尚无关于感知曲线一阶导数的计算方法与误差分析的研究，所以在本组实验中，我们将对算法 H-Based 与 S-Based 进行对比。在本组实验中，ϵ 由 0.03 增至 1，对于每个 ϵ 取值，我们分别计算了 H-Based 与 S-Based 算法输出的感知曲线一阶导数与真实物理过程曲线的一阶导数之间的误差，并选取了最大误差、平均误差与0.9分位数误差进行分析。实验结果如图 5-10～5-12 所示。由图 5-10 可得到如下三方面的结果：首先，经计算，真实物理过程曲线在该时间区间内一阶导数的绝对值最大为 19.88，因而，相比较而言，算法 H-Based 与 S-Based 所产生的一阶导数的最大误差较小。其次，与算法 S-Based 相比，算法 H-Based 所产生的一阶导数的最大误差要更小些，这与我们在 5.3.2 节给出的理论分析结果基本吻合。最后，与图 5-6 比较可知，算法 H-Based 与 S-Based 所产生的一阶导数的最大误差小于5.3 节所给出的理论上界。由图 5-11 及 5-12 可见，两种算法输出曲线的一阶导数的平均误差与 0.9 分位数误差都很小。例如，ϵ 增至 1 时，两种算法所产生的一阶导数的 0.9 分位数误差均小于 0.64。该实验结果说明，在算法 H-Based 与 S-Based 所输出的感知曲线上，有超过 90%的数据点满足其增减性与真实物理过程相契合。这也进一步证明，运用算法 H-Based 与 S-Based 获取感知曲线可较为精准地逼近和还原真实物理过程。此外，我们还注意到当 ϵ 较小时，算法 H-Based 所产生的一阶导数的平均误差与 0.9 分位数误差更小些；而当 ϵ 较大时，算法 S-Based 的性能要更好些，故用户可以根据自身需求择优选择。

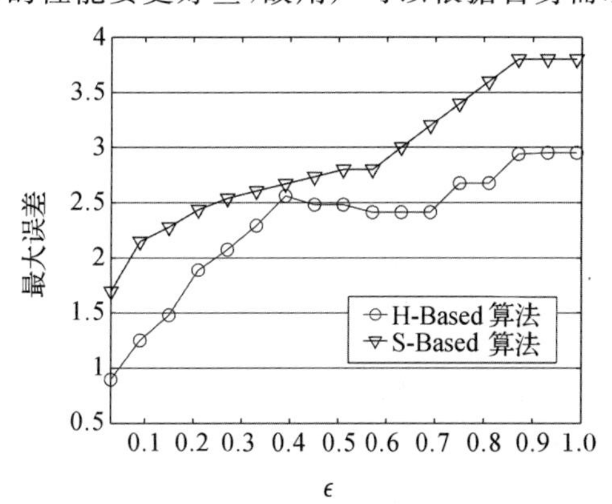

图 5-10 一阶导数的最大误差与 ϵ 的关系

第五组实验将考察感知曲线二阶导数的误差与 ϵ 的关系。基于同样的原因，在本组实验中，我们将对算法 H-Based 与 S-Based 进行对比。在本组实验中，ϵ 由 0.03增至 1，对于每个 ϵ 取值，我们计算了算法 H-Based 与 S-Based 输出曲线的二阶导数与真实物理过程的二阶导数之间的误差，并选取了最大误差、平均误差与 0.9 分位数误差进行分析。实验结果如图 5-13～5-15 所示。首先，将图 5-13 与 5-6 比较可知，算法 H-Based 与 S-Based 所产生的二阶导数的最大误差均

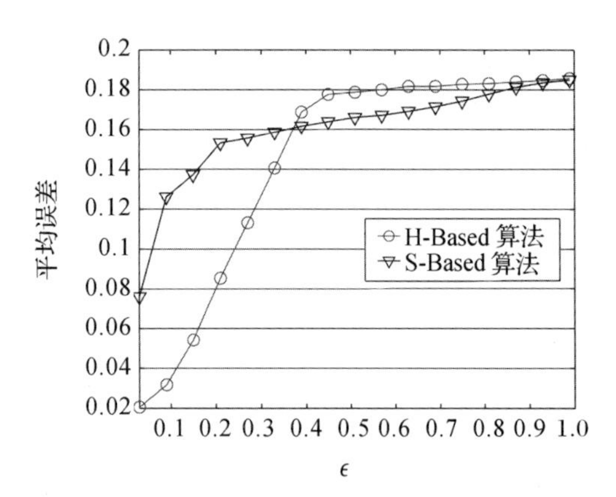

图 5-11　一阶导数的平均误差与 ϵ 的关系

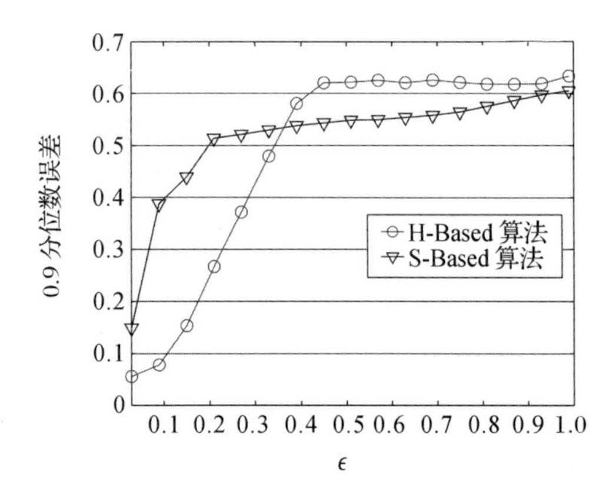

图 5-12　一阶导数的 0.9 分位数误差与 ϵ 的关系

小于 5.3 节给出的理论上界。其次，虽然在理论上，算法 S-Based 输出曲线的二阶导数的误差上界要大一些，但是在实际中，当 $\epsilon>0.2$ 时，算法 S-Based 所产生的二阶导数最大误差小于 H-Based 算法所产生的二阶导数最大误差，这是因为根据 5.3 节的分析，在 S-Based 算法和 H-Based 算法的输出曲线上，二阶导数的最大误差均发生在分段点处(曲线的一、二阶间断点处)，而 S-Based 算法的输出曲线较为光滑、二阶间断点亦较少，所以在有些情况下，S-Based 算法所产生的二阶导数最大误差要小些。第三，由图 5-14 及 5-15 可知，两种算法所产生的二阶导数平均误差和 0.9 分位数误差都很小。例如，当 ϵ 增至 1 时，两种算法所产生的二阶导数的 0.9 分位数误差均小于 0.97。上述结果说明，在算法 H-Based 与 S-Based 所输出的感知曲线上，超过 90％的数据点满足其凸凹性与真实物理过程相近。因而，用户可以利用算法 H-Based 与 S-Based 的输出曲线定位真实物理过程的拐点出现的位置，这对用户分析和决策十分重要。

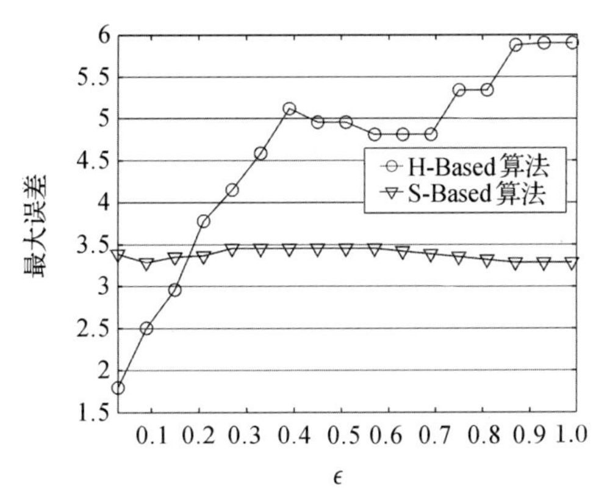

图 5-13 二阶导数的最大误差与 ϵ 的关系

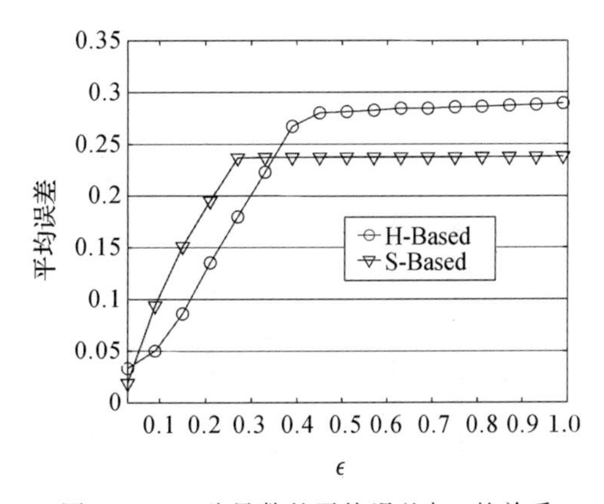

图 5-14 二阶导数的平均误差与 ϵ 的关系

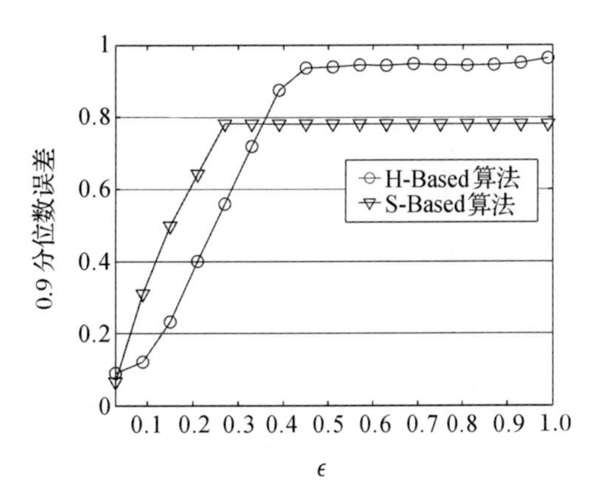

图 5-15 二阶导数的 0.9 分位数误差与 ϵ 的关系

5.5.1.2 算法的性能与数据采集次数的关系

本节将分析变频数据采集算法的性能与数据采集次数的关系。

第一组实验将考察EDSAS算法、H-Based算法与S-Based算法的精度与数据采集次数的关系。在实验中，数据采集次数的取值为760，1035，1310，1585，1860，2135和2410，对于每个数据采集次数，我们分别计算了三种变频数据采集算法所输出的曲线上的数据点与真实物理过程曲线上的数据点之间的误差，并选取最大误差、平均误差和0.9分位数误差进行分析。实验结果如图5-16～5-18所示。根据图5-16～5-18可知，当数据采集次数相同时，H-Based算法与S-Based算法所产生的最大误差、平均误差与0.9分位数误差都远远小于EDSAS算法所产生的误差。由于数据采集次数直接决定着传感器节点的能量消耗，所以上述实验结果说明H-Based算法与S-Based算法能在很小的能量消耗前提下，较为精准地逼近和还原真实物理过程。

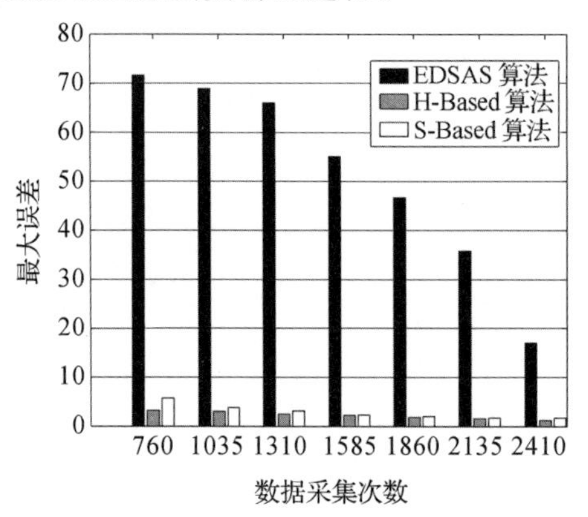

图5-16　最大误差与数据采集次数的关系

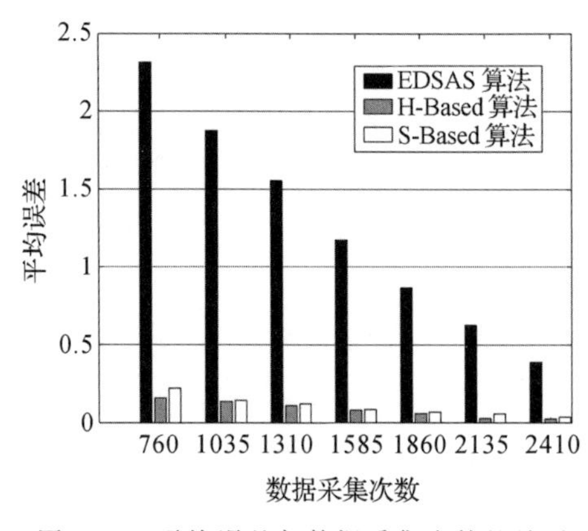

图5-17　平均误差与数据采集次数的关系

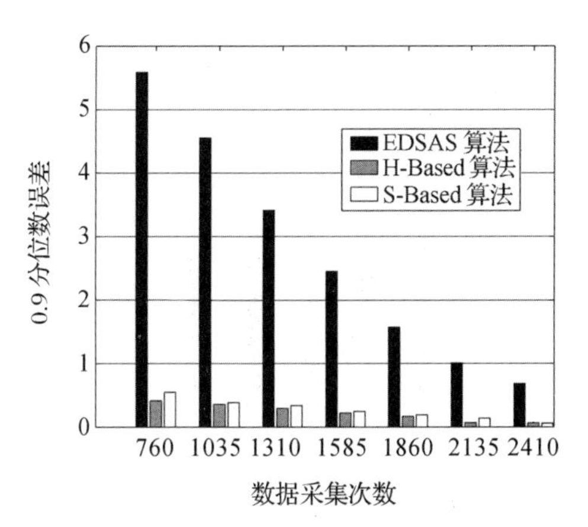

图 5-18 0.9 分位数误差与数据采集次数的关系

第二组实验将考察感知曲线一阶导数的误差与数据采集次数之间的关系。在实验中，数据采集次数的取值为 760，1035，1310，1585，1860，2135 和 2410，针对每个数据采集次数，我们分别计算了 H-Based 与 S-Based 算法输出曲线一阶导数的最大误差、平均误差与 0.9 分位数误差。实验结果如图 5-19～图 5-21 所示。由图 5-19～5-21 可知，随着数据次数的增加，两种算法所产生的一阶导数的误差都将减小。并且，在大多数情况下，算法 H-Based 的一阶导数的最大误差要小于算法 S-Based 的一阶导数的最大误差。最后，由图 5-20 和 5-21 可知，即使在数据采集次数较小的情况下，算法 H-Based 与 S-Based 所产生的一阶导数的平均误差与 0.9 分位数误差也很小。例如，当数据采集次数为 760 时，算法 H-Based 与 S-Based 所产生的一阶导数的平均误差小于 0.22，0.9 分位数误差小于 0.67。上述实验结果说明利用算法 H-Based 与 S-Based，用户不但能在较小的能量消耗下获取高精度的感知曲线，并且感知曲线上的绝大多数数据点的增减性亦与真实情况差距很小。

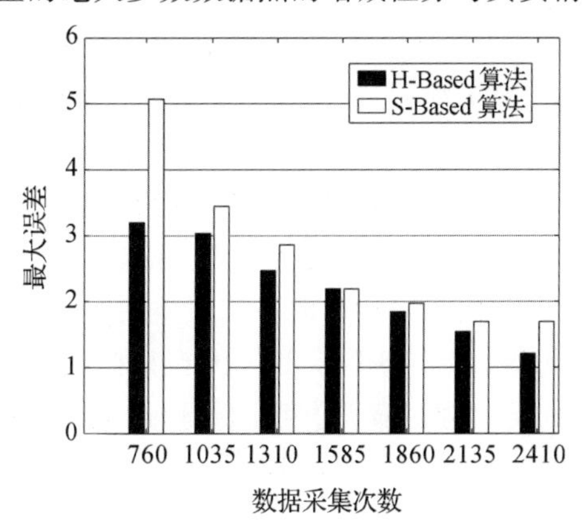

图 5-19 一阶导数的最大误差与数据采集次数的关系

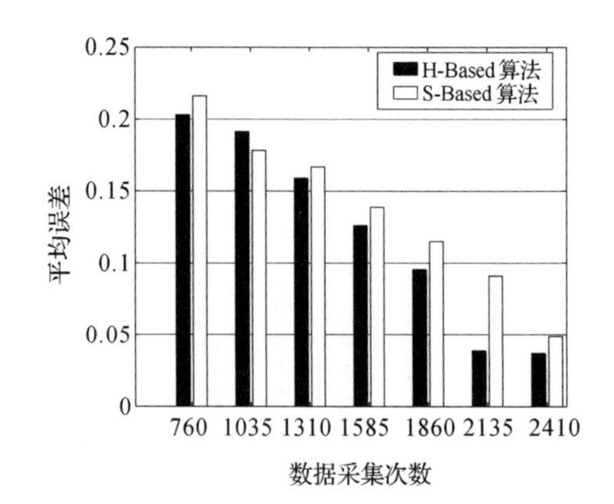

图 5-20　一阶导数的平均误差与数据采集次数的关系

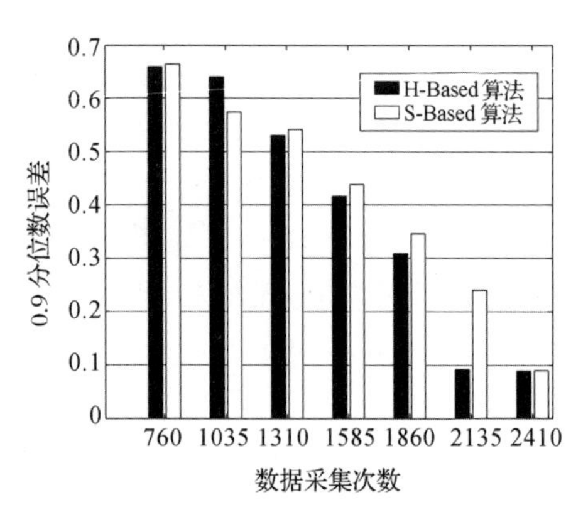

图 5-21　一阶导数的 0.9 分位数误差与数据采集次数的关系

第三组实验将考察感知曲线二阶导数的误差与数据采集次数之间的关系。在实验中，数据采集次数的取值为 760，1035，1310，1585，1860，2135 和 2410，针对每个数据采集次数，我们分别计算了 H-Based 与 S-Based 算法输出曲线上二阶导数的误差，并选取了最大误差、平均误差与 0.9 分位数误差进行分析。实验结果如图 5-22～5-24 所示。从图可以看出，随着数据次数的增加，两种算法所产生的二阶导数的误差都将减小，并且即使当数据采集次数较小时，两种算法所产生的二阶导数的平均误差与 0.9 分位数误差也很小。例如，当数据采集次数为 760 时，两种算法所产生的二阶导数的平均误差小于 0.29，0.9 分位数误差小于 0.97。可见，算法 H-Based 与 S-Based 不但能够保证在很小的能量消耗下，较为精准地逼近和还原真实物理过程，而且能保证输出曲线上的绝大多数数据点的凸凹性与真实情况差距很小。因此，利用算法 H-Based 与 S-Based，用户可较为准确地定位拐点等关键点发生的位置。

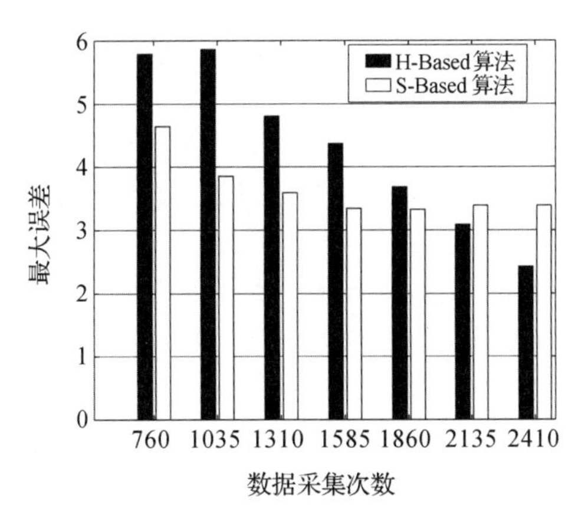

图 5-22　二阶导数的最大误差与数据采集次数的关系

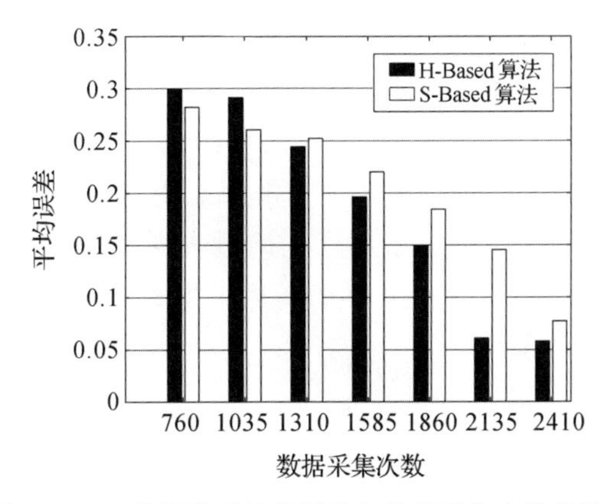

图 5-23　二阶导数的平均误差与数据采集次数的关系

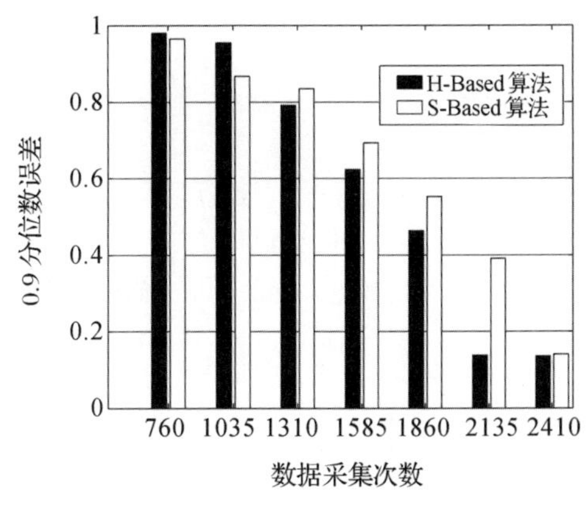

图 5-24　二阶导数的 0.9 分位数误差与数据采集次数的关系

5.5.1.3 S-Based 算法的性能与时间窗口个数的关系

根据 5.3.2 节的分析，S-Based 算法的性能除了受到 ϵ 与数据采集次数的影响，还受到$[t_s,t_f]$内时间窗口个数的影响。为此，我们做了如下一组实验对之进行考察。

在实验中，时间窗口的个数由 15 增至 35，并且针对每个取值，我们分别计算了 S-Based 算法所需的数据采集次数、所产生的最大误差、平均误差与 0.9 分位数误差。实验结果如图 5-25～5-28 所示。由图 5-25 可知，随着$[t_s,t_f]$内时间窗口的个数增加，S-Based 算法所需的数据采集次数亦将增加，其原因如下：首先，根据 5.3.2 节的分析，S-Based 算法需要在每个时间窗口端点处多采集一个感知数据，所以随着$[t_s,t_f]$内时间窗口个数的增加，S-Based 算法所需采集感知数据的次数亦将增加；其次，当时间窗口个数增加时，每个时间窗口的个数将随之减少，若一个时间窗口仅包含一个数据采集周期，S-Based 算法几乎等同于 H-Based 算法。根据 5.3.2 节的理论分析与 5.5.1.1 的实验结果，H-Based 算法所需的数据采集次数比 S-Based 算法多，所以当时间窗口的个数减少时，S-Based 算法所需要采集感知数据的个数将增加。由图 5-26～5-28 可知，随着$[t_s,t_f]$内时间窗口个数的增加，S-Based 算法所产生的最大误差、平均误差与 0.9 分位数误差都将会降低，这是因为 S-Based 算法采集了更多的感知数据，所以其逼近物理过程的精度亦将有所提高。

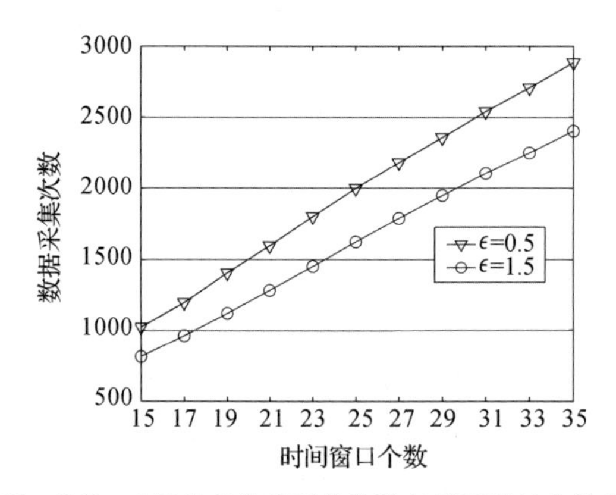

图 5-25　S-Based 算法的数据采集次数与时间窗口个数的关系

当时间窗口个数增加时，S-Based 算法所产生的一阶、二阶导数误差有类似结论，鉴于篇幅所限，在此不再赘述。

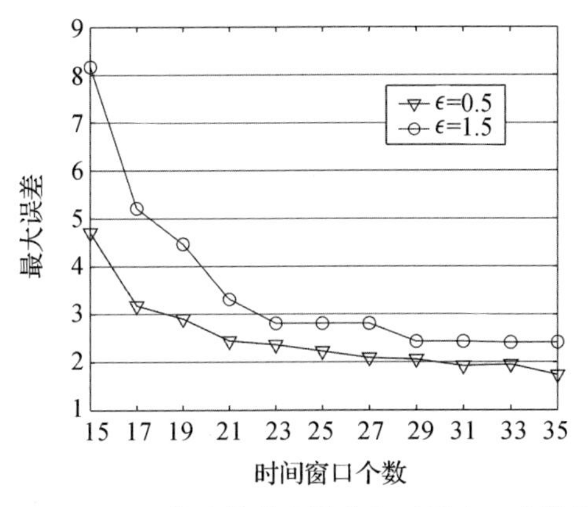

图 5-26 S-Based 算法的最大误差与时间窗口个数的关系

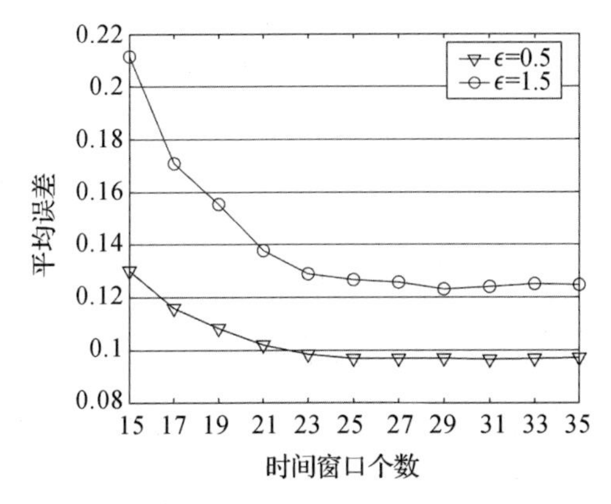

图 5-27 S-Based 算法的平均误差与时间窗口个数的关系

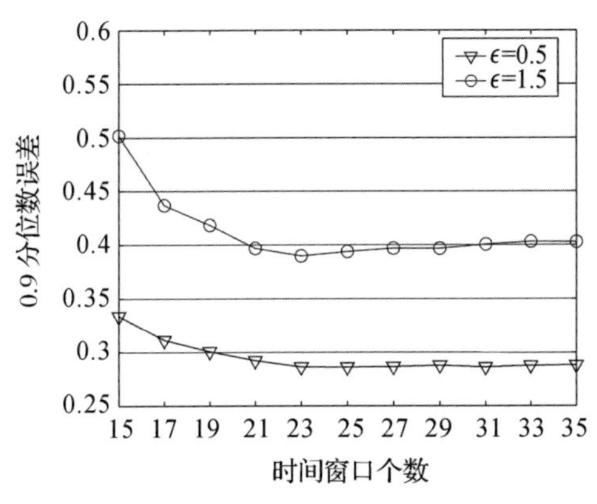

图 5-28 0.9 分位数误差与 S-Based 算法的时间窗口个数的关系

5.5.2 感知曲线聚集算法的性能

本节将考察感知曲线聚集算法及其优化策略的性能。在本节中我们只对本章介绍的两类算法进行比较,它们分别是:建立在基于 Hermit 插值的变频数据采集算法基础之上的感知曲线聚集算法和建立在基于三次样条插值的变频数据采集算法基础之上的感知曲线聚集算法。为了便于表示,我们将延续前文的表达方式,即利用 H-Based 算法表示建立在基于 Hermit 插值的变频数据采集算法基础之上的感知曲线聚集算法,利用 S-Based 算法表示建立在基于三次样条插值的变频数据采集算法基础之上的感知曲线聚集算法。

第一组实验将考察 H-Based 与 S-Based 算法在感知曲线聚集过程中的能量消耗。在本组实验中,ϵ 由 2 增至 9,对于 ϵ 的每个取值,我们分别计算了 H-Based 与 S-Based 算法在传输和聚集感知曲线过程中的能量消耗。实验结果如图 5-29 所示。由图 5-29 可知,H-Based 算法的能量消耗要高于 S-Based 算法的能量消耗。出现上述结果的原因如下:其一,由于 H-Based 算法产生的感知曲线是一阶连续的,故在时间窗口的第一个分段,传感器节点需要传送 5 个数据,其余分段需要传送 3 个数据才能完整地描述该时间窗口内的感知曲线;而对于 S-Based 算法来说,其产生的感知曲线为二阶连续的,故传感器节点除了在时间窗口的第一个分段需传送 5 个数据之外,其余分段只需传送 2 个数据。因此,S-Based 算法的数据传输量更少,也更节能。其二,S-Based 算法在曲线聚集过程中所产生的分段比较少,所以其数据传输的能量消耗也更小。

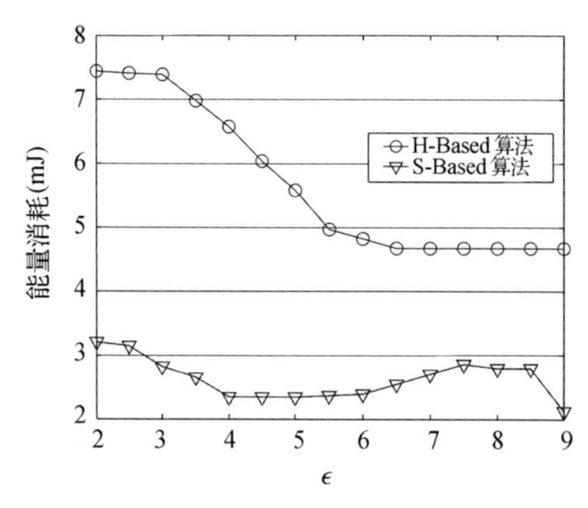

图 5-29 H-Based 与 S-Based 算法的能量消耗

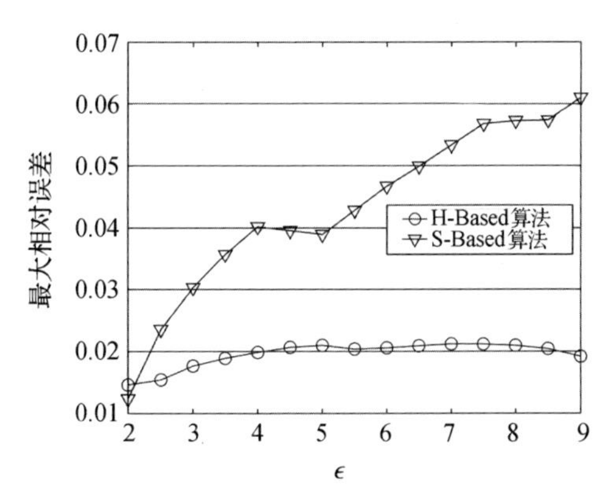

图 5-30　H-Based 与 S-Based 算法的最大相对误差

第二组实验将考察 H-Based 与 S-Based 算法的精度。在本组实验中，ϵ 由 2 增至 9，对于 ϵ 的每个取值，我们分别计算了感知曲线聚集结果与真实物理过程曲线聚集结果之间的相对误差，并选取了最大相对误差、平均相对误差与相对误差的 0.9 分位数进行分析。实验结果如图 5-30～5-32 所示。由图 5-30～5-32 可知，感知曲线聚集结果的最大相对误差小于 0.07，平均相对误差小于0.0065，相对误差的 0.9 分位数小于 0.014。由此可见，上述误差十分小，所以感知曲线聚集结果与真实物理过程聚集结果十分接近，故利用 H-Based 与 S-Based 算法可较为精准地逼近和还原现实世界中的真实物理过程。最后，我们注意到利用 H-Based 算法进行聚集计算所产生的误差要小于 S-Based 算法所产生的误差，这是因为 H-Based 算法采集了更多的数据点的缘故。

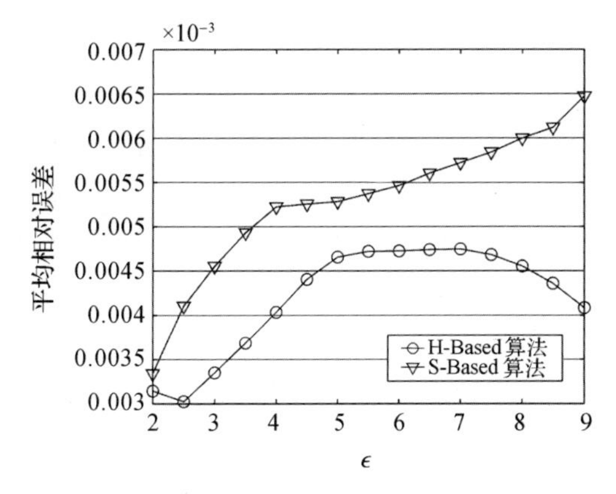

图 5-31　H-Based 与 S-Based 算法的平均相对误差

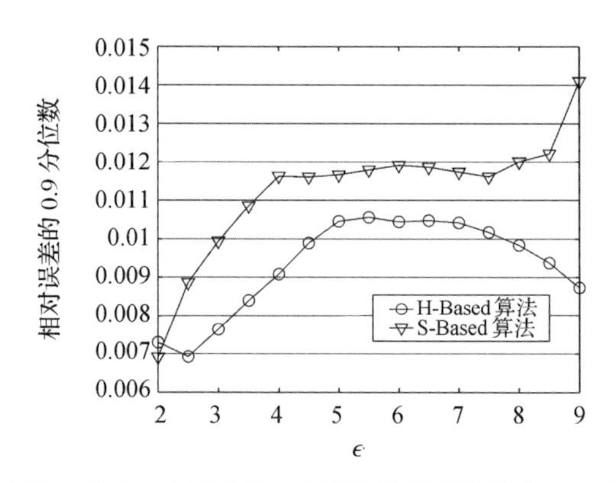

图 5-32　H-Based 与 S-Based 算法的相对误差的 0.9 分位数

感知曲线聚集结果的一、二阶导数的精度与上述实验结果类似。鉴于篇幅有限，在此不再赘述。

最后，我们将考察 5.4.3 节所介绍的曲线合并算法的性能。

第一组实验将考察曲线合并算法能够减少的分段数。对于聚集结果来说，用户往往更关心相对误差，所以在下面的实验中，我们以 $\epsilon^{(b)}$ 与精确聚集曲线上绝对值最小的数据点之比为自变量，记为 $\epsilon^{(b)}/\min(|\mathrm{Sum}|)$。在本组实验中，$\epsilon^{(b)}/\min(|\mathrm{Sum}|)$ 由 0.01 增至 0.4，针对每个 $\epsilon^{(b)}/\min(|\mathrm{Sum}|)$ 的取值，我们计算了曲线合并算法在一个时间窗口内能够减少的分段数，其中时间窗口的大小为 1 小时。实验结果如图 5-33 所示。由图 5-33 可知，曲线合并算法能够在误差预算范围内，大大地减少感知曲线聚集后的分段数。并且将曲线合并算法应用到 H-Based 算法之中，优化效果更为明显，这是因为在不进行优化处理的条件下，H-Based 算法在曲线聚集后所产生的分段数要多于 S-Based 算法所产生的分段数，故对之进行优化的效果更为明显。

第二组实验将考察曲线合并算法所节省的能量。在本组实验中，$\epsilon^{(b)}/\min(|\mathrm{Sum}|)$ 由 0.01 增至 0.4，对于每个 $\epsilon^{(b)}/\min(|\mathrm{Sum}|)$ 的取值，我们计算了运行曲线合并算法所节省的能量消耗。实验结果如图 5-34 所示。根据图 5-34 可知，当 $\epsilon=3$，$\epsilon^{(b)}/\min(|\mathrm{Sum}|)=0.05$ 时，利用曲线合并算法对 S-Based 算法进行优化，所节省的能量为 1mJ。结合图 5-29，此时如果不进行优化，运行 S-Based 算法所需的能量小于 3mJ，所以此时曲线合并算法节省了超过 33% 的能量消耗。同理，当 $\epsilon^{(b)}/\min(|\mathrm{Sum}|)=0.25$，曲线合并算法节省了超过 60% 的能量消耗。上述结果说明曲线合并算法能够在较小的误差预算内，节省大量的能量。同时，由图 5-34 还可知，利用曲线合并算法优化 H-Based 算法效果更为明显，这是因为曲线合并算法帮助 H-Based 算法减少了更多的分段数。

最后一组实验将考察曲线合并所带来的误差。在本组实验中，$\epsilon^{(b)}/\min$

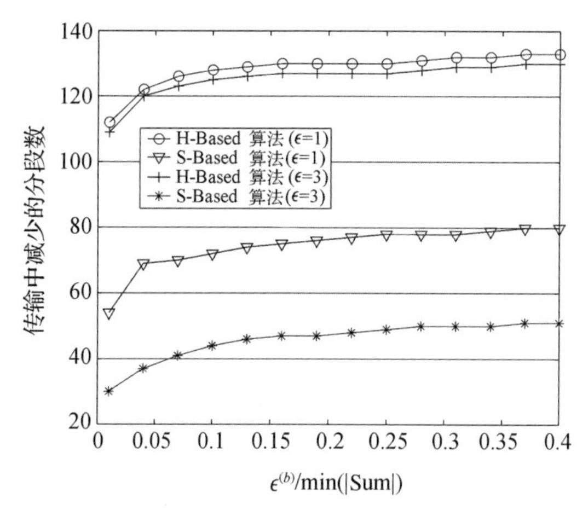

图 5-33　曲线合并算法减少的分段数

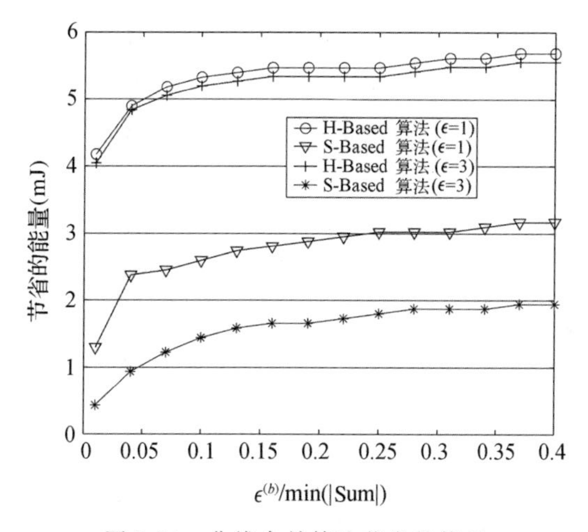

图 5-34　曲线合并算法节省的能量

(|Sum|)由 0.01 增至 0.4，对于每个 $\epsilon^{(b)}$/min(|Sum|)的取值，我们计算了曲线合并算法输出结果与真实物理过程曲线聚集结果之间的相对误差，并选取了最大相对误差、平均相对误差及相对误差的 0.9 分位数进行分析。实验结果如图 5-35～5-37所示。与图 5-30～5-32 进行对比，显然经过曲线合并后所产生的相对误差要大于未经合并时的相对误差，但是我们注意到曲线合并算法的平均相对误差与相对误差的 0.9 分位数仍较小，该实验结果说明了 5.4.3 节所给出的算法能够保证在曲线合并后，绝大多数数据点的偏差较小。因此，在精度允许的范围内，用户可以考虑利用曲线合并算法来优化 H-Based 与 S-Based，以节省

曲线聚集过程中的能量消耗。此外，我们还注意利用曲线合并算法优化S-Based所产生的相对误差很小，所以利用 S-Based 算法结合曲线合并算法来完成感知曲线的采集与网内聚集是较为优化的选择。

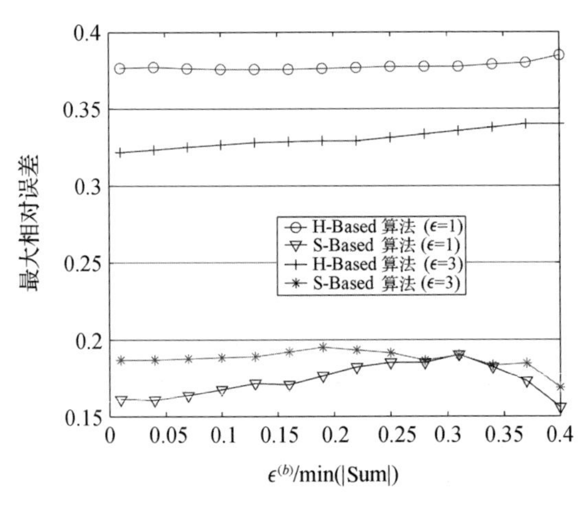

图 5-35　曲线合并算法的最大相对误差

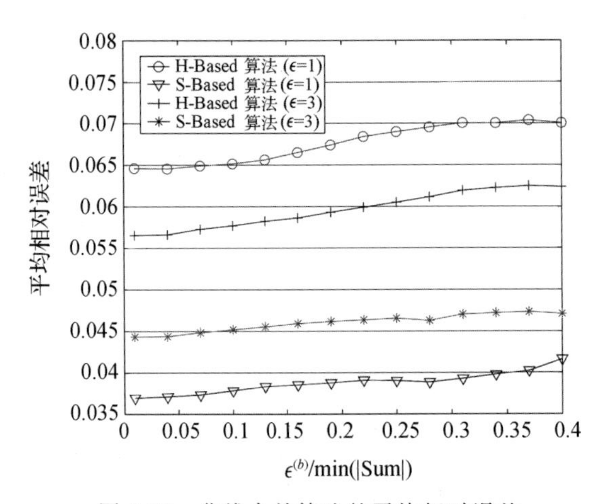

图 5-36　曲线合并算法的平均相对误差

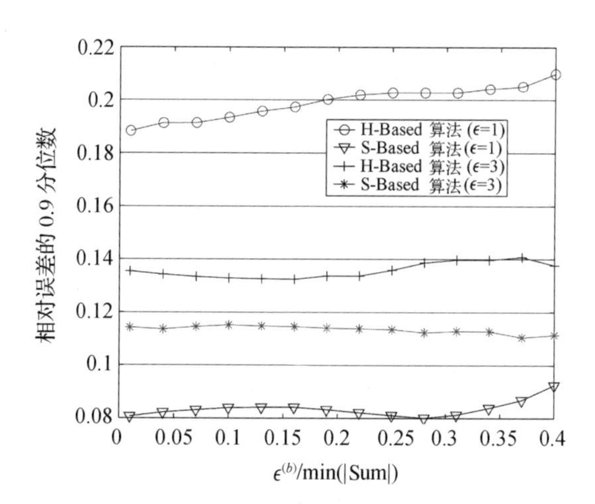

图 5-37 曲线合并算法的相对误差的 0.9 分位数

5.6 相关工作

目前，关于传感器节点变频数据采集方法的研究还很少，并且现有研究的侧重点是如何节约能量，而非如何逼近和还原真实物理过程。

文献[26]基于时间序列分析技术提出了一种自适应地调整传感器节点数据采集频率的方法。该方法的主要思想如下：首先，根据历史数据与时间序列分析技术建立预测模型；其次，在每一个等频数据采集时刻，如果预测模型所产生的误差较小，则传感器节点不进行数据采集，仅利用预测模型来生成数据；否则，则进行正常的数据采集。该方法存在如下一些问题：首先，其假设传感器节点的感知数据可以表示为 $S_t=m(t)+X_t$，其中 $m(t)$ 是关于时间 t 的一个线性函数，而 X_t 是均值为 0 的随机变量，即该方法认为感知数据在时间维度上是围绕一条直线波动的，这个假设对于变化规律极其复杂的感知数据来说太强了。其次，该方法是依托某个等频数据采集过程而建立的，其给出的误差亦是与等频数据采集过程相比较的误差。根据 5.1 节的分析，等频数据采集与真实物理过程之间同样存在着差距，所以该方法所给出的误差并不能真正衡量其与真实的物理过程之间的误差。最后，该方法所采集的数据仍是离散的，无法反映真实物理过程连续变化的特性。

文献[27]基于 Box-Jenkins 技术提出了一种传感器节点数据采集频率的调

节方法。该方法的主要思想与文献[26]相同,其贡献是对于文献[26]的预测模型进行了改进,使得利用预测模型可以每次预测 1 个感知数据,而非 1 个感知数据。由于该方法仍是依托等频数据采集而建立的,并且该方法对于感知数据在时间维度上的分布依然有较强的假设,所以其同样面临着与文献[26]相同的3 个问题。

文献[28]基于数据加权的思想提出了一种传感器节点数据采集频率的调节算法。该算法的主要思想是根据历史数据采集的时间,为其赋予不同的权值,最新采集的数据权值最大。同时,在上述加权数据上构造预测模型,如果感知数据能够被预测模型预测,则无须采集。该算法亦是对文献[26]的预测模型的改进。虽然该算法在感知数据随时间的分布上没有过强的假设,但是它仍是依托等频数据采集而建立的,所以该方法仍然面临着无法表达采集结果与真实物理过程的差距,以及无法描述物理过程连续变化的特性等问题。

文献[29]以监测异常事件为目的,提出了一种传感器节点数据采集频率的调节方法。该方法的主要思想如下:首先,利用傅立叶变换与所收集的数据来预测监测对象随时间变化的频率;其次,如果上述频率超出某一阈值,则认为异常事件发生并向 Sink 节点汇报;最后,根据预测频率来自适应地调整传感器节点的数据采集频率。该方法对监测异常事件较为有效,但是未考虑如何高精度地逼近与还原真实物理过程的问题。

5.7 本章小结

鉴于等频数据采集技术无法准确地描述真实物理过程的变化情况,本章开展了传感器网络中物理过程近似逼近算法的研究。首先,我们分别基于 Hermit 插值及三次样条插值技术,提出了两种面向物理过程可高精度重现的变频数据采集算法,用以获取“感知曲线”。其次,我们对上述两种算法输出曲线的光滑性、计算一阶及二阶导数时的误差、数据采集次数及复杂性进行了分析。第三,由于感知曲线的引入,使得现有的感知数据计算方法(包括查询、分析、挖掘等)不再适用。为此,本章针对最常用的聚集运算,提出了一种感知曲线的聚集算法,并给出了该算法的一种优化策略。我们证明了上述优化策略能够在满足用户误差预算的前提下,最小化网络的通信代价与传输能量消耗。最后,通过详细的真实与模拟实验,验证了本章所提出的算法的性能。

6 结　论

本书针对无线传感器网络的特性与感知数据计算技术的需求，从多个方面对传感器网络中的近似计算方法进行了研究。主要研究成果如下：

(1)本书研究了静态传感器网络中的(ϵ,δ)-近似聚集算法。聚集操作是无线传感器网络的一种十分重要的操作，其返回的结果可以有效地描述传感器网络所监测的对象的概况，并帮助用户作出分析与决策。由于精确的聚集查询处理算法需要网内所有感知数据均参与到聚集运算之中，将消耗大量能量，因而人们提出了大量的近似聚集算法。但是，目前已有的近似聚集算法均具有固定的误差界，并且该误差界很难调节。所以，一旦用户所需要的聚集结果的误差小于已有聚集算法所能保证的误差界时，这些聚集算法将会失效。为了使近似聚集结果能够满足用户任意的精度需求，本书开展了无线传感器网络中的(ϵ,δ)-近似聚集算法的研究，并基于均衡抽样技术，提出了静态传感器网络中的(ϵ,δ)-近似聚集算法。在上述算法的研究过程中，我们首先针对感知数据聚集和、平均值、无重复计数值等3种聚集操作，给出了根据ϵ、δ来确定优化的样本容量的数学方法。其次，我们提出了一种适用于无线传感器网络的、分布式的均衡抽样算法，用以完成感知数据的抽取，并且我们对该算法的计算与通信复杂性进行了分析。第三，我们给出了估计聚集和、平均值、无重复计数值的数学方法，并根据这些数学方法，提出了一种静态传感器网络中的(ϵ,δ)-近似聚集算法。我们证明了该算法能够满足用户的任意精确度需求，并对该算法的计算和通信复杂性进行了分析。第四，鉴于ϵ、δ和感知数据的变化会影响最终的聚集结果，我们提出了两种样本数据信息的维护更新算法，分别适用于ϵ、δ和网络中的感知数据发生变化的情况。最后，通过模拟实验验证了本部分所提出的算法的有效性。

(2)本书研究了动态传感器网络中的(ϵ,δ)-近似聚集算法。虽然在第一部分的研究中，我们所给出的算法能够满足用户任意的精度需求，并且在静态传感器网络中具有较高的性能。但是，该算法需要 Sink 节点随时掌握每个簇中处于活动状态的传感器节点的数量，故上述算法不适合应用于动态的传感器网络之中。在动态传感器网络中，由于传感器节点睡眠、移动、能量耗尽等原因，每个簇中活动节点的数量不断变化，如果应用第一部分所给出的算法在动态网络中处理查询，就需要每个簇的簇头节点频繁地统计本簇内活动节点的数量，并且一旦活动节点数发生变化，则需要簇头节点向 Sink 节点进行报告，这在无形中增加了网络中消息的传输量，进而加大了网络的能量消耗。为了在动态网络中更有效地处理聚集查询，本书开展了动态传感器网络中的(ϵ,δ)-近似聚集算法的研究，并基于 Bernoulli 抽样技术，提出了 4 种动态网络中(ϵ,δ)-近似聚集算法。在该研究中，我们首先针对活动节点计数值、感知数据聚集和、平均值等3 种聚集操作，给出了根据ϵ、δ来确定优化的抽样概率的数学方法。其次，我们给出了适应动态网络环境的、分布式的 Bernoulli 抽样方法，用以获取样本数据，并对该算法计算与通信复杂度进行了分析。第三，我们给出了估计活动节点计数值、感知数据聚集和与平均值的数学方法。第四，在上述数学方法的基础上，我们给出了 4 种基于 Bernoulli 抽样的(ϵ,δ)-近似聚集算法，分别用以处理传感器网络中的 Snapshot 查询与连续查询。同时，我们证明了上述 4 种算法能够满足用户的任意的精度需求，并且适合应用于动态网络环境。最后，通过详尽的模拟实验验证了本部分所提出的算法的有效性。

(3)本书研究了传感器网络中的地理位置敏感的极值点查询算法。在传感器网络收集的大量数据中，感知数据的极值点(例如，感知数据的最大值)及其所出现的地理位置对用户来说有着十分重要的意义，因为这些数据可以帮助用户检测异常事件并定位异常事件发生的位置。虽然传统的 top-k 查询亦能够返回最大的k个感知值及其发生位置，但是由于感知数据是空间相关的，所以 top-k 查询结果(包括感知值及其位置)往往集中于一个小区域，为用户提供的监测区域内异常信息也极其有限。并且，传统 top-k 查询结果中存在着大量的冗余数据，从而使得在 top-k 结果传输过程中能量消耗过大。鉴于上述原因，本书提出了一种新的查询，称之为地理位置敏感的极值点查询(location aware peak value query)，简记为 LAP-(D,k)查询，并对 LAP-(D,k)查询处理算法进行了研究。在该研究中，我们首先对 LAP-(D,k)查询处理问题进行了严格的定义，并证明该问题是 NP-难的问题。其次，我们分别给出了两种近似算法用以解决 LAP-(D,k)查询处理问题，它们分别是分布式贪心算法和基于区域划分的分布式算法。第三，我们对上述两种算法的近似比进行了详细分析，证明这两种算法均具有常数近似比。同时，我们亦对上述两种算法的计算和通信复杂度进行了详细的分析。最后，通过真实和模拟实验验证了本部分所提出的算法在精确性及能量消耗方面均具有较高的性能。

(4)本书研究了无线传感器网络中面向物理过程可重现的数据采集算法。目前，几乎所有感知数据的处理与计算技术均是建立在等频数据采集基础之上的，并且它们假设传感器节点通过等频数据采集所获得的感知数据能够精准地反映物理过程的变化情况。但是，现实中物理过程往往是连续变化的，而传感器节点的等频数据采集仅是对连续变化物理过程的离散化，故等频数据采集还存在着关键点丢失和曲线失真等问题。虽然加大传感器节点的数据采集频率，能够缩小等频数据采集与真实物理过程的差距，但是加大数据采集频率也同样意味着消耗更多的能量，并且也会使得整个网络中产生大量的感知数据，导致传感器网络陷入感知数据存不下、传不出的困境。鉴于上述原因，本书开展了传感器网络中面向物理过程可重现的数据采集算法的研究。在该研究中，我们首次提出了面向物理可高精度重现的数据采集问题，并分别基于 Hermit 插值和三次样条插值技术提出了两种面向物理可高精度重现的数据采集算法。上述算法可根据真实物理过程的变化情况及用户给定的误差界，自适应地调整传感器节点的数据采集频率。其次，我们对上述两种算法的性能进行了详细分析，包括算法输出的曲线光滑程度、计算一阶和二阶导数时的误差、算法的数据采集次数及复杂性等。第三，我们改进了传统意义上的感知数据的概念，在本书中，感知数据不再是离散的数据点，而是多条连续的分段曲线，即感知曲线，该曲线可以更好地表达物理过程连续变化等诸多特性。第四，我们提出了感知曲线的分布式聚集算法，并对算法的精度及其优化策略进行了详细分析。最后，通过真实与模拟实验验证了本部分所提出的算法的性能。

以上是对本书研究工作的总结。目前，传感器网络的发展跨入了新的10年，在未来随着传感器网络的规模越来越大、监测对象越来越复杂、执行的任务越来越多样、布置的环境越来越恶劣，对于感知数据的计算方面还有许多亟待解决的问题，我们将从本书起步，对如下几个方面进行进一步的研究：

(1)随着感知数据规模的增大，网络中数据传输的压力也越来越大，故需要对感知数据进行压缩。同时，为了不引入额外的计算与通信开销，需要在压缩数据上直接进行查询、分析、挖掘等操作。因此，在未来的研究中，我们将考虑低能耗的、分布式的感知数据压缩算法，以及在压缩数据上的查询、分析、挖掘算法设计问题。

(2)随着传感器网络监测对象的复杂化，我们很难有一种类型的数据对其进行描述。此时，需要用多模态型的感知数据(例如标量数据、图像数据、视频数据等)来共同描述与表达一个对象。因此，在未来的研究中，我们将考虑低能耗、分布式、多模态感知数据的融合算法以及多模态数据上的查询、分析、挖掘算法设计问题。

(3)随着传感器网络布置环境越来越恶劣，监测对象越来越复杂，用户对数据精度的需求越来越高，感知数据的质量管理问题将变得越来越重要。因此，在未来的研究中，我们将考虑低能耗的、分布式的数据质量管理算法，以及低质量数据上的查询、分析、挖掘算法设计问题。

参考文献

[1] AKYILDIZ I F, SU W, SANKARASUBRAMANIAM Y, et al. A survey on sensor networks[J]. IEEE Communication Magazine, 2002, 40(8): 102-114.

[2] CALLAWAY Jr E H. Wireless Sensor Networks-Architectures and Protocols[M]. 1st ed. Boca Raton, Florida: CRC press, 2004: 1-17.

[3] KARL H, WILLIG A. Protocols and Architectures for Wireless Sensor Networks[M]. Chichester: John Wiley & Sons, 2007: 1-13.

[4] KUMAR S, SHEPHERD D. Sensit: sensor information technology for the warfighter [C]//Proceedings of the 4th International Conference on Information Fusion. Chicago, Illinois, USA: IEEE Computer Society, 2001: 3-9.

[5] DARPA SENSIT Program[CP/OL]. [2015-06-20]. http://dtsn. darpa. mil/ixo/sensit. asp.

[6] GreenOrbs[DS/OL]. [2015-06-20]. http://greenorbs. org/.

[7] http://berkeley. intelresearch. net/labdata/.

[8] LI M, LIU Y, CHEN L. Non-threshold based event detection for 3d environment monitoring in sensor networks [J]. IEEE Transactions on Knowledge and Data Engineering (TKDE), 2008, 20(12): 1699-1711.

[9] LIU K, LI M, LIU Y, et al. Exploring the hidden connectivity in urban vehicular networks[C]//Proceedings of the 18th annual IEEE International Conference on Network Protocols (ICNP). Kyoto: IEEE Computer Society, 2010: 243-252.

[10] BARBAGLI B, BENCINI L, MAGRINI I, et al. A real-time traffic monitoring based on wireless sensor network technologies [C]// Proceedings of the 7th International Wireless Communications and Mobile

Computing Conference (IWCMC). Istanbul, Turkey: IEEE Computer Society,2011:820-825.

[11] ZHANG L, WANG R, CUI L. Real-time traffic monitoring with magnetic sensor networks [J]. Journal of Information Science and Engineering,2011,27(4):1473-1486.

[12] REN Z, ZHOU G, PYLES A, et al. Bodyt 2: throughput and time delay performance assurance for heterogeneous bsns[C]//Proceedings of 30th IEEE International Conference on Computer Communications (INFOCOM). Shanghai: IEEE Computer Society,2011:2750-2758.

[13] ZHANG F, DISANTO W, REN J, et al. A novel Cps system for evaluating a neuralmachine interface for artificial legs[C]//Proceedings of IEEE/ACM International Conference on Cyber-Physical Systems (ICCPS). Chicago, Illinois, USA: IEEE Computer Society,2011:67-76.

[14] LIU K, YANG Z, LI M, et al. Oceansense: monitoring the sea with wireless sensor networks [J]. Mobile Computing and Communications Review,2010,14(2):7-9.

[15] LI M, LIU Y. Underground coal mine monitoring with wireless sensor networks[J]. ACM Transactions on Sensor Networks (TOSN), 2009, 5 (2):1-29.

[16] KIM S, OBERHEIM T, PAKZAD S, et al. Structural health monitoring of the Golden Gate Bridge[J/OL]. Uc Berkeley Nest Retreat Presentation, 2003, 1 (2): 223-243. [2015-6-30]. http://www. cs. berkeley. edu/~binetude/ggb/.

[17] KIM S, PAKZAD S, CULLER D, et al. Health monitoring of civil infrastructures using wireless sensor networks [C]//Proceedings of the 6th International Conference on Information Processing in Sensor Networks (IPSN). Cambridge, Massachusetts, USA: ACM,2007:254-263.

[18] KIM S, PAKZAD S, CULLER D, et al. Wireless sensor networks for structu-ral health monitoring [C]//Proceedings of the 4th International Conference on Embedded Networked Sensor Systems (SenSys). Boulder, Colorado, USA: ACM,2006:427-428.

[19] BOCCA M, TOIVOLA J, ERIKSSON L M, et al. Structural health monitoring in wireless sensor networks by the embedded goertzel algorithm[C]//Proceedings of IEEE/ACM International Conference on

Cyber-Physical Systems (ICCPS). Chicago: IEEE Computer Society, 2011:206-214.

[20] JINDAL A, LIU M. Networked computing in wireless sensor networks for structural health monitoring[J]. CoRR, 2010, abs/1008.2798(1):1-14.

[21] Smarter Planet [Z/OL]. [2015-5-10]. http://www.ibm.com/smarterplanet/cn/zh/.

[22] Crossbow Telosb [Z/OL]. [2015-5-2]. http://www.memsic.com/userfiles/files/Datasheets/WSN/telosb—datasheet.pdf.

[23] CONSIDINE J, LI F, KOLLIOS G, et al. Approximate aggregation techniques for sensor databases[C]//Proceedings of the 20th International Conference on Data Engineering (ICDE). Boston, MA, USA: IEEE Computer Society,2004:449-460.

[24] DELIGIANNAKIS A, KOTIDIS Y, ROSSOPOULOS N. Processing approximate aggregation queries in wireless senor networks [J]. Information Systems,2006,31(8):770-792.

[25] CHU D, DESHPANDE A, HELLERSTEIN J, et al. Approximate data collection in sensor networks using probabilistic models[C]//Proceedings of the 22nd International Conference on Data Engineering (ICDE). Atlanta, GA, USA: IEEE Computer Society,2006:48-59.

[26] CHATTERJEA S, HAVINGA P J M. An adaptive and autonomous sensor sampling frequency control scheme for energy-efficient data acquisition in wireless sensor networks[C]//Proceedings of the 4th IEEE International Conference Distributed Computing in Sensor Systems (DCOSS). Santorini Island, Greece: Springer,2008:60-78.

[27] LAW Y W, CHATTERJEA S, JIN J, et al. Energy-efficient data acquisition by adaptive sampling for wireless sensor networks [C]// Proceedings of the International Conference on Wireless Communications and Mobile Computing: Connecting the World Wirelessly (IWCMC). Leipzig, Germany: ACM,2009:1146-1151.

[28] GUPTA M, SHUM L V, BODANESE E L, et al. Design and evaluation of an adaptive sampling strategy for a wireless air pollution sensor network [C]//Proceedings of IEEE 36th Conference on Local Computer Networks (LCN). Bonn, Germany: IEEE Computer Society,2011:1003-1010.

[29] ALIPPI C, ANASTASI G, FRANCESCO M D, et al. An adaptive

sampling algorithm for effective energy management in wireless sensor networks with energy-hungry sensors [J]. IEEE Transactions on Instrumentation and Measurement (TIM),2010,59(2):335-344.

[30] ABADI D J, MADDEN S, LINDNER W. Reed: robust, efficient filtering and event detection in sensor networks[C]//Proceedings of the 31st International Conference on Very Large Data Bases (VLDB). Trondheim, Norway: ACM,2005:769-780.

[31] DONG M, OTA K, LI X, et al. Harvest: a task-objective efficient data collection scheme in wireless sensor and actor networks[C]//Proceedings of 3rd International Conference on Communications and Mobile Computing (CMC). Qingdao, China: IEEE Computer Society,2011:485-488.

[32] LIU C, WU K, PEI J. An energy-efficient data collection framework for wireless sensor networks by exploiting spatiotemporal correlation[J]. IEEE Transaction on Parallel and Distribute Systems (TPDS),2007,18(7):1010-1023.

[33] DESHPANDE A, GUESTRIN C, MADDEN S R, et al. Model-driven data acquisition in sensor networks [C]//Proceedings of the 30th International Conference on Very Large Data Bases (VLDB). Toronto, Canada: ACM,2004:588-599.

[34] GEDIK B, LIU L, YU P S. Asap: an adaptive sampling approach to data collection in sensor networks [J]. IEEE Transaction on Parallel and Distribute Systems (TPDS),2007,18(12):1766-1783.

[35] CHEN T, GUO D, CHEN H, et al. Utilizing temporal highway for data collection in asynchronous duty-cycling sensor networks[C]//Proceedings of 5th International Conference on Wireless Algorithms, Systems and Applications (WASA). Beijing, China: Springer,2010:110-114.

[36] WADA H, BOONMA P, SUZUKI J. Macroprogramming spatio-temporal event detection and data collection in wireless sensor networks: an implementation and evaluation study[C]//Proceedings of 41st Hawaii International Conference on Systems Science (HICSS). Waikoloa, Big Island, HI, USA: IEEE Computer Society,2008:498.

[37] LEE H, KESHAVARZIAN A, AGHAJAN H. Near-lifetime-optimal data collection in wireless sensor networks via spatio-temporal load balancing[J]. ACM Transactions on Sensor Networks (TOSN),2010,6

(3):1-32.

[38] JIANG H, JIN S, WANG C. Prediction or not? An energy-efficient framework for clustering-based data collection in wireless sensor networks [J]. IEEE Trans. Parallel Distrib. Syst. ,2011,22(6):1064-1071.

[39] CHU D, DESHPANDE A, HELLERSTEIN J M, et al. Approximate data collection in sensor networks using probabilistic models [C]// Proceedings of the 22nd International Conference on Data Engineering (ICDE). Atlanta, GA, USA: IEEE Computer Society,2006:48-59.

[40] DESHPANDE A, GUESTRIN C, MADDEN S, et al. Using probabilistic models for data management in acquisitional environments[C]//Proceedings of the 2nd Biennial Conference on Innovative Data Systems Research (CIDR). Asilomar, CA, USA: Online Proceedings,2006:317-328.

[41] HUANG Z, WANG L, YI K, et al. Sampling based algorithms for quantile computation in sensor networks[C]//Proceedings of the ACM SIGMOD International Conference on Management of Data (SIGMOD). Athens, Greece: ACM,2011:745756.

[42] AMATO F, CASOLA V, GAGLIONE A, et al. A semantic enriched data model for sensor network interoperability [J]. Simulation Modeling Practice and Theory,2011,19(8):1745-1757.

[43] IBRAHIM I K, KRONSTEINER R, KOTSIS G. A semantic solution for data integration in mixed sensor networks[J]. Computer Communications, 2005,28(13):1564-1574.

[44] GIROD L, ESTRIN D. Robust range estimation using acoustic and multimodal sensing [C]//Proceedings of IEEE/RSJ International Conference on Intelligent Robots and Systems. Hawaii, USA: IEEE Computer Society,2001:1312-1320.

[45] SAVVIDES A, HAN C C, STRIVASTAVA M B. Dynamic fine-grained localization in ad-hoc networks of sensors[C]//Proceedings of the 7th Annual International Conference on Mobile Computing and Networking (MOBICOM). Rome, Italy: ACM,2001:166-179.

[46] NICULESCU D, NATH B. Ad hoc positioning system (aps) using aoa [C]//Proceedings of the 22nd Annual Joint Conference of the IEEE Computer and Communications Societies (INFOCOM). San Franciso, CA, USA: IEEE Computer Society,2003:1734-1743.

[47] BAHL P, PADMANABHAN V N. Radar: An in-building rf-based user location and tracking system [C]//Proceedings of 19th Annual Joint Conference of the IEEE Computer and Communications Societies (INFOCOM). Tel Aviv, Israel: IEEE Computer Society, 2000: 775-784.
[48] HE T, HUANG C, BLUM B M, et al. Range-free localization schemes for large scale sensor networks [C]//Proceedings of the 9th Annual International Conference on Mobile Computing and Networking (MOBICOM). San Diego, CA, USA: ACM, 2003: 81-95.
[49] NICULESCU D, NATH B. Ad-hoc positioning system[C]//Proceedings of the 9th Annual International Conference on Mobile Computing and Networking (MOBICOM). Rome, Italy: ACM, 2003: 2926-2931.
[50] LI M, LIU Y. Rendered path: range-free localization in anisotropic sensor networks with holes[J]. IEEE/ACM Transactions on Networking, 2010, 18(1): 320332.
[51] LI M, JIANG X, GUIBAS L. Fingerprinting mobile user positions in sensor networks [C]//Proceedings of International Conference on Distributed Computing Systems (ICDCS). Genova, Italy: IEEE Computer Society, 2010: 478-487.
[52] MELLY T, PORRET A S, ENZ C C, et al. A 1. 2V, 430mHz, 4dbm power amplifier and a 250μW front-end, using a standard digital CMOS process [C]//Proceedings of International Symposium on Low Power Electronics and Design (ISLPED). New York, NY, USA: ACM, 1999: 233-237.
[53] FAVRE P, JOEHL N, VOUILLOZ A, et al. A 2-V 600-μA 1-GHz Bi CMOS super-regenerative receiver for ISM applications[J]. IEEE Journal of Solid-State Circuits, 1998, 33(12): 2186-2196.
[54] SHIH E, CHO S H, ICKES N, et al. Physical layer driven protocol and algorithm design for energy-efficient wireless sensor networks [C]// Proceedings of ACM Annual International Conference on Mobile Computing and Networking (MOBICOM). ACM, 2001: 272-287.
[55] SHIH E, CALHOUN B H, CHO S, et al. Energy-efficient link layer for wireless microsensor networks [C]//Proceedings of the IEEE Computer Society Workshop on VLSI (WVLSI) 2001. Washington, DC, USA: IEEE Computer Society, 2001: 16.

[56] CHIEN C, ELGORRIAGA I, MCCONAGHY C. Low-power direct-sequence spreadspectrum modem architecture for distributed wireless sensor networks[C]//Proceedings of the 2001 International Symposium on Low Power Electronics and Design (ISLPED). New York, NY, USA: ACM,2001:251-254.

[57] LEVIS P, MADDEN S, GAY D, et al. The emergence of networking abstractions and techniques in Tiny OS[C]//Proceedings of the First USENIX/ACM Symposium on Networked Systems Design and Implementation (NSDI). San Francisco, CA, USA: ACM,2004:1-14.

[58] WOO A, CULLER D E. A transmission control scheme for media access in sensor networks[C]//ACM Annual International Conference on Mobile Computing and Networking (MOBICOM). Rome, Italy: ACM,2001:221-235.

[59] WARNEKE B, LAST M, LIEBOWITZ B, et al. Smart dust: communicating with a cubicmillimeter computer[J]. IEEE Computer, 2001,34(1):2-9.

[60] HUANG J, LIU S, XING G, et al. Accuracy-aware interference modeling and measurement in wireless sensor networks[C]//Proceedings of International Conference on Distributed Computing Systems (ICDCS). Minneapolis, Minnesota, USA: IEEE Computer Society,2011:172-181.

[61] VAN DAM T, LANGENDOEN K. An adaptive energy-efficient mac protocol for wireless sensor networks[C]//Proceedings of 1st ACM Conference on Embedded Networked Sensor Systems. Los Angeles, CA, USA: ACM,2003:171-180.

[62] YE W, HEIDEMANN J, ESTRIN D. An Energy-efficient mac protocol forwireless sensor network[C]//Proceedings of the 21st Annual Joint Conference of the IEEE Computer and Communications Societies (INFOCOM). New York, NY, USA: IEEE Computer Society, 2002: 1567-1576.

[63] BUETTENER M, YEE G V, ANDERSON E, et al. X-Mac: a short preamble mac protocol for duty-cycled wireless sensor networks[C]// Proceedings of the 4th ACM International Conference on Embedded Sensor Systems (SenSys). Boulder, Colorado, USA: ACM,2006:307-320.

[64] POLASTRE J, HILL J, CULLER D. Versatile low power media access for wireless sensor networks[C]//Proceedings of 2nd ACM Conference on

Embedded Networked Sensor Systems (SenSys). Baltimore, MD, USA: ACM,2004:95-107.

[65] ARISHA K, YOUSSEF M, YOUNIS M. Energy-aware TDMA-based Mac for sensor networks [C]//Proceedings of IEEE Workshop on Integrated Management of Power Aware Communications, Computing and Networking (IMPACCT). New York , NY, USA: IEEE Computer Society,2002:1-11.

[66] BAO L, GARCIA-LUNA-ACEVES J. A new approach to channel access sche-duling for Ad Hoc networks[C]//The 7th Annual International Conference on Mobile Computing and Networking (MOBICOM). Rome, Italy: ACM,2001:210-221.

[67] CARLEY T W, BA M A, BARUA R, et al. Contention-free periodic message scheduler medium access control in wireless sensor/ actuator networks[C]//Proceedings of the 24th IEEE International Real-Time Systems Symposium (RTSS). Washington, DC, USA: IEEE Computer Society,2003:298.

[68] RAJENDRAN V, OBRACZKA K, GARCIA-LUNA-ACEVES J. Energy-efficient collision-free medium access control for wireless sensor networks [C]//Proceedings of the 1st International Conference on Embedded Networked Sensor Systems (Sensys). New York, NY, USA: ACM, 2003:181-192.

[69] LU G, KRISHNAMACHARI B, RAGHAVENDRA C S. An adaptive energy-efficient and low-iatency Mac for data gathering in wireless sensor networks [C]//Proceedings of the 18th International Parallel and Distributed Processing Symposium (IPDPS). Washington, DC, USA: IEEE Computer Society,2004.

[70] DEGESYS J, ROSE I, PATEL A, et al. Desync: self-organizing desynchronization and TDMA on wireless sensor networks[C]//Proceedings of the 6th International Conference on Information Processing in Sensor Networks (IPSN). New York, NY, USA: ACM,2007:11-20.

[71] SHA M, XING G, ZHOU G, et al. C-Mac: model-driven concurrent medium access control for wireless sensor networks[C]//Proceedings of the 28th IEEE International Conference on Computer Communications (INFOCOM). Rio de Janeiro, Brazil: IEEE Computer Society,2009:1845-1853.

[72] TANG L, SUN Y, GUREWITZ O, et al. Pw-Mac: an energy-efficient predictive-wakeup Mac protocol for wireless sensor networks [C]//Proceedings of IEEE International Conference on Computer Communications (INFOCOM). Shanghai, China: IEEE Computer Society,2011:1305-1313.

[73] WATTEYNE T, AUGÉ-BLUM I, UBÉDA S. Dual-mode real-time Mac protocol forwireless sensor networks: a validation/simulation approach [C]//Proceedings of the 1st International Conference in Integrated Internet Ad Hoc and Sensor Networks (InterSense). Nice, France: ACM,2006:11-20.

[74] TENG Z, KIM K I. A survey on real-time Mac protocols in wireless sensor networks[J]. Communications and Network,2010,2(2):104-112.

[75] SINGH B K, TEPE K E. Feedback based real-time Mac (rt-Mac) protocol for wireless sensor networks [C]//Proceedings of the Global Communications Conference (GLOBECOM). Honolulu, Hawaii, USA: IEEE Computer Society,2009:1-6.

[76] INCEL O D, VAN HOESEL L, JANSEN P, et al. MC-LMAC: a multi-channel Mac protocol for wireless sensor networks[J]. Ad Hoc Networks, 2011,9(1):73-94.

[77] FARD G H E, MONSEFI R. Mamac: a multi-channel asynchronous Mac protocol for wireless sensor networks[C]//Proceedings of International Conference on Broadband, Wireless Computing, Communication and Applications (BWCCA). Barcelona, Spain: IEEE Computer Society, 2011:91-98.

[78] ZHOU R Z, ZHENG J P, CUI J H, et al. Handling triple hidden terminal problems for multi-channel Mac in long-delay underwater sensor networks[C]//Proceedings of the 29th IEEE International Conference on Computer Communications (INFOCOM). San Diego, CA, USA: IEEE Computer Society,2010:371-375.

[79] KRANAKIS E, SINGH H, URRUTIA J. Compass routing on geometric networks [C]//Proceedings of the 11th Canadian Conference on Computational Geometry (CCCG). Vancouver, British Columbia, Canada: UBC,1999:51-54.

[80] KARP B, KUNG H T. GPSR: greedy perimeter stateless routing for wireless network [C]//Proceedings of the 6th Annual International

Conference on Mobile Computing and Networking (MOBICOM). Boston, MA, USA: ACM,2000:243-254.
[81] NEWSOME, SONG D. GEM: graph embedding for routing and data centric storage in sensor networks without geographic information[C]//Proceedings of the 1st International Conference on Embedded Networked Sensor Systems (SenSys). Los Angeles, CA, USA: ACM,2003:76-88.
[82] CARUSO A, CHESSA S, DE S. GPS free coordinate assignment and routing in wireless sensor networks[C]//Proceedings of the 24th Annual Joint Conference of the IEEE Computer and Communications Societies (INFOCOM). Miami, FL, USA: IEEE Computer Society,2005:150-160.
[83] BRUCK J, GAO J, JIANG A. Map: medial axis based geometric routing in sensor networks[C]//Proceedings of the 11th Annual International Conference on Mobile Computing and Networking (MOBICOM). Cologne, Germany: ACM,2005:88102.
[84] KIM Y J, GOVINDAN R, KARP B. Lazy cross-link removal for geographic routing[C]//Proceedings of the 4th International Conference on Embedded Networked Sensor Systems (SenSys). Boulder, Colorado, USA: ACM,2006:112-124.
[85] ZORZI M, RAO R R. Energy and latency performance of geographic random Forwarding for Ad Hoc and sensor networks[C]//IEEE Wireless Communications and Networking. New Orleans, Louisiana: IEEE Computer Society,2003:1930-1935.
[86] FANG Q, GAO J, GUIBAS L, et al. Glider: gradient landmark-based distributed routing for sensor networks[C]//Proceedings of the 24th Annual Joint Conference of the IEEE Computer and Communications Societies (INFOCOM). Miami, FL, USA: IEEE Computer Society, 2005:339-350.
[87] WAN P J, WANG L. Asymptotic distribution of critical transmission radius for greedy forward routing[C]//Proceedings of IEEE International Conference on Computer Communications (INFOCOM). Shanghai, China: IEEE Computer Society,2011:981-989.
[88] BURAGOHAIN C, AGRAWAL D, SURI S. Power aware routing for sensor databases[C]//Proceedings of the 24th Annual Joint Conference of the IEEE Computer and Communications Societies (INFOCOM). Miami,

FL, USA: IEEE Computer Society,2005:1747-1757.

[89] SHAH R C, RABAEY J M. Energy aware routing for low energy Ad Hoc sensor networks [C]//Proceedings of Wireless Communications and Networking Conference (WCNC 2002). Florida, USA: IEEE Computer Society, 2002:350-355.

[90] CERPA A, ESTRIN D. Ascent: adaptive self-configuring sensor networks topologies[C]//Proceedings of the 21st Annual Joint Conference of the IEEE Computer and Communications Societies (INFOCOM). New York, NY, USA: IEEE Computer Society,2002:1278-1287.

[91] XU Y, HEIDEMANN J, ESTRIN D. Geography-informed energy conservation for Ad Hoc routing[C]//Proceedings of the 7th Annual International Conference on Mobile Computing and Networking (MOBICOM). Rome, Italy: ACM,2001:70-84.

[92] CHEN B, JAMIESON K, BALAKRISHNAN H, et al. Span: an energy-efficient ocordination algorithm for topology maintenance in Ad Hoc wireless networks[J]. ACM Wireless Networks Journal,2002,8(5):481-494.

[93] HEINZELMAN W, CHANDRAKASAN A, BALAKRISHNAN H. An application-speci-fic protocol architecture for wireless microsensor networks[J]. IEEE Transactions on Wireless Communications,2002,1(4):660-670.

[94] LINDSEY S, RAGHAVENDRA C S. Pegasis: power-efficient gathering in sensor information systems [C]//Proceedings of IEEE Aerospace Conference. Singapore: IEEE Computer Society,2002:1125-1130.

[95] LINDSEY S, RAGHAVENDRA C, SIVALINGAM K. Data gathering in sensor networks using the energy delay metric[C]//Proceedings of the 15th International Parallel and Distributed Processing Symposium (IPDPS). San Francisco, CA, USA: IEEE Computer Society,2001:2001-2008.

[96] MANJESHWAR A, AGRAWAL D P. Teen: a protocol for enhanced efficiency in wireless sensor networks [C]//Proceedings of the 15th International Pa-rallel and Distributed Processing Symposium (IPDPS). San Francisco, CA, USA: IEEE Computer Society,2001:2009-2015.

[97] HONG J, HEO J, CHO Y. Earq: energy aware routing for real-time and reliable communication in wireless industrial sensor networks[J]. IEEE Transactions on Industrial Informatics,2009,5(1):3-11.

[98] ZHENG M, LIANG W, ZHANG X, et al. Joint rate control and routing for energy-constrained wireless sensor networks with the real-time requirement[C]//Proceedings of the Global Communications Conference (GLOBECOM). Honolulu, Hawaii, USA: IEEE Computer Society, 2009:1-6.

[99] HUANG C, WANG G. Contention-based beaconless real-time routing protocol for wireless sensor networks[J]. Wireless Sensor Network,2010,2(7):528-537.

[100] WU G, LIN C, XIA F, et al. Dynamical jumping real-time fault-tolerant routing protocol for wireless sensor networks[J]. CoRR, 2010, abs/1004.2322(3):24162437.

[101] RAO L, LIU X, KANG K D, et al. Optimal joint multi-path routing and sampling rates assignment for real-time wireless sensor networks[C]//Proceedings of IEEE International Conference on Communications (ICC). Kyoto, Japan: IEEE Computer Society,2011:1-5.

[102] QUANG P T A, KIM D S. Enhancing real-time delivery of gradient routing for industrialwireless sensor networks[J]. IEEE Transactions on Industrial Informatics,2012,8(1):61-68.

[103] SANKARASUBRAMANIAM Y, AKAN O, AKYILDIZ I. ESRT: event-to-sink reliable transport in wireless sensor networks [C]//Proceedings of the 4th ACM International Symposium on Mobile Ad Hoc Networking and Computing (MobiHoc). Annapolis, Maryland, USA: ACM,2003:177-188.

[104] WAN C, EISENMAN S, CAMPBELL A. Coda: congestion detection and avoidance in sensor networks [C]//Proceedings of the 1st International Conference on Embedded Networked Sensor Systems (Sensys). Los Angeles, CA, USA: ACM,2003:266-279.

[105] ZAREI M, RAHMANI A M, FARAZKISH R. CCTF: congestion control protocol based on trustworthiness of nodes in wireless sensor networks using fuzzy logic[J]. International Journal of Ad Hoc and Ubiquitous Computing,2011,8(1/2):54-63.

[106] ZAREI M, RAHMANI A M, FARAZKISH R, et al. FCCTF: fairness congestion control for a distrustful wireless sensor network using fuzzy logic[C]//Proceedings of 10th International Conference on Hybrid

Intelligent Systems (HIS). Atlanta, GA, USA: IEEE Computer Society,2010:1-6.

[107] SURI N, SHAIKH F K, KHELIL A, et al. TRCCIT: tunable reliability with congestion control for information transport in wireless sensor networks [C]//Proceedings of the 5th Annual International Conference on Wireless Internet (WICON). Singapore: IEEE Computer Society,2010:1-9.

[108] FANG Y L, SHIUAN Y C. A rate-allocation based multi-path congestion control scheme for event-driven wireless sensor networks [C]//Proceedings of the 1st International Conference on Data Compression, Communications and Processing (CCP). Palinuro, Cilento Coast, Italy: IEEE Computer Society,2011:293-298.

[109] BICEN A O, AKAN O B. Reliability and congestion control in cognitive radio sensor networks[J]. Ad Hoc Networks,2011,9(7):1154-1164.

[110] YU B, LI J. Making aggregation scheduling usable in wireless sensor networks: an opportunistic approach [C]//Proceedings of the 8th International Conference on Mobile Adhoc and Sensor Systems (MASS). Valencia, Spain: IEEE Computer Society, 2011:666-671.

[111] YU B, LI J, LI Y. Distributed data aggregation scheduling in wireless sensor networks [C]//Proceedings of the 28th IEEE International Conference on Computer Communications (INFOCOM). Rio de Janeiro, Brazil: IEEE Computer Society,2009:2159-2167.

[112] LI Y, GUO L, PRASAD S K. An energy-efficient distributed algorithm for minimumlatency aggregation scheduling in wireless sensor networks[C]//Proceedings of International Conference on Distributed Computing Systems (ICDCS). Genova, Italy: IEEE Computer Society,2010:827-836.

[113] WAN P J, HUANG S C H, WANG L, et al. Minimum-latency aggregation scheduling in multihop wireless networks[C]//Proceedings of the 10th ACM International Symposium on Mobile Ad Hoc Networking and Computing (MobiHoc). New Orleans, LA, USA: ACM,2009:185-194.

[114] ZHANG H, MA H, LI X. Estimate aggregation with delay constraints in multihop wireless sensor networks[C]//Proceedings of IEEE/ACM International Conference on Cyber-Physical Systems (ICCPS). Chicago:

IEEE Computer Society,2011:184-193.

[115] WAN P J, FRIEDER O, JIA X, et al. Wireless link scheduling under physical interference model [C]//Proceedings of the 30th IEEE International Conference on Computer Communications (INFOCOM). Shanghai, China: IEEE Computer Society,2011:838-845.

[116] WAN P J, CHENG Y, WANG Z, et al. Multiflows in multi-channel multi-radio multihop wireless networks[C]//Proceedings of the 30th IEEE International Conference on Computer Communications (INFOCOM). Shanghai, China: IEEE Computer Society,2011:846-854.

[117] NIE J, LI D, HAN Y. Optimization of multiple gateway deployment for underwater acoustic sensor networks [J]. Computer Science and Information Systems,2011,8(4):1073-1095.

[118] IBRAHIM S, AMMAR R A, CUI J H. Surface gateway placement strategy for maximizing underwater sensor network lifetime [C]// Proceedings of the 15th IEEE Symposium on Computers and Communications (ISCC). Riccione, Italy: IEEE Computer Society,2010: 342-346.

[119] DA SILVA CAMPOS B, RODRIGUES J J P C, OLIVEIRA L M L, et al. Design and construction of a wireless sensor and actuator network gateway based on 6LoWPAN[C]//Proceedings of International Conference on Computer as a Tool (EUROCON). Lisbon, Portugal: IEEE Computer Society,2011:1-4.

[120] DAMASO A V L, de OLIVEIRA DOMINGUES J P, ROSA N S. Sage: sensor advanced gateway for integrating wireless sensor networks and internet [C]//Proceedings of the 3rd International Symposium on Applications of Ad Hoc and Sensor Networks (AINA Workshops). Perth, Australia: IEEE Computer Society,2010:698-703.

[121] CAPONE A, CESANA M, DONNO D D, et al. Deploying multiple interconnected gateways in heterogeneous wireless sensor networks: an optimization approach[J]. Computer Communications, 2010, 33 (10): 1151-1161.

[122] BANDYOPADHYAY S, COYLE E. An energy efficient hierarchical clustering algorithm for wireless sensor networks[C]//Proceedings of the 22nd Annual Joint Conference of the IEEE Computer and

Communications Societies (INFOCOM). San Franciso, CA, USA: IEEE Computer Society,2003,3:1713-1723.

[123] YOUNIS O, FAHMY S. Distributed clustering in Ad-Hoc sensor networks: a hybrid, energy-efficient approach[C]//Proceedings of the 23rd Annual Joint Conference of the IEEE Computer and Communications Societies (INFOCOM). Hong Kong, China: IEEE Computer Society,2004,1:629-640.

[124] CHAN H, PERRIG A. Ace: An emergent algorithm for highly uniform cluster formation[C]//Proceedings of the 1st European Workshop on Wireless Sensor Networks (EWSN). Berlin, Germany: Springer,2004: 154-171.

[125] JIANG H, ZHANG S, TAN G, et al. Cabet: connectivity-based boundary extraction of large-scale 3d sensor networks[C]//Proceedings of the 30th IEEE International Conference on Computer Communications (INFOCOM). Shanghai, China: IEEE Computer Society,2011:784-792.

[126] REICH J, MISRA V, RUBENSTEIN D, et al. Connectivity maintenance in mobile wireless networks via constrained mobility[C]//Proceedings of the 30th IEEE International Conference on Computer Communications (INFOCOM). Shanghai, China: IEEE Computer Society,2011:927-935.

[127] DONG D, LIU Y, LIAO X, et al. Fine-grained location-free planarization in wireless sensor networks[C]//Proceedings of the 30th IEEE Interna-tional Conference on Computer Communications (INFOCOM). Shanghai, China: IEEE Computer Society, 2011: 1044-1052.

[128] ZHOU H, WU H, XIA S, et al. A distributed triangulation algorithm for wireless sensor networks on 2d and 3d surface[C]//Proceedings of the 30th IEEE International Conference on Computer Communications (INFOCOM). Shanghai, China: IEEE Computer Society,2011:1053-1061.

[129] DU H, YE Q, WU W, et al. Constant approximation for virtual backbone construction with guaranteed routing cost in wireless sensor networks[C]//Proceedings of the 30th IEEE International Conference on Computer Communications (INFOCOM). Shanghai, China: IEEE Computer Society,2011:1737-1744.

[130] XING L, SHRESTHA A. Qos reliability of hierarchical clustered

wireless sensor networks[C]//Proceedings of the 25th IEEE International Performance Computing and Communications Conference (IPCCC). Phoenix, Arizona, USA: IEEE Computer Society,2006:646-630.

[131] VU K, ZHENG R. Robust coverage under uncertainty in wireless sensor networks[C]//Proceedings of the 30th IEEE International Conference on Computer Communications (INFOCOM). Shanghai, China: IEEE Computer Society,2011:2015-2023.

[132] WANG J, LIU Y, LI M, et al. Qof: towards comprehensive path quality measurement in wireless sensor networks[C]//Proceedings of the 30th IEEE International Conference on Computer Communications (INFOCOM). Shanghai, China: IEEE Computer Society,2011:775-783.

[133] WANG Y, CAO G. Minimizing service delay in directional sensor networks[C]//Proceedings of the 30th IEEE International Conference on Computer Communications (INFOCOM). Shanghai, China: IEEE Computer Society,2011:1790-1798.

[134] SHAMY K, BARGHI S, ASSI C. Efficient rate adaptation with Qos support in wireless networks[J]. Ad Hoc Networks,2010,8(1):119-133.

[135] SHAMY K, BARGHI S, ASSI C. Efficient rate adaptation with Qos support in wireless networks[J]. Ad Hoc Networks,2010,8(1):119-133.

[136] MASOUDIFAR M. A review and performance comparison of Qos multicast routing protocols for manets[J]. Ad Hoc Networks,2009,7(6):1150-1155.

[137] CHEN Y, NASSER N. Enabling Qos multipath routing protocol for wireless sensor networks[C]//Proceedings of IEEE International Conference on Communications (ICC). Beijing, China: IEEE Computer Society,2008:2421-2425.

[138] ZHOU G, WAN C Y, YARVIS M D, et al. Aggregator-centric Qos for body sensor networks[C]//Proceedings of the 6th International Conference on Information Processing in Sensor Networks (IPSN). Cambridge, Massachusetts, USA: ACM,2007:539-540.

[139] ELSON J, GIROD L, ESTRIN D. Fine-grained network time synchronization using reference broadcasts[C]//The Fifth Symp on Operating Systems Design and Implementation (OSDI). Boston, MA, USA: USENIX Association,2002:147-163.

[140] ELSON J, RÖMER K. Wireless sensor networks: a new regime for time synchronization[J]. ACM SIGCOMM Computer Communication Review, 2003,33(1):149-154.

[141] SICHITUI M L, VEERARITTIPHAN C. Simple accurate time synchronization for wireless sensor networks [C]//IEEE Wireless Communication and Networking Conference (WCNC'2003). New Orleans, USA: IEEE Computer Society,2003:12661273.

[142] BEN-EL-KEZADRI R, PAU G, CLAVEIROLE T. Turbosync: clock synchronization for shared media networks via principal component analysis with missing data [C]//Proceedings of the 30th IEEE International Conference on Computer Communications (INFOCOM). Shanghai, China: IEEE Computer Society,2011:1170-1178.

[143] LIU K, MA Q, ZHAO X, et al. Self-diagnosis for large scale wireless sensor networks [C]//Proceedings of the 30th IEEE International Conference on Computer Communications (INFOCOM). Shanghai, China: IEEE Computer Society,2011:1539-1547.

[144] LIU Y, LIU K, LI M. Passive diagnosis for wireless sensor networks[J]. IEEE/ACM Transactions on Networking (TON),2010,18(4):1132-1144.

[145] COUILLET R, HACHEM W. Local failure detection and diagnosis in large sensor networks[J]. CoRR, 2011, abs/1107. 1409(1):1-16.

[146] MAHAPATRO A, KHILAR P M. Sddp: scalable distributed diagnosis protocol for wireless sensor networks [C]//Proceedings of 4th International Conference on Contemporary Computing (IC3). Noida, India: Springer,2011:69-80.

[147] NATH S, GIBBONS P B, SESHAN S, et al. Synopsis diffusion for robust aggregation in sensor networks[C]//Proceedings of the 2nd International Conference on Embedded Networked Sensor Systems (SenSys). Baltimore, MD, USA: ACM,2004:250262.

[148] CONSIDINE J, HADJIELEFTHERIOU M, LI F, et al. Robust approximate aggregation in sensor data management systems[J]. ACM Transactions on Database Systems (TODS),2009,34(1):1-35.

[149] FAN Y C, CHEN A L P. Efficient and robust sensor data aggregation using linear counting sketches [C]//Proceedings of the 22nd IEEE International Symposium on Parallel and Distributed Processing

(IPDPS). Miami, Florida USA: IEEE Computer Society,2008:1-12.

[150] DELIGIANNAKIS A, KOTIDIS Y, ROUSSOPOULOS N. Hierarchical in-network data aggregation with quality guarantees[C]//Proceedings of the 9th International Conference on Extending Database Technology (EDBT). Heraklion, Greece: Springer,2004:658-675.

[151] CORMODE G, GAROFALAKIS M N, MUTHUKRISHNAN S, et al. Holistic aggregates in a networked world: distributed tracking of approximate quantiles [C]//Proceedings of the ACM SIGMOD International Conference on Management of Data (SIGMOD). Baltimore, Maryland, USA: ACM,2005:25-36.

[152] DELIGIANNAKIS A, KOTIDIS Y, ROUSSOPOULOS N. Processing approximate aggregate queries in wireless sensor networks[J]. Inf. Syst. ,2006,31(8):770-792.

[153] HARTL G, LI B. Infer: a bayesian inference approach towards energy efficient data collection in dense sensor networks [C]//Proceedings of the 25th International Conference on Distributed Computing Systems (ICDCS). Columbus, OH, USA: IEEE Computer Society,2005:371-380.

[154] SILBERSTEIN A, PUGGIONI G, GELFAND A, et al. Making sense of suppressions and failures in sensor data: a bayesian approach[C]//Proceedings of the 33rd International Conference on Very Large Data Bases (VLDB). Vienna, Austria: ACM,2007:842-853.

[155] MADDEN S, FRANKLIN M, HELLERSTEIN J, et al. Tag: a tiny aggregation service for ad hoc sensor networks[C]//The 5th Symposium on Operating System Design and Implementation (OSDI). Boston, MA, USA: USENIX Association,2002:133-146.

[156] CAO P, WANG Z. Efficient top-*k* query calculation in distributed networks [C]//Proceedings of the Twenty-Third Annual ACM Symposium on Principles of Distributed Computing (PODC). Newfoundland, Canada: ACM,2004:206-215.

[157] YU H, LI H G, WU P, et al. Efficient processing of distributed top-*k* queries[C]//16th International Conference Database and Expert Systems Applications (DEXA). Copenhagen, Denmark: Springer,2005:65-74.

[158] ZEINALIPOUR-YAZTI D, VAGENA Z, GUNOPULOS D, et al. The threshold join algorithm for top-*k* queries in distributed sensor networks

[C]//Proceedings of the 2nd Workshop on Data Management for Sensor Networks (DMSN). Trondheim, Norway: ACM, 2005:61-66.

[159] AKBARINIA R, PACITTI E, VVLDURIEZ P. Best position algorithms for top-*k* queries[C]//Proceedings of the 33rd International Conference on Very Large Data Bases (VLDB). Vienna, Austria: ACM, 2007:495-506.

[160] WU M, XU J, TANG X, et al. Top-*k* monitoring in wireless sensor networks[J]. IEEE Transactions on Knowledge and Data Engineering (TKDE),2007,19(7):926976.

[161] ZEINALIPOUR- YAZTI D, LIN S, GUNOPULOS D. Distributed spatio-temporal similarity search[C]//Proceedings of the International Conference on Information and Knowledge Management (CIKM). Arlington, Virginia, USA: ACM,2006:14-23.

[162] BABCOCK B, OLSTON C. Distributed top-*k* monitoring [C]// Proceedings of the ACM SIGMOD International Conference on Management of Data (SIGMOD). San Diego, CA, USA: ACM Press, 2003:28-39.

[163] MICHEL S, TRIANTAFILLOU P, WEIKUM G. Klee: a framework for distributed top-*k* query algorithms [C]//Proceedings of the 31st International Conference on Very Large Data Bases (VLDB). Trondheim, Norway: ACM,2005:637-648.

[164] SILBERSTEIN A, BRAYNARD R, ELLIS C S, et al. A sampling-based approach to optimizing top-*k* queries in sensor networks[C]//Proceedings of the 22nd International Conference on Data Engineering (ICDE). Atlanta, GA, USA: IEEE Computer Society,2006:68-78.

[165] SU I F, CHUNG Y C, LEE C, et al. Efficient skyline query processing in wireless sensor networks [J]. Journal of Parallel and Distributed Computing,2010,70(6):680-698.

[166] WU Z, WANG M, YUAN L, et al. Optimized routing structure based skyline query algorithm in wireless sensor network[C]//Proceedings of the 2nd International Conference on BioMedical Engineering and Informatics (BMEI). Tianjin, China: IEEE Computer Society,2009:1-5.

[167] XIN J, WANG G, CHEN L, et al. Energy-efficient evaluation of multiple skyline queries over a wireless sensor network[C]//Proceedings of the 14th International Conference on Database Systems for Advanced

Applications (DASFAA). Brisbane, Australia: Springer,2009:247-262.

[168] XIN J, WANG G, CHEN L, et al. Continuously maintaining sliding window skylines in a sensor network [C]//Proceedings of the 12th International Conference on Database Systems for Advanced Applications (DASFAA). Bangkok, Thailand: Springer,2007:509-521.

[169] PAN L, LUO J, LI J. Probing queries in wireless sensor networks[C]// Proceedings of the 28th IEEE International Conference on Distributed Computing Systems (ICDCS). Beijing, China: IEEE Computer Society, 2008:546-553.

[170] DEMIRBAS M, FERHATOSMANOGLU H. Peer-to-peer spatial queries in sensor networks[C]//3rd International Conference on Peer-to-Peer Computing (P2P). Linkoping, Sweden: IEEE Computer Society,2003:32-39.

[171] LEE W C, ZHENG B. Dsi: a fully distributed spatial index for location-based wireless broadcast services [C]//Proceedings of the 25th International Conference on Distributed Computing Systems (ICDCS). Columbus, OH, USA: IEEE Computer Society,2005:349-358.

[172] WINTER J, LEE W C. Kpt: a dynamic *k*-NN query processing algorithm for location-aware sensor networks[C]//Proceedings of the 1st Workshop on Data Management for Sensor Networks (DMSN). Toronto, Canada: ACM,2004:119124.

[173] WINTER J, XU Y, LEE W C. Energy efficient processing of *k* nearest neighbor queries in location-aware sensor networks[C]//Proceedings of the 2nd Annual International Conference on Mobile and Ubiquitous Systems (MobiQuitous). San Diego, CA, USA: IEEE Communication Society,2005:281-292.

[174] WU S H, CHUANG K T, CHEN C M, et al. Di *k*-NN: an itinerary-based *k*-NN query processing algorithm for mobile sensor networks[C]// Procee dings of the 23rd International Conference on Data Engineering (ICDE) Istanbul, Turkey. Istanbul, Turkey: IEEE Computer Society, 2007:456-465.

[175] WU S H, CHUANG K T, CHEN C M, et al. Toward the optimal itinerary-based *k*-NN query processing in mobile sensor networks[J]. IEEE Transactions on Knowledge and Data Engineering,2008,20(12): 1655-1668.

[176] FU T Y, PENG W C, LEE W C. Parallelizing itinerary-based *k*-NN query processing in wireless sensor networks[J]. IEEE Transactions on Knowledge and Data Engineering,2010,22(5):711-729.

[177] FUT Y, ENG W C, LEE W C. Optimizing parallel itineraries for *k*-NN query processing in wireless sensor networks[C]//Proceedings of the 16th ACM Conference on Information and Knowledge Management (CIKM). Lisbon, Portugal: ACM, 2007:391-400.

[178] RAGHAVENDRA C S, SIVALINGAM M K, ZHATI T. Wireless Sensor Networks[M]. 1st ed., USA: Kluwer Academic Publishers, 2004:185-252.

[179] RATNASAMYS, KARP B, YIN L, et al. Ght: a geographic hash table for data-centric storage[C]//Proceedings of the 1st ACM International Workshop on Wireless Sensor Networks and Applications (WSNA). Atlanta, GA, USA: ACM,2002:78-87.

[180] BHATTACHARYA A, MEKA A, SINGH A K. Mist: distributed indexing and querying in sensor networks using statistical models[C]// Proceedings of the 33rd International Conference on Very Large Data Bases (VLDB). Vienna, Austria: ACM,2007:854-865.

[181] 李贵林,高宏.传感器网络中基于环的负载平衡数据存储方法[J].软件学报,2007,18(5):1173-1185.

[182] MATHUR G, DESNOYERS P, GANESAN D, et al. Capsule: an energy-optimized object storage system for memory-constrained sensor devices[C]// Proceedings of the 4th International Conference on Embedded Networked Sensor Systems (SenSys). Boulder, Colorado, USA: ACM,2006:195-208.

[183] DEEPAK G, DEBORAH E, JOHN H. Dimensions: why do we need a new data handling architecture for sensor networks[J]. ACM SIGCOMM Computer Communication Review,2003,33(1):143-148.

[184] GANESAN D, GREENSTEIN B, PERELYUBSKIY D, et al. An evaluation of multi-resolution storage for sensor networks [C]// Proceedings of the 1st International Conference on Embedded Networked Sensor Systems (SenSys). Los Angeles, California, USA: ACM,2003: 89-102.

[185] LI X, KIM Y J, GOVINDAN R, et al. Multi-dimensional range queries in sensor networks[C]//Proceedings of the 1st International Conference

on Embedded Networked Sensor Systems (SenSys). Los Angeles, California, USA: ACM,2003:6375.

[186] LEE J Y, LIM Y H, CHUNG Y D, et al. Data storage in sensor networks for multidimensional range queries [C]//Proceedings of Embedded 2nd International Conference Software and Systems (ICESS). Xi'an, China: Springer,2005:420-429.

[187] YEO M, SEONG D, CHO Y, et al. Huffman coding algorithm for compression of sensor data in wireless sensor networks[C]//Proceedings of the 2009 International Conference on Hybrid Information Technology (ICHIT). Daejeon, Korea: ACM,2009:296-301.

[188] HUA K, WANG H, WANG W, et al. Adaptive data compression in wireless body sensor networks [C]//Proceedings of the 13th IEEE International Conference on Computational Science and Engineering (CSE). Hong Kong, China: IEEE Computer Society,2010:1-5.

[189] CIANCIO A, ORTEGA A. A distributed wavelet compression algorithm for wireless multihop sensor networks using lifting [C]//IEEE International Conference on Acoustics, Speech and Signal Processing (ICASSP). Los Angeles: IEEE Computer Society,2005:825-828.

[190] WAGNER R S, BARANIUK R G, DU S, et al. An architecture for distributed wavelet analysis and processing in sensor networks[C]// Proceedings of the 5th International Conference on Information Processing in Sensor Networks (IPSN). Nashville, Tennessee, USA: ACM,2006:243-250.

[191] 周四望,林亚平,张建明,等.传感器网络中基于环模型的小波数据压缩算法[J].软件学报,2007,18(3):669-680.

[192] HU Y P, LI R, ZHOU S W, et al. Ccs-Mac: exploiting the overheard data for compression in wireless sensor networks [J]. Computer Communications,2011,34(14):1696-1707.

[193] WU C H, TSENG Y C. Data compression by temporal and spatial correlations in a body-area sensor network: a case study in plates motion recognition[J]. IEEE Transactions on Mobile Computing (TMC),2011, 10(10):1459-1472.

[194] ELBATT T A. On the Trade-offs of cooperative data compression in wireless sensor networks with spatial correlations[J]. IEEE Transactions

on Wireless Communications (TWC), 2009, 8(5): 2546-2557.

[195] WANG P, DAI R, AKYILDIZ I F. Collaborative data compression using clustered source coding for wireless multimedia sensor networks[C]// Proceedings of the 29th IEEE International Conference on Computer Communications (INFOCOM). San Diego, CA, USA: IEEE Computer Society, 2010: 2106-2114.

[196] HUU P N, QUANG V T, MIYOSHI T. Low-complexity motion estimation algorithm using edge feature for video compression on wireless video sensor networks[C]//Proceedings of the 13th Asia-Pacific Network Operations and Management Symposium (APNOMS). Taipei, Taiwan, China: IEEE Computer Society, 2011: 1-8.

[197] LI J B, LI J Z. Data sampling control, compression and query in sensor networks[J]. International Journal of Sensor Networks (IJSNet), 2007, 2 (1/2): 53-61.

[198] BONNET P, GEHRKE J, SESHADRI P. Querying the physical world [J]. IEEE Personal Communications, 2000, 7(5): 10-15.

[199] HELLERSTEIN J M, HONG W, MADDEN S, et al. Beyond average: toward sophisticated sensing with queries[C]//Proceedings of the 2nd International Workshop Information Processing in Sensor Networks (IPSN). Palo Alto, CA, USA: Springer, 2003: 6379.

[200] PALPANAS T, PAPADOPOULOS D, KALOGERAKI V, et al. Distributed deviation detection in sensor networks[J]. SIGMOD Record, 2003, 32(4): 77-82.

[201] XUE W, LUO Q, WU H. Pattern-based event detection in sensor networks[J]. Distributed and Parallel Databases, 2012, 30(1): 27-62.

[202] LI M, LIU Y, CHEN L. Non-threshold based event detection for 3rd environment monitoring in sensor networks[C]//Proceedings of the 27th IEEE International Conference on Distributed Computing Systems (ICDCS). Toronto, Ontario, Canada: IEEE Computer Society, 2007: 9.

[203] WAN L, LIAO J, ZHU X. A frequent pattern based framework for event detection in sensor network stream data[C]//Proceedings of the Third InternationalWorkshop on Knowledge Discovery from Sensor Data. Paris, France: ACM, 2009: 87-96.

[204] GUPCHUP J, TERZIS A, BURNS R C, et al. Model-based event detection in wireless sensor networks[J]. CoRR, 2009, abs/0901. 3923 (9):3923-3928.

[205] DING M, CHENG X. Robust event boundary detection in sensor networks mixture model based approach[C]//Proceedings of the 28th IEEE International Conference on Computer Communications (INFOCOM). Rio de Janeiro, Brazil: IEEE Computer Society, 2009: 2991-2995.

[206] WU W, CHENG X, DING M, et al. Localized outlying and boundary data detection in sensor networks[J]. IEEE Transactions on Knowledge and Data Engineering (TKDE),2007,19(8):1145-1157.

[207] BETTENCOURT L M A, HAGBERG A A, LARKEY L B. Separating the wheat from the chaff: practical anomaly detection schemes in ecological applications of distributed sensor networks[C]//Proceedings of the 3rd IEEE International Conference on Distributed Computing in Sensor Systems (DCOSS). Santa Fe, NM, USA: Springer,2007:223-239.

[208] SHENG B, LI Q, MAO W, et al. Outlier detection in sensor networks [C]//Proceedings of the 8th ACM International Symposium on Mobile Ad Hoc Networking and Computing (MobiHoc). Montreal, Quebec, Canada: ACM,2007:219-228.

[209] SUBRAMANIAM S, PALPANAS T, PAPADOPOULOS D, et al. Online outlier detection in sensor data using non-parametric models[C]// Proceedings of the 32nd International Conference on Very Large Data Bases (VLDB). Seoul, Korea: ACM,2006:187-198.

[210] BRANCH J W, GIANNELLA C, SZYMANSKI B K, et al. In-network outlier detection in wireless sensor networks[J]. CoRR,2009,abs/0909. 0685(1):685-692.

[211] ZHANG K, SHI S, GAO H, et al. Unsupervised outlier detection in sensor networks using aggregation tree[C]//Advanced Data Mining and Applications, Third International Conference (ADMA). Harbin, China: Springer,2007:158-169.

[212] ZHUANG Y, CHEN L. In-network outlier cleaning for data collection in sensor networks[C]//Proceedings of the 1st International VLDB Workshop on Clean Databases (Clean DB). Seoul, Korea: ACM,2006:1-8.

[213] RAJASEGARAR S, LECKIE C, PALANISWAMI M. Distributed anomaly detection in wireless sensor networks[C]//Proceedings of the 10th IEEE International Conference on Communications Systems (ICCS). Reading, UK: IEEE Computer Society,2006:15.

[214] GIATRAKOS N, KOTIDIS Y, DELIGIANNAKIS A, et al. Taco: tunable approximate computation of outliers in wireless sensor networks [C]//Proceedings of the ACM SIGMOD International Conference on Management of Data (SIGMOD). Indianapolis, Indiana: ACM, 2010: 279-290.

[215] CHATZIGIANNAKIS V, PAPAVASSILIOU S, GRAMMATIKOU M, et al. Hierarchical anomaly detection in distributed large-scale sensor networks[C]//Proceedings of the 11th IEEE Symposium on Computers and Communications (ISCC). Cagliari, Sardinia, Italy: IEEE Computer Society,2006:761-767.

[216] LOSEU V, GHASEMZADEH H, JAFARI R. A mining technique using N-grams and motion transcripts for body sensor network data repository [J]. proceedings of the IEEE,2012,100(1):107-121.

[217] WU Y H, WANG C C, CHEN T S, et al. An intelligent system for wheelchair users using data mining and sensor networking technologies [C]//Proceedings of IEEE Asia-Pacific Services Computing Conference (APSCC). Jeju, Korea: IEEE Computer Society,2011:337-344.

[218] WANG Y, LI K. Topology mining of sensor networks for smart home environments[J]. International Journal of Ad Hoc and Ubiquitous Computing (IJAHUC),2011,7(3):163-173.

[219] LUO H, LIU L, SUN Y. Semantics-based service mining method in wireless sensor networks[C]//Proceedings of the 7th International Conference on Mobile Ad-Hoc and Sensor Networks (MSN). Beijing, China: IEEE Computer Society,2011:115121.

[220] ZHOU Y, CHEN X, LYU M R, et al. Sentomist: unveiling transient sensor network bugs via symptom mining[C]//Proceedings of the 30th International Conference on Distributed Computing Systems (ICDCS). Genova, Italy: IEEE Computer Society,2010:784-794.

[221] ZHUANG Y, CHEN L, WANG X S, et al. A weighted moving average-based approach for cleaning sensor data[C]//Proceedings of the 27th

IEEE International Conference on Distributed Computing Systems (ICDCS). Toronto, Canada: IEEE Computer Society,2007:38.

[222] ELNAHRAWY E, NATH B. Cleaning and querying noisy sensors[C]// Proceedings of the 2nd ACM International Conference on Wireless Sensor Networks and Applications (WSNA). San Diego, CA, USA: ACM, 2003:78-87.

[223] SPANOS D, OLFATI-SABER R, MURRAY R M. Approximate distributed kalman filtering in sensor networks with quantifiable performance[C]//Proceedings of the 4th International Symposium on Information Processing in Sensor Networks (IPSN). Los Angeles, CA, USA: IEEE Computer Society,2005:133-139.

[224] TAN Y, SEHGAL V, SHAHRI H. Sensoclean: handling noisy and incomplete data in sensor networks using modeling [C]//Technical Report, University of Maryland. College Park, Maryland, USA,2005:1-18.

[225] PETROSINO A, STAIAANO A. Fuzzy modeling for data cleaning in sensor networks[J]. Int. J. Hybrid Intell. Syst. ,2008,5(3):143-151.

[226] PETROSINO A, STAIANO A. A neuro-fuzzy approach for sensor network data cleaning [C]//Proceedings of the 11th International Conference on Knowledge-Based Intelligent Information and Engineering Systems (KES). Vietri sul Mare, Italy: Springer,2007:140-147.

[227] SHA K, SHI W. Consistency-driven data quality management of networked sensor systems [J]. Journal of Parallel and Distributed Computing,2008,68(9):12071221.

[228] DELGOSHA F, FEKRI F. Threshold key-establishment in distributed sensor networks using a multivariate scheme[C]//Proceedings of 25th IEEE International Conference on Computer Communications (INFOCOM). Barcelona, Catalunya, Spain: IEEE Computer Society, 2006:3085-3096.

[229] ESCHENAUER L, GLIGOR V. A key management scheme for distributed sensor networks [C]//Proceedings of the 9th ACM Conference on Computer and Communications Security (CCS). Washington, DC, USA: ACM,2002:41-47.

[230] SCHNEIDER B, MÜLLER M J, PHILLIPP M. Leveraging channel diversity for key establishment in wireless sensor networks [C]//

Proceedings of 25th IEEE International Conference on Computer Communications (INFOCOM). Barcelona, Catalunya, Spain: IEEE Computer Society, 2006:3097-3108.

[231] CHAN H, PIKE A P. Peer intermediaries for key establishment in sensor networks[C]//Proceedings of the 24th Annual Joint Conference of the IEEE Computer and Communications Societies (INFOCOM). Miami, FL, USA: IEEE Computer Society, 2005:524-535.

[232] ZHANG W, TRAN M, ZHU S, et al. A random perturbation-based scheme for pairwise key establishment in sensor networks [C]//Proceedings of the 8th ACM International Symposium on Mobile Ad Hoc Networking and Computing (MobiHoc). Montreal, Quebec, Canada: ACM, 2007:90=99.

[233] MÜLLER M J, VAIDYA N H. Leveraging channel diversity for key establishment in wireless sensor networks[C]//Proceedings of 25th IEEE International Conference on Computer Communications (INFOCOM). Barcelona, Catalunya, Spain: IEEE Computer Society, 2006.

[234] YU Z, GUAN Y. A dynamic en-route scheme for filtering false data injection in wireless sensor networks[C]//Proceedings of the 25th IEEE International Conference on Computer Communications (INFOCOM). Barcelona, Catalunya, Spain: IEEE Computer Society, 2006:3637-3648.

[235] ZHANG W, CAO G. Group rekeying for filtering false data in sensor networks: a predistribution and local collaboration-based approach[C]//Proceedings of the 24th Annual Joint Conference of the IEEE Computer and Communications Societies (INFOCOM). Miami, FL, USA: IEEE Computer Society, 2005:503-514.

[236] YU Z, GUAN Y. A dynamic en-route scheme for filtering false data injection in wireless sensor networks [C]//Proceedings of the 3rd International Conference on Embedded Networked Sensor Systems (SenSys). San Diego, CA, USA: ACM, 2005:294-295.

[237] HE D, BU J, ZHU S, et al. Distributed privacy-preserving access control in a single owner multi-user sensor network[C]//Proceedings of the 30th IEEE International Conference on Computer Communications (INFOCOM). Shanghai, China: IEEE Computer Society, 2011:331-335.

[238] WANG C, WANG G, ZHANG W, et al. Reconciling privacy preservation and intrusion detection in sensory data aggregation[C]//Proceedings of the 30th IEEE International Conference on Computer Communications (INFOCOM). Shanghai, China: IEEE Computer Society,2011:336-340.

[239] ZHANG W, WANG W, FENG T. Gp2s: generic privacy-preservation solutions for approximate aggregation of sensor data[C]//Proceedings of 6th Annual IEEE International Conference on Pervasive Computing and Communications (PerCom). Hong Kong, China: IEEE Communication Society,2008:179-184.

[240] MADRIA S K, YIN J. Serwa: a secure routing protocol against wormhole attacks in sensor networks[J]. Ad Hoc Networks,2009,7(6): 1051-1063.

[241] PARK T, SHIN K G. Secure routing based on distributed key sharing in largescale sensor networks [J]. ACM Transactions in Embedded Computing Systems (TECS),2008,7(2):1-28.

[242] DU X, GUIZANI M, XIAO Y, et al. Two tier secure routing protocol for heterogeneous sensor networks[J]. IEEE Transactions on Wireless Communications (TWC),2007,6(9):3395-3401.

[243] NYALKALKAR K, SINHA S, BAILEY M, et al. A comparative study of two networkbased anomaly detection methods[C]//Proceedings of the 30th IEEE International Conference on Computer Communications (INFOCOM). Shanghai, China: IEEE Computer Society,2011:176-180.

[244] TANG J, CHENG Y, ZHUANG W. An analytical approach to real-time misbehavior detection in IEEE 802. 11 based wireless networks[C]// Proceedings of the 30th IEEE International Conference on Computer Communications (INFOCOM). Shanghai, China: IEEE Computer Society,2011:1638-1646.

[245] ZHOU L, NI J, RAVISHANKAR C V. Supporting secure communication and data collection in mobile sensor networks[C]//Proceedings of the 25th IEEE International Conference on Computer Communications (INFOCOM). Barcelona, Catalunya, Spain: IEEE Computer Society,2006.

[246] CASTELLUCCIA C, MYKLETUN E, TSUDIK G. Efficient aggregation of encrypted data in wireless sensor networks [C]// Proceedings of the 2nd Annual International Conference on Mobile and

Ubiquitous Systems (MobiQuitous). San Diego, CA, USA: IEEE Communication Society, 2005: 109-177.

[247] GAROFALAKIS M, HELLERSTEIN J M, MANIATIS P. Proof sketches: verifiable in-network aggregation[C]//Proceedings of the 23rd International Conference on Data Engineering (ICDE). Istanbul, Turkey: IEEE Computer Society, 2007: 996-1005.

[248] YU L, LI J, CHENG S, et al. Secure continuous aggregation via sampling-based verification in wireless sensor networks[C]//Proceedings of the 30th IEEE International Conference on Computer Communications (INFOCOM). Shanghai, China: IEEE Computer Society, 2011: 1763-1771.

[249] JINDAL A, PSOUNIS K. Modeling spatially correlated data in sensor networks[J]. ACM Transactions on Sensor Networks (TOSN), 2006, 2(4): 466-499.

[250] LI Y, AI C, DESHMUKH W P, et al. Data estimation in sensor networks using physical and statistical methodologies[C]//Proceedings of the 28th IEEE International Conference on Distributed Computing Systems (ICDCS). Beijing, China: IEEE Computer Society, 2008: 538-545.

[251] NESC 1. 1 LANGUAGE Reference Manual[Z/OL]. [2015-05-05]. http://nescc. sourceforge. net/papers/ nesc-ref. pdf.

[252] LIU J, ZHAO F. Towards semantic services for sensor-rich information systems[C]//The 2nd International Conference on Broadband Networks. Boston, MA, USA: IEEE Computer Society, 2005: 967-974.

[253] ZEINALIPOUR-YAZTI D, ANDREOU P, CHRYSANTHIS P K, et al. Mint views: materialized in-network top-*k* views in sensor networks [C]//Proceedings of the 8th International Conference on Mobile Data Management (MDM). Mannheim, Germany: IEEE Computer Society, 2007: 182-189.

[254] VIDHYAPRIYA R, VANATHI P T. Energy efficient data compression in wireless sensor networks[J]. Int. Arab J. Inf. Technol., 2009, 6(3): 297-303.

[255] NATH S, DESHPANDE A, GIBBONS P B, et al. Mobicom poster: mining a world of smart sensors [J]. Mobile Computing and Communications Review, 2003, 7(1): 3436.

[256] GABER M M, KRISHNASWAMY S, ZASLAVSKY A B. A wireless data stream mining model [C]//Proceedings of the 3rd InternationalWorkshop on Wireless Information Systems (WIS). Porto, Portugal: INSTICC,2004:152-160.

[257] INTANAGONWIWAT C, GOVINDAN R, ESTRIN D. Directed diffusion: a scalable and robust communication paradigm for sensor networks[C]//Proceedings of the 6th Annual International Conference on Mobile Computing and Networking (MOBICOM). Boston, MA, USA: ACM,2000:56-67.

[258] YING ZHOU H, WU F, HOU K. An event-driven multi-threading real-time operating system dedicated to wireless sensor networks[C]//Proceedings of International Conference on Embedded Software and Systems (ICESS). Hangzhou, China: IEEE Computer Society,2008:3-12.

[259] WANG Y, VURAN M C, GODDARD S. Analysis of event detection delay in wireless sensor networks[C]//Proceedings of the 30th IEEE International Conference on Computer Communications (INFOCOM). Shanghai, China: IEEE Computer Society,2011:1296-1304.

[260] ZHOU Z, QU G. An energy efficient adaptive event detection scheme for wireless sensor network[C]//Proceedings of the 22nd IEEE International Conference on Application-Specific Systems, Architectures and Processors (ASAP). Santa Monica, CA, USA: IEEE Computer Society, 2011:235-238.

[261] KARUMBU P, KUMAR A. Optimum sleep-wake scheduling of sensors for quickest event detection in small extent wireless sensor networks[J]. CoRR, 2011, abs/1105.6024(1):6024-6033.

[262] BAJOVIC D, SINOPOLI B, XAVIER J. Sensor selection for event detection in wireless sensor networks[J]. IEEE Transactions on Signal Processing,2011,59(10):49384953.

[263] ZHANG X, YU J. Probabilistic path selection in mobile wireless sensor networks for stochastic events detection[C]//Proceedings of the 8th International Conference on Ubiquitous Intelligence and Computing (UIC). Banff, Canada: Springer,2011:52-63.

[264] RAJASEGARAR S, LECKIE C, PALANISWAMI M, et al. Quarter sphere based distributed anomaly detection in wireless sensor networks

[C]//Proceedings of IEEE International Conference on Communications (ICC). Glasgow, Scotland: IEEE Computer Society, 2007: 3864-3869.

[265] ZHANG Y, MERATNIA N, HAVINGA P J M. Adaptive and online one-class support vector machine-based outlier detection techniques for wireless sensor networks [C]//Proceedings of the 23rd International Conference on Advanced Information Networking and Applications (AINA) Workshops. Bradford, UK: IEEE Computer Society, 2009: 990-995.

[266] ELNAHRAWY E, NATH B. Context-aware sensors[C]//Proceedings of 1st European Workshop on Wireless Sensor Networks (EWSN). Berlin, Germany: Springer, 2004: 77-93.

[267] HILL D J, MINSKER B S, AMIR E. Real-time bayesian anomaly detection for environmental sensor data[C]//In Proceedings of the 32nd International Association of Hydrovlic Engineering and Research (IAHR). Venice, Italy: Springer, 2007: 1-10.

[268] DELIGIANNAKIS A, STOUMPOS V, KOTIDIS Y, et al. Outlier-aware data aggregation in sensor networks[C]//Proceedings of the 24th International Conference on Data Engineering (ICDE). Cancun, Mexico: IEEE Computer Society, 2008: 1448-1450.

[269] DELIGIANNAKIS A, KOTIDIS Y, VASSALOS V, et al. Another outlier bites the dust: computing meaningful aggregates in sensor networks[C]//Proceedings of the 25th International Conference on Data Engineering (ICDE). Shanghai, China: IEEE Computer Society, 2009: 988-999.

[270] MCDONALD D, SANCHEZ S, MADRIA S, et al. A communication efficient framework for finding outliers in wireless sensor networks[C]//Proceedings of the 11th International Conference on Mobile Data Management (MDM). Kanas City, Missouri, USA: IEEE Computer Society, 2010: 301-302.

[271] SHUAI M, XIE K, CHEN G, et al. A kalman filter based approach for outlier detection in sensor networks[C]//Proceedings of International Conference on Computer Science and Software Engineering (CSSE). Wuhan, China: IEEE Computer Society, 2008: 154-157.

[272] GRUENWALD L, SADIK M S, SHUKLA R, et al. Dems: a data mining based technique to handle missing data in mobile sensor network

applications[C]//Proceedings of the 7th Workshop on Data Management for Sensor Networks (DMSN). Singapore: ACM,2010:26-32.

[273] LIN K W, HSIEH M H, TSENG V S. A novel prediction-based strategy for object tracking in sensor networks by mining seamless temporal movement patterns [J]. Expert Systems with Applications, 2010,37(4):2799-2807.

[274] GRUENWALD L, YANG H, SADIK M S, et al. Using data mining to handle missing data in multi-hop sensor network applications[C]//Proceedings of 9th ACM International Workshop on Data Engineering for Wireless and Mobile Access (MobiDE). Indianapolis, Indiana, USA: ACM,2010:9-16.

[275] TSENG V S, LU E H C. Energy-efficient real-time object tracking in multi-level sensor networks by mining and predicting movement patterns [J]. Journal of Systems and Software,2009,82(4):697-706.

[276] PUMPICHET S, PISSINOU N. Virtual sensor for mobile sensor data cleaning [C]//Proceedings of the Global Communications Conference (GLOBECOM). Miami, Florida, USA: IEEE Computer Society,2010:1-5.

[277] JEFFERY S R, ALONSO G, FRANKLIN M J, et al. A pipelined framework for online cleaning of sensor data streams[C]//Proceedings of the 22nd International Conference on Data Engineering (ICDE). Atlanta, GA, USA: IEEE Computer Society,2006:140.

[278] JEFFERY S R, ALONSO G, FRANKLIN M J, et al. Declarative support for sensor data cleaning[C]//Proceedings of the 4th International Conference on Pervasive Computing. Dublin, Ireland: Springer, 2006: 83-100.

[279] PARK K, BECKER E, VINJUMUR J K, et al. Human behavioral detection and data cleaning in assisted living environment using wireless sensor networks[C]//Proceedings of the 2nd International Conference on Pervasive Technologies Related to Assistive Environments (PETRA). Corfu, Greece: ACM,2009:1-8.

[280] MADDEN S, FRANKLIN M J, HELLERSTEIN J M, et al. The design of an acquisitional query processor for sensor networks[C]//Proceedings of the ACM SIGMOD International Conference on Management of Data (SIGMOD). San Diego, CA, USA: ACM,2003:491-502.

[281] ZHAO J, GOVINDAN R. Understanding packet delivery performance in dense wireless sensor networks[C]//Proceedings of the 1st International Conference on Embedded Networked Sensor Systems (SenSys). Los Angeles, CA, USA: ACM,2003:1-13.

[282] BERNSTEIN S, BERNSTEIN R. Elements of statistics Ⅱ: inferential statistics[M]. 1st ed. Columbus: McGraw-Hill,2004.

[283] CHENG S, LI J. Sampling based (epsilon, delta)-approximate aggregation algorithm in sensor networks[C]//Proceedings of the 29th IEEE International Conference on Distributed Computing Systems (ICDCS). Montreal, Canada: IEEE Computer Society,2009:273-280.

[284] FISCHER H. A HISCHER of the Central Limit Theorem: From Classical to Modern Probability Theorem[M]. 1st ed. New York: Springer,2011:194-204.

[285] LEVCHENKO K. Chernoff Bound[R/OL]. [2015-04-30]. http://cseweb. ucsd. edu/~klevchen/techniques/ chernoff. pdf.

[286] KARP B, KUNG H T. Gpsr: greedy perimeter stateless routing for wireless networks[C]//Proceedings of the 6th Annual International Conference on Mobile Computing and Networking (MOBICOM). Boston, MA, USA: ACM,2000:243254.

[287] HUANG G, LI X, HE J. Dynamic minimal spanning tree routing protocol for large wireless sensor networks[C]//Proceedings of the 1st IEEE Conference on Industrial Electronics and Applications. Singapore: IEEE Computer Society,2006:1-5.

[288] Mpr-Mote Processor Radio Board Mib-Mote Interface/ Programming Board User's Manual[Z/OL]. [2015-03-251]. https://www. eol. ucar. edu/rtf/facilities/isa/internal/CrossBow/Doc/ MPR-MIB Series User Manual 7430-0021-05 A. pdf.

[289] LARSON P, LEHNER W, ZHOU J, et al. Cardinality estimation using sample views with quality assurance[C]//Proceedings of the ACM SIGMOD International Conference on Management of Data (SIGMOD). Beijing, China: ACM,2007:175186.

[290] CEMULLA R, LEHNER W, HAAS P J. Maintaining Bernoulli sample over evolving multisets[C]//Proceedings of the Twenty-Sixth ACM SIGACT-SIGMOD-SIGART Symposium on Principles of Database

Systems (POSE). Beijing, China: ACM,2007:93-102.

[291] BENJAMIN A, GAUTAM D, DIMITRIOS G, et al. Approximating aggregation queries in peer-to-peer networks[C]//Proceedings of the 22nd International Conference on Data Engineering (ICDE). Atlanta, GA, USA: IEEE Computer Society,2006:642654.

[292] BENJAMIN A, SONG L, GUNOPULOS D. Efficient data sampling in heterogeneous peer-to-peer networks[C]//Proceedings of the 7th IEEE International Conference on Data Mining (ICDM). Omaha, Nebraska, USA: IEEE Computer Society,2007:23-32.

[293] BAYER K, HAAS P J, REINWALD B. On synopses for distinct-value estimation under multiset operations[C]//Proceedings of the ACM SIGMOD International Conference on Management of Data (SIGMOD). Beijing, China: ACM,2007:199-210.

[294] TILE Y. Sampling Algorithms[M]. 1st ed. New York: Springer Press, 2006.

[295] SARNDAL C E, SWENSSON B, WRETNAN J. Model Assisted Survey Sampling[M]. 1st ed. New York: Springer Press,1992.

[296] http://www. pmel. noaa. gov/tao/.

[297] DESHPANDE A, GUESTRIN C, MADDEN S R. Model-driven data acquisition in sensor networks[C]//Proceedings of the 30th International Conference on Very Large Data Bases (VLDB). Toronto, Canada: Morgan Kaufmann,2004:588-599.

[298] VAN LEEUWEN E J. Approximation algorithms for unit disk graphs[J]. Graph Theoretic Concepts in Computer Science,2005,3787(2):351-361.

[299] MITZENMACHER M. Compressed Bloom Filters[J]. IEEE/ACM Transactions on Networking,2002,10(5):604-612.

[300] CORMEN T H, LEISERSON C E, RIVEST R L, et al. Introduction to Algorithms[M]. 2nd ed. Boston: MIT Press,2001:183-189.

[301] LEVIS P. T2: a second generation os for embedded sensor networks [C]//Technical Report. University of California, Berkeley. Berkeley, CA, USA,2005:1-14.

[302] GOLLAPUDI S, SHARMA A. An axiomatic approach for result diversification[C]//Proceedings of the 18th International Conference on World Wide Web (WWW). Madrid, Spain: ACM,2009:381-390.

[303] CARBONELL J G, GOLDSTEIN J. The use of MMR, diversity-based reranking for reordering documents and producing summaries [C]// Proceedings of the 21st Annual International ACM SIGIR Conference on Research and Development in Information Retrieval (SIGIR). Melbourne, Australia: ACM,1998:335-336.

[304] VAN KREVELD M J, REINBACHER I, Arampatzis A, et al. Multi-dimensional scattered ranking methods for geographic information retrieval[J]. GeoInformatica,2005,9(1):61-84.

[305] TANGJ, SANDERSON M. Evaluation and user preference study on spatial diversity[C]//Proceedings of the 32nd European Conference on IR Research (ECIR). Milton Keynes, UK: Springer,2010:179-190.

[306] VAN KREVELD M J, et al. Distributed ranking methods for geographic information retrieval[C]//Proceedings of the 20th European Workshop on Computational Geometry. Seville, Spain: Springer,2004:231-243.

[307] VLACHOU A, DOULKERIDIS C, N∅RVÅG K, et al. On efficient top-k query processing in highly distributed environments [C]// Proceedings of the ACM SIGMOD International Conference on Management of Data (SIGMOD). Vancouver, Canada: ACM,2008:753-764.

[308] ROCHA-JUNIOR J B, VLACHOU A, DOULKERIDIS C, et al. Efficient processing of top-k spatial preference queries[C]//The 37th International Conference on Very Large Data Bases (VLDB). Seattle, WA, USA: ACM,2010:93-104.

[309] CAO X, CONG G, JENSEN C S. Retrieving top-k prestige-based relevant spatial Web objects[C]//Proceedings of the 36th International Conference on Very Large Data Bases VLDB. Singapore: ACM,2010:373-384.

[310] LARSONR, HOSTETLER R P, EDWARDS B H. Calculus: Early Transcendental Functions[M]. 4th ed. Boston: Houghton Mifflin,2006: 212-218.

[311] SZABADOS P V. Interpolation of Functions[M]. 1st ed. Singapore: World Scientific,1990:125-130.

[312] LARSON R, HOSTETLER R P, EDWARDS B H. Calculus: Early Transcendental Functions (fourth Edition) [M]. 4th ed. Boston: Houghton Mifflin,2006:466-476.

[313] 徐士良.计算机常用算法[M].第 2 版.北京:清华大学出版社,2002:89-91.

[314] 李红.数值分析[M].第 1 版.武汉:华中科技大学出版社,2003:56-63.

[315] The Smart Dust Project[Z/OL].[2015-2-20]. http://robotics.eecs.berkeley.edu/~pister/SmartDust/.

[316] Micaz [Z/OL]. [2015-2-20]. http://www.xbow.com/Products/Productpdffiles/Wirelesspdf/ MICAzDatasheet.pdf.

[317] BULUSU N, HEIDEMANN J, ESTRIN D. GPS-less low-cost outdoor localization for very small devices[J]. IEEE Personal Communications,2000,7(5):28-34.

[318] MAROTI M, KUSY B, SIMON G, et al. The flooding time synchronization protocol [C]//Proceedings of the 2nd International Conference on Embedded Networked Sensor Systems (Sensys). Baltimore, MD, USA: ACM,2004:39-49.

[319] RUJ S, NAYAK A, STOJMENOVIC I. Fully secure pairwise and triple key distribution in wireless sensor networks using combinatorial designs [C]//Proceedings of the 30th IEEE International Conference on Computer Communications (INFOCOM). Shanghai, China: IEEE Computer Society,2011:326-330.

[320] REN Q, LI J, CHENG S. Target tracking under uncertainty in wireless sensor networks[C]//Proceedings of IEEE 8th International Conference on Mobile Ad Hoc and Sensor Systems (MASS). Valencia, Spain: IEEE Communication Society,2011:430-439.

[321] TANGM, CAO J, JIA X, et al. Optimization on data object compression and replication in wireless multimedia sensor networks[C]//Proceedings of the 14th International Conference on Database Systems for Advanced Applications (DASFAA). Brisbane, Australia: Springer,2009:77-91.

[322] MITZENMACHER M, UPFAI E. Probability and Computing: Randomized Algorithm and Probabilistic Analysis [M]. 1st ed. Cambridge, UK: Cambridge University Press,2005.

[323] HUANG C C, ZIEMBA W T, BENTAL A. Bounds on the expectation of convex function of a random variable: with applications to stochastic programming[J]. Operation Research, 1977, 25(2):315-325.

索　引

L

M

S

T

W

Y